互联网 + 职业技能系列微课版创新教材

Maya 经典动画学习教程

沙 旭 徐 虹 孙恩浩 编著

北京希望电子出版社
Beijing Hope Electronic Press
www.bhp.com.cn

内 容 简 介

随着“互联网＋”时代的到来，职业教育和互联网技术日益融合发展。为提升职业院校培养高素质技能人才的教学能力，现推出“互联网＋职业技能系列微课版创新教材”。

本书共分为8章，内容包括弧线动作轨迹——基本运动、预备动作——创建动作、动画编辑——节奏和间距、动画编辑——缓入和缓出、架构——动作定帧和情绪设定、跟随动作和重叠动作、直接处理方法和逐个处理方法、实体绘制和设计技能。

本书案例典型，讲解到位，适合 Maya 软件初、中级用户及各类三维动画制作人员阅读学习，也可作为技工院校、职业学校及各类社会培训机构的教材。

本书入选人力资源和社会保障部国家级技工教育和职业培训教材目录。

图书在版编目（CIP）数据

Maya经典动画学习教程/沙旭，徐虹，孙恩浩编著 . --北京：北京希望电子出版社, 2018.2

互联网+职业技能系列微课版创新教材

ISBN 978-7-83002-579-3

I. ①M… II. ①沙… ②徐… ③孙… III. ①三维动画软件—教材 IV. ①TP391.414

中国版本图书馆 CIP 数据核字（2017）第 327666 号

出版：北京希望电子出版社

地址：北京市海淀区中关村大街 22 号
中科大厦 A 座 10 层

邮编：100190

网址：www.bhp.com.cn

电话：010-82626227

传真：010-62543892

经销：各地新华书店

封面：深度文化

编辑：李小楠

校对：周卓琳

开本：787mm×1092mm 1/16

印张：17.75

字数：406 千字

印刷：北京建宏印刷有限公司

版次：2023 年 8 月 1 版 7 次印刷

定价：48.00 元

编　委　会

前　言

如今这个时代，无论是影视动画制作还是游戏动画制作，都离不开三维软件。在三维软件中，Maya的应用越来越普及，以至于行业内各大制作公司对于Maya使用者的需求越来越大，由此造成该软件的学习热潮明显升温。Maya的动画模块是各模块中的翘楚，面对的工作岗位越来越多。但同时，Maya的动画模块又是较难学习和较难掌握的重要部分，使广大学习者在动画制作的实际操作中面临较大的困难。

本书本着“实用”的宗旨组织编写，全书共分为8章，分别是弧线动作轨迹——基本运动、预备动作——创建动作、动画编辑——节奏和间距、动画编辑——缓入和缓出、架构——动作定帧和情绪设定、跟随动作和重叠动作、直接处理方法和逐个处理方法、实体绘制和设计技能。

苦于我们水平有限，书中不妥与错误之处在所难免，望批评指正，我们不胜感激。

在本书的编写过程中，我们得到了新华教育集团和江西新华电脑学院各位领导和同事的鼎力帮助，也得到了家人的大力支持，在此一并表示感谢！

最后，我们真诚地希望使用本书的读者能够真正受益，这也是本书的写作初衷所在，再次感谢购买本书，祝学习愉快！

编　者

前言

[illegible]

目　录

效果欣赏

第1章

弧线动作轨迹——基本运动

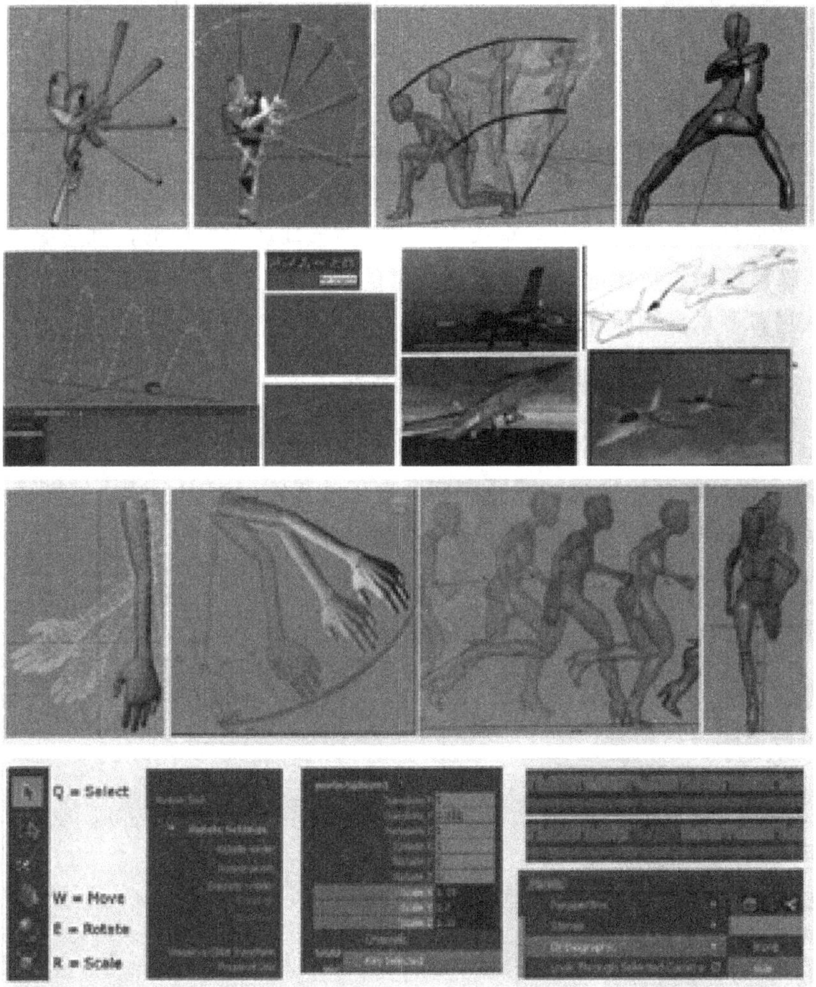

✍ 本章导读

大部分生物的运动都是自由而灵活的，而不是机械化的。

——《生命的幻象：迪士尼动画造型设计》

本章将介绍自然运动的基础——弧线运动。自然界中大多数的运动都包含弧线运动。无论是生物还是非生物，由于质量、重量和惯性的影响，运动时都会产生不同的弧度。

假设抛出一个球，尽管开始阶段这个球可能沿着一条直线运动，但是随着速度的降低及重力作用的影响，之后它自然而然地会沿着弧线运动。在动画制作中需要复制自然的弧线运动，以增加动画的可信度。如果运动不是弧线的或者运动的速度是匀速的，就会看起来不太自然，缺少真实性。

在本书的动画实践中，可以看到很多的自然圆弧。

✍ 学习目标

- 掌握简单的动画制作命令
- 能够进行循环动画制作
- 对动作路线进行编辑
- 正向运动学动画
- 反向运动学动画
- 动画节奏设置

✍ 技能要点

- 进行基本Maya动画操作
- 通过弧线轨迹进行动画制作
- 利用预览观看动画并修改
- 理解缓入和缓出
- 循环动画及编辑

✍ 实训任务

- 制作弹球动画
- 制作动作路线动画
- 制作反向动力学动画

1.1 动画测试——弹球

本节利用Maya提供的标准管理和操作工具绘制球在弹跳过程中的弧线。首先介绍Maya环境中创建和编辑动画的基本工具，包括动画属性设置、通道盒（Channel box，用于查看运动数值）、变形工具、关键帧和回放控制等。

早期，弹球动画测试主要是迪士尼工作室对新入职的动画师的测试。如今，这个测试仍然在迪士尼工作室中使用，皮克斯动画工作室也在使用。

无论是多么经验丰富的动画师，加入皮克斯动画工作室的第一件事情就是要进行弹球动画测试。因为这个动画体现了节奏、间距、挤压、拉伸及准备动作等的原理。

在使用时间滑块、通道盒和Maya图形编辑器运动时序时，也可以运用其他主要的动画原理，例如，缓入和缓出、挤压和拉伸，以及节奏和间距。此外，还可以利用Maya提供的动态轨迹功能显示动画虚幻，确定小球弹跳的最终弧线和节奏间距。

1.1.1 动画首选项设置

在弹球的动画中，可以复制小球弹跳开始阶段的循环周期。在小球弹跳过程中，这个循环周期小于1秒。由于弹跳高度和小球质量的不同，循环周期会有所变化。利用Maya的动画属性设置，可以对动画的时长和回放速率进行设置。下面介绍如何在Maya中设置动画和回放范围。

打开一个新的Maya项目，或选择菜单命令File → New Scene（文件 → 新场景），清除当前的场景。可以通过几种方式对Maya的回放范围进行设置。

（1）利用Animation Preferences（动画首选项）按钮。这个按钮位于Maya用户界面的右下角，是一个白色的小按钮，包含红色的图形，在钥匙图标的右侧。单击Animation Preferences（动画首选项）按钮，打开Preferences（首选项）窗口，显示Time Slider（时间滑块）选项。

（2）选择菜单命令Window → Setting/Preferences → Preferences（窗口 → 设置/首选项 → 首选项），打开Preferences（首选项）窗口。在这个窗口的左侧窗格中选择Time Slider（时间滑块）子项。

在Preferences（首选项）窗口的Time Slider（时间滑块）下方，设置动画和回放范围为20帧，小于24fps。在Preferences（首选项）窗口中的Playback（回放）下面输入以下内容。

回放 开始/结束＝1/20

动画 开始/结束＝1/20

可以通过Time Slider（时间滑块）下面的数值输入框设置Playback（回放）和Animation start/end（动画开始/结束）范围；也可以向左或向右拖动数值输入框之间的灰色框，增加或减小回放范围。

要将回放设置为实时状态，Maya就必须保持恒定的回放速度24fps。这个设置是非常关键的，这样可以通过视口实时地评估动画。

1.1.2 Maya栅格显示

在小球反弹过程中，可以通过栅格视图预览Maya场景中的动画。如果模拟小球在非常远的地平面弹跳的场景，可以设置为栅格视图，这样整个地平面会更宽阔，可跨越大范围的视口。

STEP01 在Maya用户界面中选择菜单命令Display→Grid□（显示→栅格□）。

在Maya中，要想从任何菜单中选择Option（选项），都需要在菜单命令的右侧单击正方形图标□。

STEP02 打开Grid Option（栅格选项）窗口，可以对视口中栅格的显示效果进行如下定义。

Size → Length and Width（大小 → 长度和宽度）= 40.00 units（单位）

STEP03 在窗口下方单击Apply（应用）和 Close（关闭）按钮，应用设置并关闭窗口，场景中栅格的面积会变得更大。

可以通过下面的快捷键，将Maya视口的背景色从默认的蓝色转变为灰色/黑色。

- 按Alt+B组合键：切换视口背景颜色。

可以通过以下几种方式打开或关闭栅格视图。

（1）通过面板上方的Viewport视口图标，可以打开或关闭栅格图。

（2）打开面板上方的Show（展示）下拉菜单，可以打开或关闭栅格视图。

1.1.3 创建弹球

下面使用基本的NURBS球体创建弹跳的小球动画。

在Maya用户界面中选择菜单命令Create → NURBS Primitives→ Sphere（创建 → NURBS基本模型 → 球体），激活创建工具，出现一个球体。单击这个球体，将其拖动到场景的原点（栅格的交点）位置，生成一个新的NURBS球体。

可以使用Maya的通道盒设置球体的位置和缩放比例。选择 NURBS球体，按Ctrl+A组合键打开通道盒。

通道盒默认显示下列内容。

- 在顶部显示选择的对象的名称——nurbsSphere1。
- 转换通道——Translate（变换）X/Y/Z、Rotate（旋转）X/Y/Z和 Scale（缩放比例）X/Y/Z。

此处显示的数值与场景视图中对象（节点）的Translate（变换）X/Y/Z、Rotate（旋转）X/Y/Z和Scale（缩放比例）X/Y/Z是一一对应的。当视口中的对象变形时，就会自动更新这些数值。

在通道盒中可以使用数字表示场景中对象的位置、旋转或缩放比例。

STEP01 选择球体，单击通道盒 Translate X（变换X）的数值输入框，按住鼠标左键不动，将鼠标指针向下拖动到 Rotate Z（旋转Z）的数值输入框，然后释放鼠标左键。

被选中的通道数值输入框高亮显示为蓝色。最后被选中的通道数值输入框〔Rotate Z（旋转Z）〕会高亮显示选中的数值。

STEP02 在数字小键盘上按0键，然后按 Enter键，将通道盒中所有被选择的属性值设置为0。

这时，球体位于起点〔Translate（变换）X/Y/Z＝0.0〕。在通道盒的底部有一个INPUTS功能区，可以设置球体的输入属性。

STEP03 在INPUTS功能区单击 make NurbsSphere1，显示输入属性。

STEP04 双击Radius（半径）的数值输入框，输入“2.4”，将球体的半径设置为2.4。

STEP05 可以将视口的阴影效果设置为线框和阴影显示。

可以在面板上方的 Shading（阴影）菜单，使用单选按钮进行设置，也可以通过按4（线框）或5（阴影）快捷键进行设置。

1.1.4　动画首选项——关键帧切线

首先粗略地绘出弹跳小球动画初始阶段的动作轨迹。在Maya中，动画的关键帧有多种插值类型。在关键帧之间播放动画时，不同插值类型可以产生不同的运动效果。关键帧之间的递进插值在播放时产生的不断上升的效果，可以被用于确定动画的整体时长。当插入新的关键帧时，可以在动画设置窗口中设置默认的插值类型。

STEP01 在Maya用户界面的顶部选择菜单命令Window→ Settings/Preferences→ Preferences（窗口→设置/首选项→首选项），打开 Preferences（首选项）窗口。

STEP02 在Preferences（首选项）窗口中，从左侧窗格中选择下列子项。

Categories→ Settings→ Animation（类别→设置→动画）

STEP03 在右侧弹出的窗格中，向下滚动到Tangents（切线）功能区，按以下方式设置参数。

默认入切线＝ Linear（线性）

默认出切线＝ Stepped（递进）

将对动画的设置应用于目前的场景和其他场景的关键帧设置。在对动画进行进一步完善的阶段，记住要把这两个选项恢复为Clamped（夹具）。

使用线性切线插值类型，可以在关键帧之间创建直线运动，对象将以恒定速度运动。使用递进切线插值类型，关键帧之间的运动会产生跳跃，动作轨迹始终保持平滑，在关键帧的位置会跳到下一个值。

1.1.5 选择工具和变形工具及其设定

在进行动画设计时，需要了解不同的变形工具和设置选项。Maya用户界面左侧的工具箱中包含各种工具按钮，可被用于场景的选择模式和转换模式。在场景中制作动画时，主要是选择对象或将对象转换为动画〔Transform（变形）＝Move/Rotate/ Scale（位移/旋转/缩放）〕。这些按钮图标的含义非常明确，都可以通过快捷键进行访问。

1. 工具设置

可以通过Tool Settings（工具设置）窗口设置选择工具和变形工具的不同模式。双击工具箱中的哪一个工具，都可以打开Tool Settings（工具设置）窗口。在这个窗口中，可以设置以Local（本地）模式或World（世界）模式移动、旋转或缩放对象。通常情况下，这些选项一般为默认设置。但是在某些实例中可能想要以Local（本地）模式或Global模式移动对象，而不是以默认的 World（世界）模式移动对象。当模式发生变化后，场景视图中的转换Gizmo图标会随之更新。

2. Marking (标记) 菜单

可以通过Marking（标记）菜单对变形工具进行快速设置，步骤如下。

STEP01 当鼠标指针位于视口上时，按下对应的快捷键（即，按Q快捷键＝Select，按W快捷键＝Move）。

STEP02 在按下快捷键的同时，单击鼠标左键，显示Marking（标记）菜单。

STEP03 从Marking（标记）菜单中选择需要的选项，启动Local（本地）＝模式。

1.1.6 制作小球弹跳动画

在制作小球弹跳动画时，使用Maya提供的标准的变形工具定义弹球的位置及不同位置的关键帧。

首先将面板的布局设置为Single Pane（单个窗格）及Side Orthographic View→Side Orthographic View（侧正交视图）。

STEP01 选择菜单命令Panels → Layouts → Single Pane（面板 → 布局 → 单个窗格）。

可以通过按Space键，在默认的4窗格（Four Panes）布局和单窗格（Single Pane）布局之间进行切换。

STEP02 按Space键，在Single Pane（单个窗格）布局中显示默认的Marking （标记）菜单。在中间的“Maya”框上单击鼠标左键，并拖动到右侧选择Side View（侧视图）选项。

通过Panels菜单还可以设置窗格的正投影视图：在窗格的上方选择菜单命令Panels→Orthographic→Side（面板→正交→侧边）。

STEP03 在Side View（侧视图）中选择球体，然后按F快捷键，可以构成球体的框架。

按F快捷键可以构成当前视图中已经选择的对象的框架。按Shift+A和Shift+F组合键，可以构成活动窗格中所有对象的框架。

STEP04 选择球体后，可以启用移动工具（按W快捷键）。

在视口中，移动工具显示为箭头：红色箭头表示x轴，绿色箭头表示y轴，蓝色箭头表示z轴。无论选择哪个轴，都会变为黄色。

STEP05 选择y轴（朝上），可以对y轴进行变换，这时轴线变为黄色。

STEP06 拖动y轴向上移动，球体的下方会置于原点（一条粗的黑线，Y=0）。

STEP07 确保当前的帧为第1帧，选中球体，按S快捷键。

对选择的对象设置关键帧时，在Time Slider（时间滑块）上会显示一个红色的标记，说明对于该选择的对象来说，这是一个关键帧设置。可以通过下面的菜单命令修改关键帧标记的大小：Window→Settings/Preferences→Preferences→Time Slider→Key tick size（窗口→设置/首选项→首选项→时间滑块→关键标记大小）。

按S快捷键，会为所有通道中当前选择的对象设置关键帧。在通道面板中，关键帧的属性高亮显示为红色。虽然只是模拟球体的y轴动画（上下弹跳），但是可以设置球体每个通道的关键帧。

对动画设置关键帧时，首先需要确定应该对哪些通道设置关键帧。使用S快捷键设置关键帧会产生大量多余的关键帧，而对这些关键帧的属性无法设置动画。

下面介绍其他快捷键，利用这些快捷键可以单独设置对象的变换/旋转/缩放比例通道。

- Shift+W组合键——单独对Translate（变换）X/Y/Z设置关键帧。
- Shift+E组合键——单独对Rotate（旋转）X/Y/Z设置关键帧。
- Shift+R组合键——单独对Scale（缩放比例）X/Y/Z设置关键帧。

利用Maya用户界面下方的小钥匙图标可以进行自动关键帧切换。在任何时候对选择的对象设置关键帧，都可以改变对象的变换参数或其他通道参数。

1.1.7 复制粘贴关键帧和设置高度帧

在小球弹跳动画中，将起始位置设置为第1帧，此时小球位于地面；动画结束时，小球落在同一位置上，第1～20帧，小球经过无数次的循环：小球从地面（第1帧）反弹，达到最大高度（动画的中点），然后再返回地面（第20帧）。

下面介绍如何在第1帧和第20帧（地面的位置）复制、粘贴关键帧，以及如何在中点设置关键帧。

STEP01 选择小球，在第1帧的关键帧标记处右击，在弹出的快捷菜单中选择Copy（复制）命令，复制第1帧的关键帧。

STEP02 将时间滑块拖动到第20帧。

STEP03 选中小球，右击第20帧，在弹出的快捷菜单中选择Paste→Paste（粘贴→粘贴）命令，在第20帧粘贴之前复制的关键帧。

在小球弹跳动画中，中点大约在第10帧的位置，此时小球达到最大高度。可以使用移动工具确定小球在视口中的y轴的位置。

STEP04 在视口中选择小球，将时间滑块拖动到第10帧。

STEP05 在第10帧处，启用移动工具（按W快捷键），拖动y轴的手柄（向上/向下），沿着y轴的方向向上移动小球，使小球远离地面。

STEP06 按S快捷键，选择对象的所有通道设置关键帧。

可以根据自己的想法自行设置小球弹跳的高度和整个场景的缩放比例。在上面的例子中，设置小球弹跳的高度如下。

Translate Y（变换Y）=50

如果觉得设置的高度太高或者太低，可以在动画的编辑阶段通过Maya图形编辑器修改变换的数值。

1. 播放动画

播放动画可以预览动画效果并知道时间长短。

（1）将时间滑块拖动到第1帧（在第1帧处单击鼠标左键或将时间滑块拖回第1帧），或者使用Shift +Alt +V （Windows系统）组合键，返回动画的起始帧。

（2）单击播放控制面板（窗口的右下角）的播放按钮或者按Alt+V组合键（Windows系统），播放动画。

单击“前一帧/后一帧”按钮，可以向前移动一帧或者向后移动一帧；单击“前一个关键帧/后一个关键帧”按钮，可以快速跳转到当前选择对象的前一个关键帧或后一个关键帧。

制作动画时，读者可能会发现使用Maya提供的快捷键控制动画播放会更方便、快捷，如图1.1.1所示。

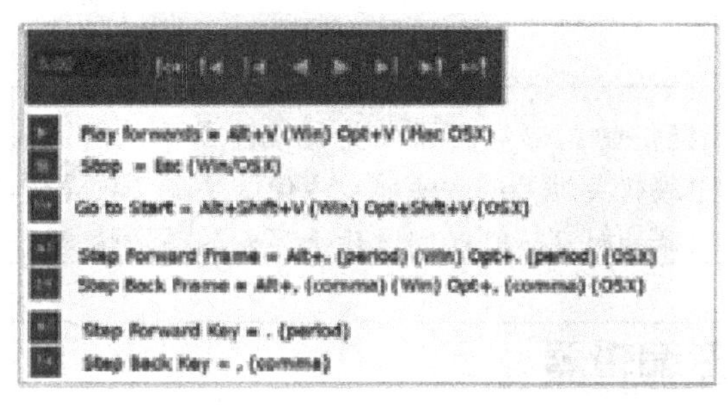

图1.1.1　使用快捷键控制动画播放

如果没有循环播放动画，需要将Animation Preferences→ Playback→Looping（动画首选项→回放→循环）选项设置为Continuous（连续）。

在播放动画时，由于前面为新关键帧设置了递进插值，动画将从第1帧跳转到第9帧（球在地面），再到第10帧（球在空中）。在播放期间，这种插值模式以“封装”的形式显示动画，这样有利于确定动画的全部时长。

2. 编辑关键帧的节奏

在小球弹跳过程中，小球弹跳的最大高度并不是精确地位于动画的中心点（前面设置的第10帧）。当小球向上反弹时，它的速度会变慢，达到最大高度后，加速落向地面。因此，小球在*y*轴方向上达到最大高度时，应该在动画中设置一些帧。从最大高度到第20帧落向地面的帧数比较少，这将加快小球下落的进程。

在动画实践中，这种编辑操作被称为“编辑动画元素之间的节奏和间距”。通过这种编辑操作，可以增加动作的真实性，使对象的重量、质量、重力和加速度更加逼真。

在第3章的动画原则中更详细地介绍“节奏和间距”。

可以按照下面的步骤在时间滑块中编辑小球弹跳动画的时间。

STEP01 首先选择小球，用鼠标左键将时间滑块拖动到第10帧，可以看到关键帧的红色标记。

STEP02 按Shift键，用鼠标左键单击第10帧，然后在按住Shift键的同时用鼠标左键将其拖动到第9帧。

按住Shift键并用鼠标左键在时间滑块上拖动可以选择要编辑的那些帧。选择的帧和关键帧以红色高亮显示。

在选择的这些帧的范围内出现了三个图标，可以用来选择、移动或缩放帧的范围。

- <：选择帧范围开始处的<，可以向左或向右拖动，调整开始帧的范围。
- >：选择帧范围结尾处的>，可以向左或向右拖动，调整结束帧的范围。
- <>：选择帧范围中间的<>，可以向左或向右拖动，向前或向后移动帧范围。

STEP03 使用鼠标左键选择帧范围中间的<>，然后向前拖动两个帧，现在关键帧位于第12帧。

可以在Maya提供的图形编辑器或关键帧清单中编辑关键帧的节奏。

在时间滑块中编辑关键帧的方法非常方便、快捷。但是需要注意的是，采用这种方法只能作用于选择的对象。在时间滑块上显示的关键帧只是当前对象的关键帧。

1.1.8 Maya图形编辑器

在Maya的图形编辑器（Graph Editor)中，可以看到场景物体动作的图形表示，从而可以进一步完善小球弹跳动画的关键帧插值和节奏。下面介绍图形编辑器的用法。

STEP01 选择小球，然后单击窗口左侧的**Panel Layouts**（面板布局）按钮，这个按钮位于工具箱的下面。

在时间滑块上显示的关键帧只是当前对象的关键帧。使用面板布局的快捷方式可以快速在软件预设的布局之间切换。此外，还可以选择菜单命令Panels→Panel and Panels→Layout（面板→面板和面板→布局）。

STEP02 在面板布局的窗口中，选择Persp/Graph（透视视图→透视视图）布局，场景在水平/垂直方向上分为栅格（上方）/图形（下方）。

设置完成后，界面上出现两个面板。上方的透视视图用于预览和编辑对象，下方的图形编辑器用于编辑关键帧。

STEP03 选中两个面板之间的手柄，可以进行拖动，从而改变两个面板的相对大小。

选择场景中的对象后，左边的窗格将会显示该对象所对应的动画通道。

如果没有显示动画通道，在图形编辑器的上方选择Show（显示）菜单，勾选 Attribute（属性）复选框或选择Show All（显示全部）选项，可以显示所有的通道。在图形编辑器左侧窗格中选择Translate Y（变换Y），将会显示动作图形，这在其他应用程序中被称为“功能曲线”（F-Curve）。

在编辑动画时，在预设视图中同时显示图形编辑器和透视视图是一个非常良好的机制。此外，图形编辑器在Maya中可以显示为一个浮动窗口，从而可以最小化或被移动到第二个显示器中（如果设置了双显示器的话）。要想在窗口中显示图形编辑器，可以选择菜单命令Window→Animation Editors→Graph Editor（窗口→动画编辑器→图形编辑器）。

图形编辑器的栅格部分（灰色窗门的主面板）显示对象随着时间的推移在当前通道中的主要动作图形。窗口下方的数值显示的是场景的节奏，左侧从上到下的数值表示选择通道的属性值。从动作图中Translate Y（变换）的值可以看出，绿线表示关键的动作。

第1帧——在Translate Y（变换Y）=0时，设置关键帧，动作图形的线段从0开始。

第12帧——在Translate Y（变换Y）=+50时，设置关键帧（或设置的任意值），动作图形的线段突然上升。

第20帧——在Translate Y（变换Y）=0时，设置关键帧，动作图形的线段重新回到0。动作图形的递进值取决于前面设置的递进插值模式。

在使用图形编辑器时，可以使用标准的视图导航快捷键和变换工具。

翻转（Alt键+鼠标左键）/平移（Alt键+鼠标中键）：利用这两个工具可以在图形编辑器中进行翻转和平移，以修改场景中动作图形的视角。

此外，还可以使用标准快捷键编辑图形编辑器中选择的关键帧（F）和所有关键帧（A）。

- 移动（按W快捷键）——向上/向下移动关键帧（增加/减少数值），以及向左/向右移动关键帧（增加/减少节奏）。
- 缩放（按R快捷键）——可以向上或向下缩放选择的关键帧，以及向左向右调整取值范围或节奏。

在缩放关键帧时，鼠标指针选择的位置就是缩放关键帧的初始位置，这是非常有用的。例如，用户选择所有关键帧并将其缩放到原点（Y=0），或缩放到起始帧（frame=1），都可以执行此操作。

1.1.9 中断帧

在动画中，小球位于地面（第1帧和第20帧）及小球在弹跳动作的最大高度时，关键帧位于主要动作中。在动画快结束时，由于重力的吸引作用，小球会加速动作。小球从地面（第1帧）上升到最大高度（第12帧）时，在第10～12帧，速度会逐渐减慢。

在动画的第二个主要阶段，为了减慢中间部分的动作，在最后阶段（第20帧小球落地）设计更多的动作，可以增加中断帧或中间过渡帧。有时，增加中断帧或中间过渡帧的操作也被称为“附加帧”（Blocking Plus）。这时就需要修改节奏，创建更细化的动作。

STEP01 将时间滑块拖动到动画的第14帧。

STEP02 选择小球后，使用移动工具（按W快捷键）在*y*轴上向下微调小球的位置，这样在第14帧小球落地的节奏得以延迟。在第14～20帧，小球的动作速度更快。

STEP03 在小球仍然被选中的情况下，使用Shift+W组合键（变换帧）设置关键帧。

STEP04 打开Maya的图形编辑器，可以看到在Translate Y（变换Y）上新增加的关键帧，播放动画，查看动画中的中断帧。

如果动画的节奏看起来不太合适，可以在图形编辑器中向上/向下选择和移动关键帧。

1.1.10 预览

在Maya中，尽管在视口中可以根据实际的帧速度播放场景中的动画（实时速度为24fps），但是很难掌握场景的总时长。对于复杂的场景来说，这种情况更加明显，由于场景中包含的元素非常多，动画的播放速度会受到影响。但是，在简单的场景中，这种情况也比较明显，即使在动画属性设置中设置了24fps的播放速度，系统在播放时也可能会跳过一些帧。

因此，在制作动画时要养成使用快速播放预览动画的好习惯。Maya环境包含播放预览工具，使用它可以从当前视图中快速创建动画的硬件渲染。

STEP01 右击时间滑块，在弹出的快捷菜单中选择Playblast□（播放预览□）命令。

选择Playblast（播放预览）右侧的正方形□，可以打开Options（选项）窗口。

STEP02 此时会看到Playblast Options（播放预览选项）窗口，在窗口中进行如下设置。

Display size（显示尺寸）= From Render Settings（来自渲染设置）

在Maya的Render Settings（渲染设置）中使用Display Size（显示尺寸）设置播放预览的渲染属性，可以使渲染动画的大小和画面与最终作品的场景一致。

STEP03 单击Playblast Options（播放预览选项）窗口底部的Apply（应用）按钮，使设置生效。

STEP04 选择菜单命令Window→Rendering Editors→ Render Settings（窗口→渲染编辑器→渲染设置）。

STEP05 在Render Settings（渲染设置）窗口中，选择Common（常用）选项卡，显示常用的渲染设置选项，将滚动条向下滚动到Image Size（图像尺寸）选项，进行如下设置。

Presets（预设）= 640×480

通过这种方式，将渲染界面的尺寸设置为640（水平方向）×480（垂直方向）像素，将播放预览中图形的大小也设置为同样的尺寸。

STEP06 在Render Settings（渲染设置）窗口中，选择Maya Software（Maya软件）选项卡，并进行如下设置。

Quality（质量）= Production Quality（生产质量）

STEP07 单击Render Settings （渲染设置）窗口底部的Close（关闭）按钮，应用设置。

STEP08 在时间滑块上右击，在弹出的快捷菜单中选择Playblast（播放预览）命令，可以播放动画。

系统快速进行播放预览的渲染，并出现Maya的FCheck窗口，开始循环播放动画。

FCheck窗口的上方是播放控件，这些控件的功能类似于Maya界面中的播放控件，但是这两类播放控件的快捷方式稍有不同。在FCheck窗口中，选择菜单命令Help→Animation Controls（帮助→动画控制），可以显示控件的快捷键列表。

动画设置中的“步进动作”可以快速确定动画的总时长，在下列帧的范围中可以明显看到主要的关键帧。

第1 ~11帧——小球从地面上升到最大高度。

第12 ~14帧——小球从最大高度逐渐延时降落到地面（重力作用）。

第14~20帧——小球从延时降落的位置逐渐降落到地面。

1.1.11 改变关键帧的切线类型

如果将关键帧的切线类型设置为Stepped（递进），可以绘制出动作的主要时序曲线。如果为动画的关键帧设置步进插值，可以确定动画的关键节奏点。为了进一步对动画进行编辑，需要修改关键帧的切线类型，这样才可以使动画接近最终状态。

STEP01 选中小球，打开图形编辑器，选择Translate Y（变换Y）通道，显示小球向上/向下动作的图形。

STEP02 启用选择工具（按Q快捷键），在图形编辑器中选择Translate Y（变换Y）上的所有关键帧。

所选择的关键帧高亮显示为黄色，所选择的图形高亮显示为白色。

STEP03 选择Translate Y（变换Y）上的关键帧，单击图形编辑器上方的Spline tangents（曲线切线）按钮，改变关键帧的切线类型。

图形编辑器提供了六种切线类型，Spline tangents（曲线切线）按钮是从左数第二个按钮。

选择曲线（Spline）的切线类型后，图形编辑器中的动作图形会更新，在第1帧、第12帧、第14帧和第20帧这些关键帧之间会出现一条平滑的曲线。关键帧之间平滑的曲线形成了关键帧之间平滑的“插值”。

在3D动画中，关键帧插值是一个非常基础的概念，关键帧的切线类型可以决定计算机如何自动地生成关键帧之间的动作。

1.1.12 重影回放

在播放动画时，由于关键帧的切线和插值发生变化，小球的动作轨迹呈现为平滑的曲线。当小球弹向空中时，小球的速度会逐渐变慢（第1～12帧），在空中短暂停顿（第12～14帧）后，加速落向地面（第14～20帧）。

当制作循环动画时，需要将动画播放预览的最后一帧设置为倒数第2帧（在该动画中，把最后一帧设置为第19帧）。经过这样的设置，播放动画时就会很流畅，这主要是因为小球在起始帧和结束帧（第1帧和第20帧）的状态是相同的，如果在播放预览时播放两次小球的相同状态，会造成循环播放的短暂停顿。关于如何在Maya的Animation Preferences（动画首选项）或Range slider（范围滑块）中设置动画的播放预览范围，可以参考前面的章节。

在预览动画时，可以使用Maya提供的另外一个工具——“重影”（Ghosting）。重影工具会在对象前面的帧和后面的帧之间形成对象的重影，对象的重影之间会形成一条“踪迹”，因此，利用重影工具可以验证动画的节奏。重影工具也被称为“洋葱皮功能”

（Onion Skinning）。

STEP01 从Maya用户界面上方的状态栏中选择Animation（动画）菜单（快捷键为F2）。

STEP02 选择小球，然后选择菜单命令Animation→Ghost Selected（动画→启用重影）。

利用重影验证动画的节奏后，可以选择Animation→Unghost Selected（动画→停用重影）去掉重影的效果。

在应用重影之前，应该首先选择Ghost Selected（启用重影命令。此外，利用Maya 的属性编辑器（Attribute Editor）可以对重影效果进行修改。

STEP01 选择对象（应用重影效果的对象），按键盘上的Ctrl + A组合键或选择菜单命令Window→Attribute Editor（窗口→属性编辑器），打开属性编辑器。

STEP02 在属性编辑器中，选择Shape（形状）选项卡（对于本例中的小球来说，选项卡为nurbsSphereShape1）。

STEP03 在nurbsSphereShape1选项卡中，向下拖动滚动条，展开Object Display（显示对象）菜单，便可以看到Ghosting Information（重影信息）标题，展开重影信息菜单，可以看到所有的选项信息，如图1.1.18右图所示。

STEP04 在默认情况下，Pre-Steps＝3，Post-Steps＝3，动画的每一步就是一帧，可以通过Ghosting Control（重影控制）下拉菜单对Pre-Steps和Post-Steps进行自定义。

STEP05 在重影控制下拉菜单中选择Custom Frame Steps（自定义画面递进）可以选择步长Keyframes（关键帧）选项，表示在关键帧的位置只显示重影。

重影可以反映当前的显示方式，在预览动画时利用线框（Wireframe）显示方式可以方便地验证动画的节奏（按4快捷键）。

在默认情况下，动画在视口中的显示效果如下。

（1）对象线框的颜色为深蓝色时（默认情况下），表示对象在当前帧的当前位置。

（2）对象线框的颜色为浅蓝色到白色时，表示对象在后面三帧的位置。

（3）对象线框的颜色为深橙色到浅橙色时，表示对象在前面三帧的位置。

在播放预览动画或者拖动时间滑块时，重影效果有助于验证小球在每个帧之间的动作范围。

STEP01 在动画开始阶段，可以看到由于小球在场景中的动作速度很慢，小球在这些帧之间移动的距离很短，所以重影之间非常紧密。

STEP02 当小球的动作速度达到最慢的阶段时（第12～14帧，小球的动作图形保持稳定，并在产生重力加速度之前达到最大高度），小球的重影聚成一团，表示小球在重影显示的帧之间移动的距离很短。

STEP03 一旦小球到达最大高度后，就会加速落向地面。第14～20帧，小球重影之间的距离变大（在Windows系统中，可以使用Alt+“.”组合键；在Mac OS X系统中，可以使用Option+“.”组合键）。

1.1.13 改进动画节奏——关键帧切线

在播放动画时，由于关键帧的切线和插值发生变化，小球的动作轨迹呈现为平滑的曲线。当小球弹向空中时，小球的速度会逐渐变慢（第1～12帧），小球在空中短暂停顿（第12～14帧）后加速落向地面（第14～20帧）。

可以通过修改动画的关键帧切线，进一步优化动画的节奏。

STEP01 选中小球，然后打开图形编辑器，确保可以看到Translate Y（变换Y）上的动作图形。

STEP02 在图形上的第1帧处，使用选择工具（按Q快捷键）选取第一个关键顿，选中的关键帧高亮显示为黄色。

STEP03 在图形编辑器上方的“切线类型”快捷按钮中找到Flat tangents（平滑切线）按钮，单击该按钮，将关键帧的切线类型设置为“平滑切线”。

“平滑切线”按钮的图标是一条水平直线。

关键帧的平滑切线将会平滑地连接关键帧的两条切线（以棕色显示）。当创建动画的缓入时，这种模式非常有用。关键帧的切线会从一个平稳的状态（Y=0）缓慢上升，并逐渐过渡到曲线上的下一个关键帧。这样在动画的开始阶段，小球从地面开始向上弹跳时，便形成了缓入或缓出效果。

第4章将详细介绍缓入和缓出（Ease In和Ease Out）。

除了在动画的开始阶段形成缓入效果外，也可以在动画的结束阶段（从第14～20帧）添加更多的加速动作（或快出效果）。

现在观察动画结束阶段的动作图形，发现随着动画逐渐进入结束阶段，曲线呈现为“弓”形，或者变得很平滑。类似于动画开始阶段的缓入效果，在动画的结束阶段可以设计缓出效果。随着小球逐渐进入动画的结束阶段，小球在通过每个连续帧时，在Translate Y（变换Y）方向上数值的变化变得很缓慢。

在进行动画设计时，经常会结合使用缓入和缓出效果。但是，在小球弹跳的例子中，这种方式并不可行，需要进行一些调整。在小球落向地面时（第14～20帧），加速度应该是恒定不变的或者逐渐增加的。因此，在动画结束阶段，动作图形中数值的变化不应该是逐渐减少或变慢。通过修改关键帧的切线，可以使动作图形的变化更接近重量和重力影响下的自然状态。

STEP01 选中小球，打开图形编辑器，显示Translate Y（变换Y）方向上的动作图形。

STEP02 使用选取工具（按Q快捷键）选择图形上第20帧处的最后一个关键帧，选中的关键帧高亮显示为黄色。

STEP03 在图形编辑器上方的Tangent-type（切线类型）快捷按钮中找到Break tangents（切断切线），单击该按钮，切断关键帧的切线。

Break tangents（切断切线）的图标是一个蓝色/红色图标，显示为V形。

STEP04 关键帧的切线被切断后，可以看到关键帧两侧的切线手柄分别显示为蓝色（关键帧左侧）和棕色（关键帧右侧）。

切断关键帧的切线后，可以分别设置切线的手柄，移动手柄可以改变动作图形曲线的插值。由于关键帧两侧切线的影响，可以使关键帧的动作变得非常剧烈。

STEP05 切断关键帧的切线后，选择关键帧，然后选择左侧的蓝色关键帧切线手柄，修改进入关键帧的输入曲线的形状。

STEP06 选择切线的手柄，使用移动工具（按W快捷键）调整切线手柄的位置，进入关键帧（第20帧）的曲线便成为一条直线。

播放预览动画并渲染预览效果的步骤如下。

STEP01 将时间滑块拖动到第1帧或者单击Playback Controls（回放控制）的Go to Start Frame （回到开始帧）按钮（在Windows系统中，使用Shift +Alt + V组合键；在Mac OS X系统中，使用Option + Shift + V组合键）。

STEP02 在播放控制面板中单击Playback（回放）按钮（在Windows系统中，使用Alt + V组合键；在Mac OS X 系统中，使用Option + V组合键）。

STEP03 在时间滑块上右击，在弹出的快捷菜单中选择Playblast（播放预览）命令，渲染场景视图的快速预览效果。

经过这些设置，动画的节奏应该看起来更加流畅，也更加自然。小球缓慢地开始动作，到达空中后加速落向地面。在动画的每个阶段，小球的动作都受到重力作用的影响，由于对关键帧切线的调整，使小球的动作曲线更加逼真、流畅。

可以在Translate Y（变换Y）通道上（向上/向下）对小球的关键帧和切线进行进一步进行编辑。在优化动画的节奏时，可以利用图形编辑器调整每个通道上的节奏。

1.1.14　挤压和拉伸

在小球弹跳动画中，可以添加挤压和拉伸的效果。挤压和拉伸是基础的动画原则，从根本上说，动画中的挤压和拉伸用于显示对象对现实世界的反映，如在体积上发生的变化。通常情况下，这种效果发生在角色动作或器官动作的过程中，一个对象可以发生明显的变形。

在小球弹跳的例子中，可以在小球与地面接触时及小球在空中向上/向下动作的阶段应用这种效果。

（1）在小球与地面接触的当前帧，由于重力作用，小球会受到压缩，压缩量取决于小球的弹性，这就是动画中的“挤压”。

（2）当小球在空中向上或向下动作时，由于重力作用的影响，小球的形状会呈现为椭圆形，这就是动画中的“拉伸”。

（3）当小球达到最大高度时，看起来好像悬浮在空中一样（大约在第12帧的位置）。在动画的这个阶段，重力作用对小球的影响很小，不能使用挤压和拉伸效果，小球的形状应该是默认的形状。

在本例中假设小球的弹性很好。如果读者想让小球的弹性更加明显或不大明显，可以修改输入的通道值。

为了生成挤压和拉伸的效果，需要对小球进行缩放。向下移动小球的中心点，当小球与地面接触时，小球会陷入地面。

STEP01 选中小球，定位在第1帧（按Shift +Alt + V组合键）处，然后切换到侧视图，并启用移动工具（按W快捷键）。

STEP02 在侧视图中框显小球（按F快捷键），并稍微平移视图（按Alt键 + 鼠标中键），这样可以同时看到小球和地平面。

STEP03 选中小球，使用移动工具（按W快捷键），在Edit Mode（编辑模式）下，修改小球中心点的位置（在Windows系统中，编辑模式的快捷键是Insert；在Mac OS X系统中，编辑模式的快捷键是Home），如图1.1.2①所示。

可以从着色视图（按5快捷键）切换到线框视图（按4快捷键），从而方便地移动小球。如果线框模型和中心点线框不太明显，可以使用Alt + B组合键切换侧视图的背景色。

STEP04 选择小球的中心点，并将其向下拖动，直到小球的底部。

如果在移动过程中需要与栅格对齐，可以按住X快捷键。

STEP05 退出编辑中心点模式（在Windows系统中，快捷键是Insert；在Mac OS X系统中，快捷键是Home）。

STEP06 利用移动工具（按W快捷键），移动小球的线框至小球当前的中心点上。

STEP07 在选中小球的情况下，在y轴方向上使用缩放工具（按R快捷键）使小球向下缩放。小球整体应该更接近新设置的中心点，如图1.1.2②所示，这就是希望达到的挤压效果。

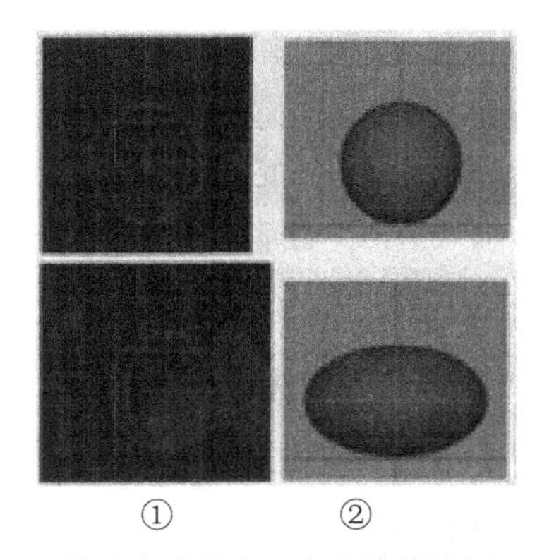

①　　②

图1.1.2　修改小球的中心点和缩放比例——挤压

STEP08　撤销缩放小球比例相关的所有修改操作（按Z快捷键）。

正如在前面用S快捷键设置动画的关键帧一样，可以在每个通道（变换、旋转和缩放）上为对象设置关键帧，但是这种方法并不可取。首先，已经为小球缩放添加了一些关键帧，而这些关键帧其实并不需要；其次，这些关键帧的插值已经被固定。为了解决这些问题，需要采取以下步骤。

STEP01　选中小球，选择菜单命令Window→Animation Editors→Graph Editor（窗口→动画编辑器→图形编辑器），打开图形编辑器。

STEP02　利用鼠标单击和拖动操作，从图形编辑器的左侧窗格中选择Scale X/Y/Z（缩放比例X/Y/Z）通道。

STEP03　在右侧窗格中按F快捷键，框显选择对象的所有关键帧，然后选中所有的关键帧，单击“删除”按钮将其删除。

如果在通道盒中检查选择的小球，ScaleX/Y/Z（缩放比例X/Y/Z）通道将不再高亮显示为红色，这是由于它们没有包含关键帧数据。

对于那些为缩放对象设置的关键帧，希望其使用的是标准的切线类型。“递进”插值类型适合于对象动作的初始关键帧，但是对于缩放对象来说并不适合。

STEP01　选择菜单命令Window→Settings/Preferences→Preferences（窗口→设置/首选项→首选项），打开Preferences（首选项）窗口。

STEP02　在左侧窗格中选择菜单命令Settings→Animation（设置→动画）。

STEP03　向下滚动到Tangents（切线）子类，并进行如下设置。

Default in tangent（默认入切线）= Clamped （夹具）

Default out tangent（默认出切线）= Clamped（夹具）

在缩放对象时，使用通道盒设置关键帧的数值。

STEP04　将时间滑块拖动到第1帧，单击播放控制面板的Go to Start Frame（回到开始帧）

按钮（在 Windows系统中，使用Shift+Alt+V组合键；在Mac OS X系统中，使用Option + Shift + V组合键）。

STEP05 选择小球，确保在通道盒中看到Scale X/Y/Z（缩放比例X/Y/Z）通道。

STEP06 双击每个数字输入框，输入下面的数值。

Scale X （缩放比例X）= 1.15

Scale Y （缩放比例Y）= 0.7

Scale Z （缩放比例Z）= 1.15

通过以上设置，在对象体积保持不变的情况下，在*y*轴方向上对象的数值变小（70%），而其他通道（*x*/*z*）的比例变大。默认的比例数值是1.0、1.0、1.0，每个通道的比例都是100%。

由于*y*通道的比例缩小为70%，为了保持体积不变，*x*、*z*通道需要把比例扩大为115%。综合来看，*x*、*y*、z的总和应该等于3（或为3×100%）。

STEP07 设置这些数值后，选择Scale X（缩放比例X）通道，通道高亮显示为蓝色，按住鼠标指针向下拖动，选择并高亮显示Scale Y（缩放比例Y）和 Scale Z（缩放比例Z）通道。

STEP08 在选中这三个通道的情况下，右击其中任意一个通道，在弹出的快捷菜单中选择Key Selected（设置关键帧）命令。

STEP09 将时间滑块拖动到第20帧，重复上一个步骤，在动画的第20帧设置相同的缩放关键帧。

Key Selected（设置关键帧）只是在选择的通道上设置一个关键帧，并不在未选择的通道上设置关键帧。当需要减少与对象不相关的关键帧的数量时，这种设置一个关键帧的方法是非常有用的。

在设置动画的拉伸效果的关键帧时，可以使用同样的方法。

STEP01 将时间滑块拖动到第4帧，或者单击播放控制面板上的Step Forward Frame/Step Backward Frame（向前一帧/向后一帧）按钮，移动到第4帧（在Windows系统中，使用Alt + “.”或Alt + “，”；在Mac OS X系统 中，使用Option + “.” 或 Option+ “，”）。

STEP02 选中小球，确保通道盒是可见的（按Ctrl + A组合键），可以看到ScaleX/Y/Z（缩放比例X/Y/Z）通道。

STEP03 双击每个数字输入框，输入下面的数值。

Scale X（缩放比例X）= 0.9

Scale Y（缩放比例Y）= 1.2

Scale Z（缩放比例Z）= 0.9

经过以上设置，小球在保持体积不变的情况下，在y轴方向上扩大为原来的120%〔Scale Y（缩放比例Y）=1.2〕，在x和z轴方向上缩小为原来的90%〔ScaleX/Y（缩放比例X/Y）=0.9〕，如图1.1.3所示。

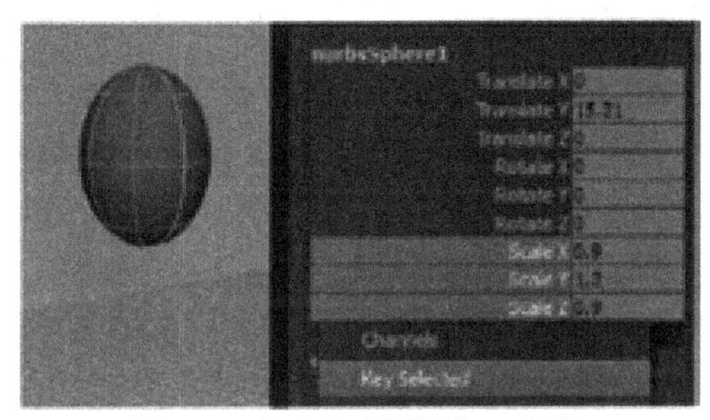

图1.1.3　修改小球的比例——拉伸

STEP04　使用和前面相同的方法，选择ScaleX/Y/Z（缩放比例X/Y/Z）通道和Key Selected（设置关键帧）右键菜单命令，设置关键帧。

在后面的阶段需要重复小球的拉伸过程。小球从挤压到拉伸的转换需要与小球的弹跳动画相匹配。

第1帧——挤压。

第4帧——拉伸（第1～4帧，从挤压到拉伸）。

第12帧——默认比例（第4～12帧，拉伸到默认比例）。

第18帧——拉伸（第12～18帧，默认比例到拉伸）。

第20帧——挤压（第18 ～20帧，拉伸到挤压）。

为了复制第4～18帧拉伸比例的关键帧，可以在时间滑块上右击，在弹出的快捷菜单中选择复制、粘贴关键帧命令。此外，还可以使用另外一种方法快速在时间滑块上复制、粘贴关键帧。

STEP01　选中小球，单击Step Forward Key（前一关键帧）或Step Backward Key （后一关键帧）按钮，移动到第4帧（拉伸的关键帧所在的位置）。

也可以使用快捷键在时间滑块上进行移动。

前一个关键帧（Step Forward Key）=.

后一个关键帧（Step Backward Key）=,

STEP02　选中小球，在视口中显示第4帧的图形，将鼠标指针移动到第18帧，然后单击鼠标中键。

尽管当前的动画帧在时间滑块上会更新到第18帧，但是小球在视口中的动画并没有更新，通道盒显示的比例仍然是Scale X（缩放比例X）=0.9，Scale Y（缩放比例Y）=12，Scale Z（缩放比例Z）= 0.9，这样可以方便地在节奏轴的不同位置复制或粘贴动画或关键帧。

STEP03 将时间滑块移动到第18帧，单击鼠标中键，确认比例通道（Scale Channels)的正确性，然后按Shift+ R组合键，在所有比例通道为小球设置关键帧。

现在播放动画查看设置效果。小球在与地面接触和在空中动作的阶段，会自然形成挤压和拉伸效果。在动画的中间点（第12帧）可以添加一个中间关键帧，以实现小球的缩放。在这个中间点处，小球应该保持默认的比例。

STEP04 选中小球，将时间滑块拖动到第12帧，在通道盒中输入下面的比例值。

Scale X（缩放比例X） = 1.0

Scale Y（缩放比例Y ）= 1.0

Scale Z（缩放比例Z ）= 1.0

STEP05 使用Shift + R组合键在缩放通道上设置关键帧，或者使用Key Selected（设置关键帧）命令在通道盒中为通道设置关键帧。

在小球动画中增加挤压和拉伸关键帧的场景文件包含在默认文件中。

STEP06 选中小球，从图形编辑器中查看缩放比例的动作曲线。

如果从左侧窗格中选择ScaleX/Z（缩放比例X/Z）通道，曲线就会出现重叠。这主要是因为在Scale X（缩放比例X）和Scale Z（缩放比例Z）通道上也设置了同样的比例值。Scale Y（缩放比例Y）通道的值（高亮为绿色）与ScaleX/Y（缩放比例X/Y）的值是相反的。在图形编辑器中选择三个比例通道，可以对其进行编辑。

对于Translate Y（变换Y）上的关键帧，可以在图形编辑器中编辑缩放关键帧的切线，使其与动画中的动作更加匹配。

STEP01 在图形编辑器中，使用选择工具（按Q快捷键）选择第4帧的所有缩放关键帧。

STEP02 单击Flat tangents （平滑切线）按钮修改切线类型。

这时，曲线的变化更好地反映了第4帧的动作。和之前相比，曲线的弯曲度变小，但是仍然略显弧形。

STEP03 在图形编辑器中，使用选择工具（按Q快捷键）选择第18帧的所有缩放关键帧。

STEP04 单击Flat tangents （平滑切线）按钮修改切线类型。

这时，输入切线更好地符合进入第18帧的动作。

STEP05 在选中第18帧的所有缩放关键帧的前提下，单击Break tangents（切断切线）按钮，并向下拉伸右侧的切线手柄，使第18～20帧的动作曲线更接近一条直线。

经过设置，从第18帧输出的动作曲线发生了变化，缩放动作呈现出恒定加速度的状态，而不是前面的缓出状态。这种状态符合之前设置的曲线插值的类型，也符合小球动作的规律。

1.1.15　循环动画

动画的循环就是播放预览的循环。为了进一步编辑动画，让小球在地面上反复弹跳，需要添加反复弹跳及挤压和拉伸的关键帧。时间滑块的下方是范围滑块，在范围滑块右侧的数字输入框中将播放范围（Playback Range）的结束时间（End Time）设置为80.00，如图1.1.4 所示。

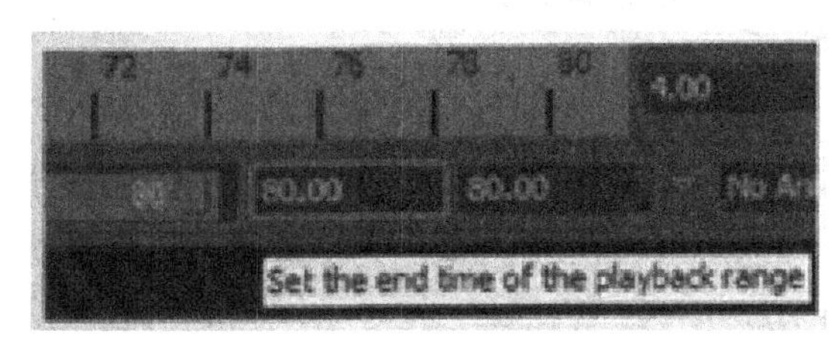

图1.1.4　为了循环复制关键帧，修改播放预览的结束时间

经过设置，在时间滑块上可以快速地复制和粘贴小球弹跳（缩放和变换）的关键帧，并循环播放动画。

STEP01　选中小球，在时间滑块的第4帧处单击鼠标左键，然后按Shift键，拖动鼠标左键到第20帧。

STEP02　选择关键帧范围高亮显示为红色，关键帧高亮显示为黄色。

STEP03　在帧范围被选中并高亮显示的情况下，在帧范围上右击，在弹出的快捷菜单中选择Copy（复制）命令。

STEP04　将时间滑块拖动到第23帧，右击第23帧，在弹出的快捷菜单中选择Paste→Paste（粘贴→粘贴）命令。

这样，在第1～39帧就形成了一个非常完美的循环。这里没有复制第1帧的关键帧，第20～39帧的动画再次进行循环。

STEP05　将时间滑块拖动到第42帧，右击第42帧，在弹出的快捷菜单中选择Paste→Paste（粘贴→粘贴）命令。

在执行第二个和第三个粘贴操作时，只要复制的关键帧仍然在缓冲区中，就可以粘贴关键帧。但是，如果在复制和粘贴之间执行了其他操作，则需要从步骤1开始重新复制关键帧。

STEP06　设置动画的结束关键帧。将预览播放的结束帧设置为77，这是最后一个关键帧。

1.1.16　循环动画——曲线编辑

STEP01 选中小球，选择菜单命令Window→Animation Editors→Graph Editor（窗口→动画编辑器→图形编辑器），打开图形编辑器。

STEP02 选择Translate Y（变换Y）通道，按F快捷键，框选整条曲线。

由于上个步骤对动画的复制和粘贴操作，这条曲线应该是循环的。同时选中相同时间间距的多个复制帧（按住Shift键），可以对其进行编辑，拖动关键帧切线的手柄可以使曲线更加平滑。例如，如果对小球弹跳动画上方的关键帧切线进行微调，可以使小球弹跳动作的曲线更加流畅。

1.1.17　循环动画——弹过地面

由于小球在地面上反复弹跳，需要设计小球在*x*轴、*z*轴或同时在两个轴上（在对角线上）的动画。为了简单起见，假设小球在*z*轴上是沿着一条直线弹跳的。首先，需要删除现有的关键帧，这些关键帧是前面使用Shift + W组合键（设置变换通道的关键帧）或S快捷键（设置关键帧）在Translate Z（变换Z）通道上设置的。

STEP01 从大纲视图或透视视图中选择小球。

STEP02 在通道盒（按Ctrl + A组合键）中选择并高亮显示Translate Z（变换Z）通道。

STEP03 在通道上右击，在弹出的快捷菜单中选择Break Connections（中断连接）命令，这样就删除了Translate Z（变换Z）通道上的关键帧，通道不再高亮显示为红色。

STEP04 将时间滑块拖动到第1帧。

STEP05 在透视视图中选择小球，并选择移动工具（按W快捷键）。

STEP06 使用移动工具拖动Translate Z（变换Z）的手柄，将小球拖动到轴的栅格边缘。

STEP07 使用Shift+ W组合键，在第1帧设置变换通道的关键帧。

STEP08 将时间滑块拖动到结束帧（第77帧），使用移动工具（按W快捷键）将小球拖动到+*z*轴与前面相对的栅格边缘。

STEP09 使用Shift + W组合键，在第77帧设置变换通道的关键帧。

可以从图形编辑器中看到Translate Z（变换Z）通道上显示了两个关键帧，一个关键帧位于小球动作的开始位置，另外一个关键帧位于小球动作的结束位置。这条曲线可能是一条直线，没有中断帧或中间过渡帧，说明小球是以恒定的速率或速度运动的。

1.1.18　观看并编辑轨道弧（一）

在场景文件中包含一个视觉辅助工具——Motion Trail，通过这个工具可以看到小球在地面上弹跳的轨迹或弧线，但首先要安装Maya Motion Trail。下面介绍Maya新增的可编辑动作轨迹（Editable Motion Trail）功能，动作轨迹功能的简单演示如图1.1.5所示。

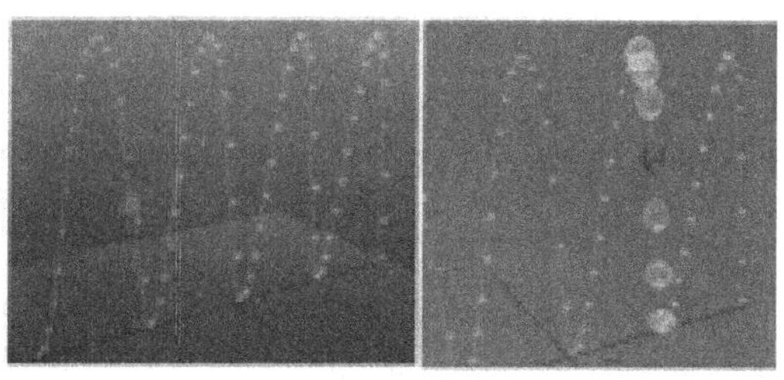

图1.1.5　动作轨迹

可以进一步编辑小球的高度，使动画循环过程中小球的弹跳轨迹更加自然。随着小球不断地弹跳，每次弹跳都会减少或损失一部分动能，因此，小球的动能会逐渐消失。根据日常经验，小球在弹跳过程中的高度应该不断降低，可以通过缩小每次弹跳时在y轴的高度来模拟这种效果。

STEP01　选中小球，打开图形编辑器，从左侧窗格中选择Translate Y（变换Y）通道。

STEP02　选择第2、3、4次弹跳的最大高度对应的关键帧（从30帧开始）。

STEP03　选择这些关键帧后，使用缩放工具（按R快捷键），单击鼠标中键不放，并同时按住键盘上的Shift键，向着曲线的最小值的方向（Y＝0）向下拖动鼠标指针。

在图形编辑器中修改关键帧的位置或比例时，按住Shift键可以控制曲线向上/向下（数值）或者向左/向右移动（时间）。

经过设置，曲线的比例会缩小，从而降低了从第二次到第四次的弹跳高度。重复以上步骤，依次降低小球弹跳过程的高度。

STEP04　选择最后两次弹跳的最大高度对应的关键帧（从40帧开始）。

STEP05　选择这些关键帧后，启用缩放工具（按R快捷键），按住鼠标中键不放，并同时按住键盘上的Shift键，向着曲线最小值的方向（Y＝0）向下拖动鼠标指针。

经过设置，曲线的比例会缩小，从而降低了从第三次到第四次的弹跳高度。

重复上面的步骤，降低最后一次弹跳在y轴上的高度，在动画的结束阶段，小球弹跳的曲线高度会越来越低。

小球每次弹跳的高度〔Translate Y（变换Y）〕会逐渐降低，使小球的轨迹弧度看起来更加逼真。每次编辑完成后，视口中的动作轨都会刷新，这样可以更方便地查看动画的变化效果。

1.1.19　观看并编辑轨道弧（二）

对动画进行渲染播放，或者按Alt + V组合键在视口中播放动画。在播放过程中，动画看起来非常逼真。

（1）由于在动画中增加了轨迹弧度，使得小球弹跳的曲线发生了一些变化，动作过程更接近在现实生活中看到的场景。

（2）小球开始阶段的反弹动作是缓入的，增加了重力对小球弹跳的影响。

（3）对小球自身比例的编辑增加了挤压和拉伸的效果，使动画更加真实可信。

在播放动画的过程中，可以注意到有些因素影响了动画的真实性。现在先不讨论如何改进这些因素，而需要知道如何编辑可以优化动画的效果。

（1）反弹旋转（Bounce Rotation）：在小球弹跳的动画中，小球并没有出现旋转动作。如果小球是直上直下的动作，没有旋转动作并没有多大影响。但是，如果小球是在地面上滚动反弹，那么没有旋转动作就会看起来很假。小球的旋转动作在*x*轴上应该沿着弧线轨迹动作。

（2）节奏、间距（Timing、 Spacing）：尽管小球的高度在弹跳过程中逐渐降低，但是动画中并没有编辑弹跳的节奏或间距。如果查看动作轨迹，就会发现在动画中关键帧都聚成一团，每个动画帧之间的间距很小，每次弹跳时小球的速度明显减慢，动画看起来并不逼真，需要编辑关键帧的节奏以改善动画的效果。

1.2 F16战斗机的飞行路线

Maya的动作路线（Motion Path）是一种非常实用的工具，通过约束对象沿着某一路线动作，从而形成自然的弧形动作。下面介绍如何使用动作路线设计F16战斗机起飞的动画，涉及到动作路线的下列功能。

（1）使用CP Curve（CP曲线）工具创建/编辑曲线。

（2）为动画设置对象的基本层次结构（飞机模型和NURBS控制对象）。

（3）结合显示图层、大纲视图、超图表连接编辑器。

（4）Motion Path（动作路线）选项。

（5）利用动作轨迹工具查看动画的节奏，并通过Set Motion Path Key （设置动作路线关键帧）和图形编辑器优化路线动画的节奏。

1.2.1 F16战斗机素材简介

该场景文件中包含F16战斗机的模型，以及天空、地面和跑道等环境模型，如图1.2.1所示。

图1.2.1　F16战斗机的模型和环境模型

在场景中选择菜单命令Window→Outliner（窗口→大纲视图），打开大纲视图。场景中包含下列元素。

- F16_Master_Ctrl——这是一个红色星形的NURBS控制对象，位于F16战斗机下方的地面上。这是主控制对象（Master Control Object），是F16战斗机模型和飞机其他部件的父对象。飞机的其他部件隐藏在F16_Ctrl显示图层。本书将在7.1节中介绍其他部件的动画。如果选择本例主控制对象（F16_Master Control），它的所有子对象也会高亮显示为绿色。如果移动主控制对象（使用移动工具，快捷键为W），F16模型和其他对象部件也将继承移动操作，即会同时移动。
- F16_Pivot_Ctrl——这是一个黄色圆形的对象，位于F16战斗机下方的地面上。这个对象是主控制对象的子对象。如果旋转这个对象，F16模型和其他子对象部件也会继承旋转操作，即会同时旋转。图中添加了Pivot控制对象，将对象绑定到动作路线，不可能引起主控制对象的旋转。
- 地面/跑道/天空——这些都是表示地面上的飞机、跑道和天空穹顶的独立模型部件。它们独立于F16控件和模型层次结构，不能在场景中移动。可以将环境模型部件添加到一个新的显示图层，以免选中这些部件。

STEP01　打开初始场景，选择菜单命令Window→Outliner（窗口→大纲视图），打开大纲视图。

STEP02　在大纲视图中，单击鼠标左键，选择Ground，然后按住Shift键，单击鼠标左键，选择Sky，这样就在大纲视图中选中了从Ground到Sky的所有对象，即选中了Ground、 Runway和 Sky模型，这些模型高亮显示为蓝色，同时在视口中高亮显示为白色或绿色线框。

在Maya中最后一个选中的对象高亮显示为绿色线框，第一个选中的对象高亮显示为白色线框。

STEP03　按Ctrl + A组合键，打开Channel Box/Layer Editor（通道盒/层编辑器）。

按Ctrl + A组合键，可以在Channel Box/Layer Editor（通道盒/层编辑器）与Maya用户界面右侧的Attribute Editor（属性编辑器）之间切换。要确保选中Channel Box/ Display layers（通道盒 /显示层）窗口下半部分的Display layers（显示层）选项卡，以显示场景中当前的显示层。

STEP04 选择菜单命令Layers→Create Empty Layer（层→创建空白层），新建一个显示层，并将其命名为Environments Geo。

STEP05 选择Ground、Runway、Sky对象，在新的显示层上右击，在弹出的快捷菜单中选择Add Selected Objects（添加选定的对象）命令。

STEP06 将环境模型添加到新的显示层，取消勾选显示层的V复选框，可以测试切换按钮的可见性。

V复选框可以控制显示层的对象是被模板化，还是以引用模式显示。可以按R快捷键，切换到引用模式。通过这些设置，可以使场景中的对象变为可见的对象，但是不能选择对象。

STEP07 仍然选中三个环境对象，按Ctrl+ G组合键，新建一个对象组，可以在大纲视图中查看这些对象组。

以对象组的形式组织对象，可以使场景更加整齐、有序。

F16模型和附加控件已经被添加到场景的现有显示层中。F16模型也是引用的，因此，它是不可选择的。在本章中不会编辑其他部件，所以可以暂时将这些部件隐藏起来。

1.2.2 EP曲线——动作路线

下面介绍如何创建和编辑F16起飞时所经过的曲线。

STEP01 在Maya用户界面的上方选择菜单命令Create→EP Curve Tool（创建→编辑点曲线工具）。

STEP02 进入Front Orthographic View（前正交视图）。为了显示该视图，按Space键，然后选择菜单命令 Marking→Front（标记→前方），或者在视口顶部选择菜单命令Panels→Orthographic→Front（面板→正交→前方），F16将显示它的侧面。

STEP03 按X快捷键，出现Grid Snapping (栅格对齐）图标，在Maya用户界面上方的状态栏中出现磁铁和栅格。

STEP04 在原点（位于飞机下方Y＝0处）的位置单击鼠标左键。

STEP05 向后滚动鼠标中键，或者按Alt键并单击鼠标右键，使F16移动到距离较远的位置。在距离F16为8个栅格单元的位置单击鼠标左键，在沿着跑道的EP曲线上设置另外一个控制点，确保单击的位置在栅格的Y＝0处。

Y＝ 0是栅格上一条略带暗灰色的直线。

STEP06 继续使用编辑点曲线工具设置控制点。沿着-x轴的方向移动8个栅格单元，设置另外一个控制点，在向上2个栅格单元的轴方向位置上设置两个或三个控制点，为战斗机起飞创建一条S形曲线。

STEP07 按Enter键或Q快捷键（选择）完成曲线的绘制，关闭工具。在大纲视图中，双击Curve 1，将曲线重命名为F16_Motion Path。

绘制曲线后，选择曲线并按F9快捷键，进入Control Vertex Component（控制顶点组件）选择模式。在此模式下，可以编辑EP曲线（EP Curve）的控制点（Control Point）。在组件选择模式下，可以在视口中选择和移动CV〔Control Vertices（控制顶点）〕。

在侧视图中编辑曲线的CV会更方便，如果在透视视图中编辑CV则比较困难，除非使用移动工具在x轴和y轴进行编辑。

当使用动作路线把F16模型吸附到曲线后，可以对曲线进行其他操作。

1.2.3　动作路线——连接模型和曲线

利用Maya提供的动作路线工具，可以使F16沿着曲线（Curve）飞行。飞机起飞需要几秒钟的时间。首先，在Maya的动画属性设置中，将动画的节奏线设置为100帧，如果按照24fps的速度计算，100帧相当于大约4秒的时间。

STEP01 单击Maya用户界面右下角钥匙图标右边的红色/白色图标，打开 Preferences（首选项）窗口。

STEP02 在该窗口中，对时间滑块进行如下设置。

Playback Start/End 回放开始/结束：1.00/100.00

Animation Start/End 回放开始/结束：1.00/100.00

STEP03 在Playback (回放）栏中，把Playback Speed （回放速度）设置为Real-time （实时）（24 fps），Maya会以实际节奏播放场景动画。

也可以通过菜单命令Window→Settings/Preferences→Time Slider（窗口→设置/首选项→时间滑块），打开Preferences（首选项）窗口。

现在，利用Maya提供的动作路线工具，使F16沿着曲线动作。

STEP04 在大纲视图中单击鼠标左键，选择名为F16_Master_Ctrl的F16主控制对象，然后按键盘上的Ctrl键，使用鼠标左键选择名为F16_MotionPath的曲线对象。

F16_Master_Ctrl对象和F16模型在视口中高亮显示为白色线框，而曲线对象（F16_MotionPath）在视口中高亮显示为绿色线框，说明这是最后选择的对象。

在Maya中，对象的选择顺序是非常重要的。应用约束时，首先被选择的对象要受到最后被选择对象的约束。

STEP05 在两个对象被选中的前提下，按F2快捷键，激活Animation Menu Set（动画菜单设置），然后选择菜单命令Animate → Motion Paths → Attach to Motion Path□（动画→动作路线→附加到动作路线□）。

为了打开选项，要确保选中菜单命令右侧的□。

STEP06 打开Attach to Motion Path 选项窗口，进行如下设置。

Time Range = Time Slider（时间范围=时间滑块）

设置对象沿着曲线路线动作，节奏范围与前面设置的时间滑块的节奏范围相同。因此，起始帧为第1帧，结束帧（对象位于路线的终点）为第100帧（或动画的结束）。

Front Axis（前方向轴）=X

设置对象沿着路线动作时面向的坐标轴。飞机对象在视口中面向的是-x轴，因此，需要设置为*x*轴。

Inverse Front = Enabled（前方向轴反转=启用）

设置前方向轴反向或翻转。在视口中，F16模型面向-*x*轴，因此，要启用该选项，否则F16会向后起飞。

其他选项保持默认值。

STEP07 单击窗口左下角的Attach（附加）按钮，将F16附加到动作路线，最后关闭窗口。

将模型连接到曲线后，可以对动作路线的选项进行编辑。下面介绍创建动作路线的节点后如何编辑选项。

STEP01 在大纲视图中选择F16主控制对象（F16_Master_Ctrl），打开Maya的属性编辑器（按Ctrl+A组合键），然后选择motionPath1选项卡，查看动作路线的属性。

STEP02 为了查看连接，选择F16主控制对象（F16_Master_Ctrl），然后选择菜单命令Window→Hypergraph: Connections（窗口→超图：连接）。

通过界面显示的连接图可以看出，曲线对象是motionPath1节点的输入节点，motionPath1约束F16沿着曲线动作。

STEP03 使用鼠标左键拖动底部的时间滑块，测试F16是否沿着曲线的动作路线运动。

STEP04 按Alt + V组合键播放动画或停止播放动画，可以在透视视图中预览动画各个阶段F16战斗机在曲线上的位置。

在大纲视图中选择F16的主控制对象（F16_Master_Ctrl），然后按F快捷键（框显选择的对象），在视口中框显选择的对象。

在预览飞机动作的过程中，可以看到飞机的动作速率或速度是恒定的。在跑道上滑行、起飞 和上升到空中的过程中，F16的速度是不变的，如图1.2.2所示。

图1.2.2　使用Motion Path（动作路线）预览 F16沿着曲线的动作

第1帧——F16位于曲线的起始点（曲线长度的0%处）。

第25帧——F16位于曲线长度的25%处。

第50帧——F16位于曲线长度的50%处。

第75帧——F16位于曲线长度的75%处。

可以使用动作轨迹可视化战斗机沿着曲线动作的速度和速率。在稍后的章节中将详细介绍 Maya新增的可编辑动作轨迹（Editable Motion Trail）功能。

本节介绍Maya 2013提供的不可编辑动作轨迹功能。

STEP01 在项目场景文件的目录中，打开为F16添加动作轨迹的场景文件。

帧数和每一帧对象的位置都会显示在场景中。F16经过每一帧的节奏是相同的，以恒定的速率沿着路线动作。在视口中，帧与帧之间动作轨迹的间距都是相等的，视口中的动作轨迹和帧数显示为深绿色。可以编辑动作轨迹和帧数的颜色，使它们在视口中清晰可见。

STEP02 在大纲视图中选择motionTrail1Handle，打开属性编辑器（按Ctrl+A组合键）。

STEP03 在Maya用户界面上方选择motionTrail1HandleShape选项卡，选择菜单命令Object Display→Drawing Overrides（对象显示→绘制覆盖），勾选Enable Overrides（允许覆盖）复选框，然后通过滑块修改颜色。

颜色样本显示为修改后的明黄色，视口中的动作轨迹和帧数也更新为明黄色。

当设置Renderer（渲染器）为Viewport 2.0，或在Panel（面板）菜单中取消勾选Show→ Locators（显示→定位器）命令时，将无法显示动作轨迹。

当编辑动作轨迹上对象的节奏时，动作轨迹和轨迹上的帧会自动更新，以便于观察动画的节奏和间距的变化。

1.2.4　编辑动作路线的节奏

在场景的播放过程中，可以看到F16沿着路线动作的节奏不太自然，动作轨迹上帧与帧之间的间距是平均的，这样也不太自然，飞机在起飞时不可能以恒定的速度动作。当飞机离开地面时，重力和惯性的影响会减慢动作的速度。在后面的章节中将详细介绍如何编辑动画的节奏。

现在介绍如何编辑F16沿着动作路线动作的节奏。

STEP01　选择名为F16_Master_Ctrl的F16主控制对象。

STEP02　使用鼠标左键将时间滑块拖动到大约第20帧的位置。

STEP03　按F快捷键框显透视视图中的F16_Master Ctrl对象和F16模型。

STEP04　在仍然选中F16_Master Ctrl对象的前提下，打开通道盒（按Ctrl＋A组合键）。

STEP05　展开INPUTS菜单，显示motionPath1的属性。

STEP06　使用鼠标左键选择U Value（U值）名称，该项目高亮显示为蓝色。

动作路线的U Value（U值）相当于对象在当前帧沿着路线动作的比例。在第1～20帧，比例值小于整个动画的1/5（20帧/100帧）。因此，如果对象以默认的恒定速率移动，那么U Value数值输入框中的比例大约是100%的1/5，现在该值显示为0.192。如果U Value（U值）为1.0，则表示比例为100%，说明对象位于第100帧。

STEP07　选中U Value（U值）时，可以看到节奏轴上有两个关键帧分别显示为两条红线，其中一个位于第1帧，另外一个位于第100帧。

STEP08　单击窗口右下角钥匙形状的红色图标，可以启用Auto Keyframe（自动关键帧）。通过启用Auto Keyframe（自动关键帧）和修改U Value（U值），可以添加其他关键帧来调整节奏，如图1.2.3所示。

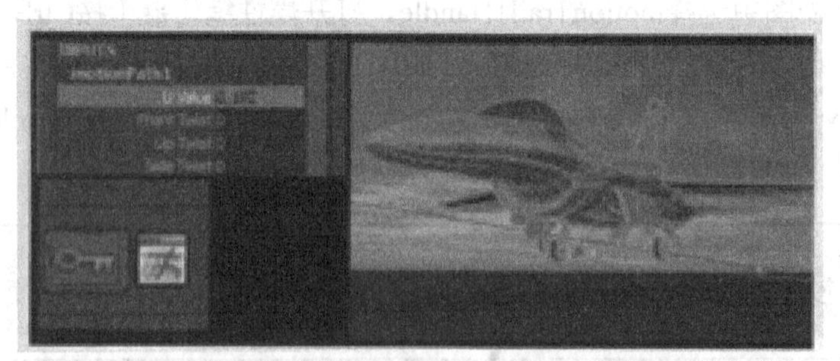

图1.2.3　编辑动作路线的U Value（U值），调整F16的节奏

STEP09　在通道盒中的U Value（U值）数值输入框仍然高亮显示的情况下，将鼠标指针移至当前操作视口上，按住Ctrl键的同时按住鼠标中键向下拖动。

使用鼠标中键拖动，可以交互式地修改通道盒中被选中的属性值。这种方法也可以被用来修改Maya中的其他属性。

（1）在使用鼠标中键修改属性值时，如果按住Shift键，修改属性值的速度会变快。

（2）在使用鼠标中键修改属性值时，如果按住Ctrl键，修改属性值的速度会变快。

通过修改属性值，U Value（U值）变小了，由0.19变为0.15，这样就沿着动作路线向后移动了F16，在相同的节奏内飞机移动的距离变短了（第1～20帧，飞机移动了15%的距离，而不是19%的距离）。新的动作路线的关键帧在路线上显示为绿色。

添加到场景中的动作轨迹也会自动更新以反映运动路线的时间变化，这样就可以验证编辑的效果，但是看起来会显得很混乱。如果有必要，可以在大纲视图中选择 motionTrail1Handle元素，然后选择菜单命令Display → Hide Selection或Display → Show Selection（显示→隐藏选择或显示→展示选择）以切换动作轨迹的可见性。

现在已经减缓了飞机起飞的初始速度。在动画开始的阶段，飞机在跑道上滑行，还没有升起之前，速度减慢了5%；在飞机离开地面的阶段，飞机的重量和体积将会影响飞机上升的动力，所以飞机的速度也会明显减慢。

下面将在动作路线上设置其他U Value（U值），以减少飞机在第20～50帧的距离。

STEP01 打开通道盒/层编辑器，取消Environment_Geo图层的可见性，这样可以更方便地查看和编辑动作路线的关键帧，如图1.2.4①所示。

STEP02 把时间滑块拖动到大约30帧的位置，使用和前面相同的步骤，将U Value（U值）修改为节奏的25%。

如前面所述，减少U Value（U值）可以使F16向后移动，因此，在当前帧处飞机沿着路线移动的距离变短。

STEP03 把时间滑块拖动到第40帧，然后重复上面的步骤。第30～40帧的距离和第20～30帧的距离几乎是相同的，可以稍微拉大一些第30～40帧的距离，从而将飞机的速度设置为缓慢增加。

在设置了运动路线的关键帧后，可以在视口中通过选择帧编号调整关键帧的位置。使用移动工具（按W快捷键），按住鼠标中键向左或向后拖动，即可改变关键帧的位置，如图1.2.4②所示。

如果选择运动路线的关键帧不太方便，可以隐藏motionTrail1Handle。

STEP04 将时间滑块拖动到第50帧，重复上面的步骤，减少动作的距离。

可以增加第40～50帧的距离，使其比第30～40帧的距离稍微长一些，将飞机的速度设置为缓慢增加，如图1.2.4③所示。

下面开始播放动画，这时F16起飞的动作变得更真实可信：刚离开地面时，飞机的速度变慢；随着飞机飞到空中后，动作的速度加快。

STEP01 在通道盒中选择F16主控制对象F16_Master_Ctrl，然后选择菜单命令INPUT node→motionPath1→U Value（输入节点→动作路线1→U值）。时间滑块的关键帧显示为红色的“+”字。

STEP02 按Shift键，然后使用鼠标左键从第99帧拖动到第100帧，被选中的帧高亮显示为红色。

STEP03 在高亮显示的帧中有一些黄色的<>符号，在此处单击鼠标左键，然后将在第100帧处高亮显示的帧拖动到第85帧，如图1.2.4④所示。

图1.2.4　进一步添加和编辑动作路线的关键帧以调整节奏

STEP04 拖动时间滑块下方的范围滑块（Range Slider），将第85帧设置为播放的结束位置，然后播放动画。第50～85帧的播放速度会变快，动作路线的最后一个关键帧是第85帧，而不是第100帧。

本节主要介绍了大纲视图和显示图层的基本场景布局和功能，以及如何在通道盒和属性编辑器中编辑属性。在设计动画的过程中，这些工具和过程在场景文件中的作用非常重要。

此外，本节介绍了如何使用Maya提供的曲线绘制工具生成动作路线，并将对象附加到动作路线上，从而沿着动作路线动作。创建和编辑动作路线的关键帧，可以编辑动画的节奏，使动画的节奏更接近对象的实际节奏。本节对飞机起飞的节奏进行了编辑，使其更真实可信，符合F16受重量和重力的影响。

在下面的章节中将介绍Maya提供的其他编辑动画节奏的工具及应用于F16起飞的其他动画原则。

1.3 人物反向动作学——摆臂

在人体器官的所有动作中，经常会出现明显的弧线。由于人体结构的特点，四肢驱动身体动作，使弧线动作在人体动作中更为常见。

四肢是身体的附属部件，当人体摆动四肢驱动身体动作时，会明显地出现自然、流畅的弧线。当四肢在一个固定点摆动时，四肢的动作类似于一个基本的钟摆动作。

对于人体来说，形成钟摆动作和自然的弧线动作最明显的支点是臀部的球窝（控制腿部的动作）及锁骨末端的肩窝（控制手臂的动作）。

本节将设计一个基本的角色摆臂动画，使读者全面了解身体的弧线动作，以及如何利用Maya提供的工具编辑和优化动画。

此外，本节还将介绍如何有效地利用节奏和动作实现手臂摆动的重量感和平衡感。

1.3.1 Maya连接链、前进和后退动作以及附加控件

本节将介绍Maya中骨骼连接（Skeleton Joint）层级关系的参数设置和各种显示方式，如何应用前进（Forward Kinematics，FK）和后退（Inverse Kinematics，IK）动作设计骨骼连接链动画，以及旋转平面解算器（Rotate Plane Solver）和极点矢量约束（Pole Vector Constraint）的功能和控件，如图1.3.1所示。

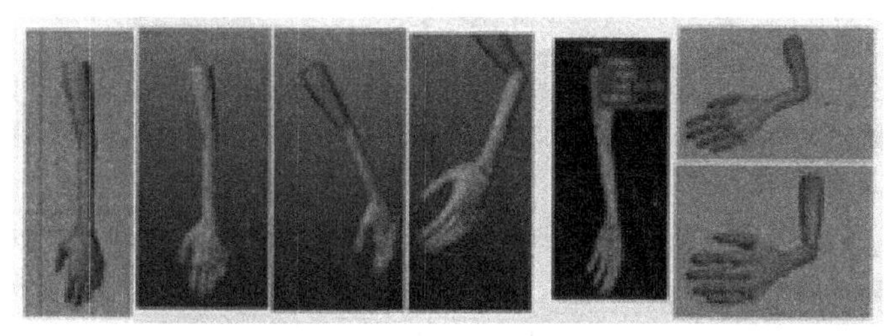

图1.3.1 Maya连接链、FK/IK控件和极点矢量约束

1.3.2 动画框架设计、节奏和间距以及动作弧线与动作轨迹

本节将介绍手臂摆动过程中的动作，以及如何编辑节奏以体现动作过程中手臂的重量感和跟随动作。此外，使用Maya提供的动作轨迹功能，可以在3D空间中分析和优化动作弧度，如图1.3.2所示。

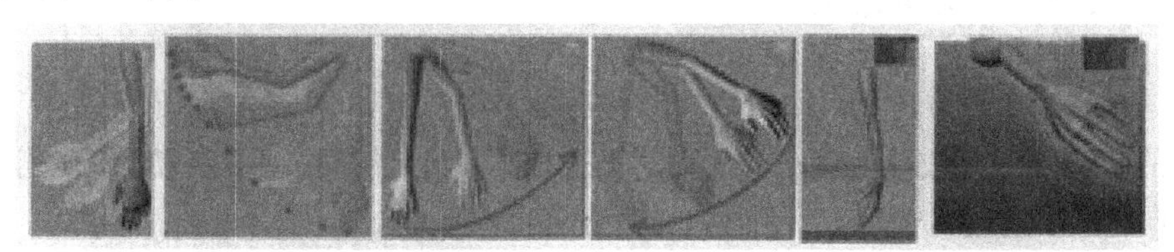

图1.3.2 动画框架设计、节奏和间距、动作轨迹

场景文件中包含一个利用平滑绑定（Smooth Bind）功能绑定的表面布满网格的手臂关节，如图1.3.3所示。打开大纲视图，可以查看场景中骨骼的层次结构和元素。该关节具有一个基本的层次结构，包含上臂关节、根关节和其他子关节。

- 显示方式——在对角色的骨骼关节进行设置时，系统提供了一些默认的显示设置和切换按钮。
- 显示图层——打开通道盒/层编辑器（按Ctrl + A组合键），可以看到场景中增加了一些显示图层，关节的层级关系被添加到自己的图层（Arm_joints）中，手臂网格也有自己的图层（Arm_Geo）中。此外，显示图层还包含控制图层中的对象是否可见（V）和是否被引用（Referenced，不可被选择）的切换按钮。通过这种方式可以控制是否显示网格（V）。如果在一个被引用图层中显示网格，表示它是可见的，但是不能被选择。
- Show → Joints（显示→关节）——Show（显示）菜单位于面板菜单（视口上方的主菜单）中，它包含的下拉菜单可以控制对象当前是否可见。通过这个菜单，可以切换场景中的所有关节当前是否可见。
- Shading →X-Ray Joints（明暗→X-射线关节）——同样位于面板菜单中，是一种控制明暗方式的菜单。通过这个菜单命令，可以在模型中显示关节。

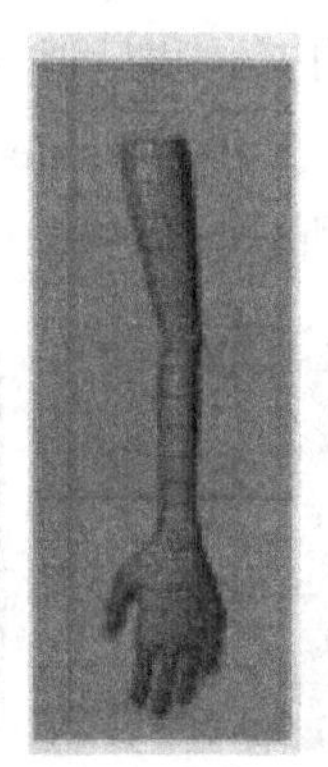

图1.3.3　蒙皮网格

在制作骨骼关节的动画时，可以在线框（按4快捷键）显示方式和着色显示方式（按5快捷键）之间切换。此外，可以将视口的背景颜色切换为更深的颜色（按Alt + B组合键），以便于更清楚地观察关节。

1.3.3　正向运动学动画

在一个基本的连接链中，每个关节都需要进行动画设计，从而构成角色动作，这是角色动画的基本原则，被称为“正向运动学”（FK）。运动学是研究运动的一门学科，因此，正向运动学的基本含义是“前进动作”。

在为手臂连接链制作正向运动学动画时，每个关节都应该可以旋转，以形成角色手臂的不同姿势和动作。

在制作正向运动学动画时，经常会使用旋转操作。手臂关节的变换或缩放操作会引起手臂比例和形状的变化，并不可行。

使用正向运动学测试功能的步骤如下。

STEP01　在大纲视图或侧视图中，选择上臂关节J_Larm。

在大纲视图中，关节元素是NULL对象的子对象。单击“+”图标，可以展开NULL组；如果同时按住Shift键，可以展开整个层次结构。

STEP02　使用旋转工具（按E快捷键）在*y*轴上旋转关节，使手臂向后摆动，在*x*轴上也稍微旋转关节，使手臂倾斜，如图1.3.4①、②所示，连接链层次结构上的其他关节也跟着旋转。

如果着色显示方式启用了线框，那么紫色的线框中就会显示网格，说明网格是接受输入平滑绑定（SkinCluster）。

STEP03　在大纲视图或侧视图中，选择肘关节J_Lelbow，使用旋转工具（按E快捷键）在*y*轴上旋转关节，使前臂向着上臂的方向旋转，如图1.3.4③所示。

有些关节被称为“铰链关节”（如肘部），它们通常只能围绕一两个轴线旋转（像一根铰链）。由于肘部是铰链关节，在本例中通常只能围绕*y*轴旋转，但其实它也能围绕其他轴旋转。在属性编辑器中，可以通过设置关节的旋转限定（Rotation Limits），限制关节围绕其他轴线旋转。可以使用键盘上的↑、↓键，快速地在层次结构中上下移动。现在可以暂时忽略连接链中间的LTwist关节，如果是完全安装的Maya 2013官方正版，这个关节可以自动旋转。

在大纲视图或侧视图中，选择手关节J_Lhand。使用旋转工具（按E快捷键）在*z*轴、*y*轴和*x*轴旋转关节，以形成手的姿势，如图1.3.4④、⑤所示。

腕关节可以在所有轴线上全方位地移动或旋转。

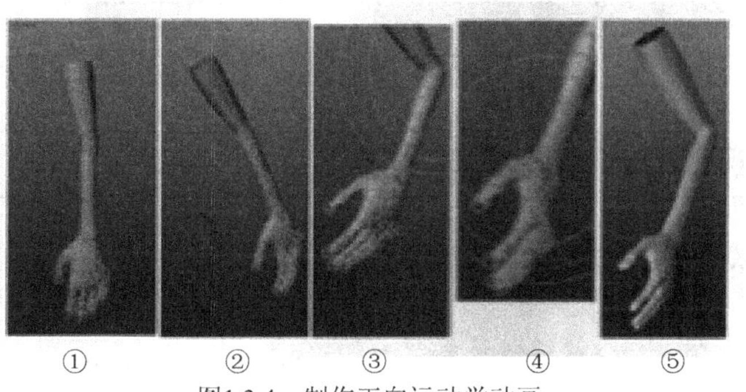

①　②　③　④　⑤

图1.3.4　制作正向运动学动画

可以看到，在制作动画时，正向运动学动作和基本关节旋转是一个非常复杂的过程。如果制作手臂动画的主要目标是在空间形成手的姿势，那么需要经过几个步骤旋转所有的关节才能形成这个姿势。FK旋转有时能生成更自然的姿势，可以使人感受到手臂上每个关节的力量和作用。

但是，在某些情况下这种方法并不可行。例如，在设计身体动作时，如果想要把手放在桌子上，需要不断地尝试手臂关节的旋转操作，使手与桌子的位置完全匹配。

1.3.4 反向运动学动画

反向运动学（IK）为角色动画提供了更多的控制和灵活性。从字面上可以看出，IK和FK是相对的。在Maya中，IK是根据一个基本的连接链创建的，并使用手柄控制连接链的旋转。选择根关节和末关节后，可以使用IK Handle Tool（反向运动手柄工具）创建手柄。

在本例中，ikHandle负责连接上臂（J_Larm）和手腕（J_Lhand）。ikHandle是可见的，在大纲视图中位于NULL对象的下方。选择ikHandle后，可以从属性编辑器中看到IK解算器的特定属性。

STEP01 从项目目录中打开场景文件。

STEP02 在大纲视图或侧视图中，选择名为ikHandle1的ikHandle。

在Maya中的ikHandle显示为一个小的NULL对象（即在安装文件中腕关节处的一个小十字对象）。可以通过菜单命令Display → Animation →IK Handle Size（显示→动画→反向运动手柄尺寸）修改ikHandle的显示尺寸。

在大纲视图的层次关系中，ikHandle是NULL对象的子对象，单击名称右侧的“+”图标，可以展开该对象并查看其中的元素。

STEP03 选择手柄，关节将会显示为紫色的线框，说明IK Handle具有输入约束或连接，可以控制它们的动画。

STEP04 选择ikHandlel后，使用移动工具（按W快捷键）移动手柄，手臂关节就会旋转，并自动匹配位置。

这个过程被称为“IK求解”，可以根据IK Handle的位置旋转关节。

1.3.5 反向运动学旋转飞机解算器

本例中的IK设置使用Maya提供的旋转飞机解算器ikSPsolver，以控制连接链在平面上的旋转。

STEP01 选择ikHandle，在Maya的工具箱中选择Show Manipulator Tool（显示操作器工

具），快捷键为T。

STEP02 在视口中可以看到一条绿线从手臂关节的根部（J_Larm）一直延伸到手臂关节后面的部分，还可以看到一个移动图标，在空间中拖动这个移动图标可以旋转手臂。

可以想象一个平面从手臂处扩展到IK命令控制点。

STEP03 移动这个控件穿过红色的x轴，会使连接链旋转，就像移动连接链的旋转飞机一样。当选择 ikHandle时，可以从通道盒中看到这个控件的位置，这个位置显示为Pole Vector（极点矢量）X/Y/Z。

STEP04 选择Show Manipulator Tool（显示操作器工具），可以在视口中看到一个黄色的圆圈。在操作器上向左/向右拖动鼠标指针，可以改变手臂和肘部的旋转方向，旋转角度在通道盒中以Twist 表示。

也可以通过修改极点矢量的位置来调整手臂的旋转角度和肘部的位置。

在Maya中，可以使用一个对象控制肘部的位置，通过极点矢量约束（Pole Vector Constraint）可以对其进行设置。在制作动画时，使用对象控制极点矢量更加直观，不需要不停地切换到显示操作器工具来调整手臂的弯曲度。

STEP05 选择位于手臂后面的十字形状的对象（名为Locator 1）。

STEP06 使用移动工具（按W快捷键）移动定位器，手臂的关节会旋转以调整肘部的位置，ikHandle 的位置保持不变。

1.3.6　摆臂姿势中的阻塞

设置场景的工具和本书7.1节中使用的工具是相同的。为简单起见，通过菜单命令Show→Joints menu （显示→关节菜单）隐藏关节。手腕处的绿色圆形控制对象可以通过简单的约束控制ikHandle的位置。通过简单地选择、旋转和移动控制对象，可以设计手臂的动作并旋转手腕。

下面简单制作手臂摆动的三个主要动作。

STEP01 利用菜单命令Panels→ Orthographic→Side（面板→正交→侧面）或Maya的标记菜单（按Space键），切换到侧视图。

STEP02 在时间滑块中，将动画的播放范围设置为24帧（24fps）。

STEP03 在Preferences（首选项）窗口中，将Playback Speed（回放速度）设置为Real-time（实时）（24 fps）。

STEP04 将时间滑块拖动到播放时间范围的第12帧，选择绿色的圆形控制对象（名为Ctrl_

Hand），按Shift + W组合键，然后按Shift + E组合键，在变换和旋转通道上为控制对象设置关键帧。

这两个通道高亮显示为红色，在时间滑块上关键帧的位置显示红色的标记。

STEP05 将时间滑块拖动到第1帧，使用移动工具（按W快捷键）将手腕的姿势设置为从右上角向左侧摆动的动作，肘部仍然保持稍微弯曲。

STEP06 使用旋转工具（按E快捷键）在y轴上旋转手部，使手腕几乎与前臂平行，如图1.3.5①所示。

圆形控制对象的旋转可以控制手腕的旋转，但是两者的旋转是相互独立的。

STEP07 在选择控制对象（Ctrl_Hand）的情况下，在第1帧设置位置和旋转的关键帧（按Shift + W或Shift + E组合键）。

STEP08 在选择控制对象的情况下，将时间滑块拖动到最后一帧（第24帧），使用同样的步骤定位手腕，旋转手部，设置关键帧，手臂的角度大约为45°，如图1.3.5②所示。

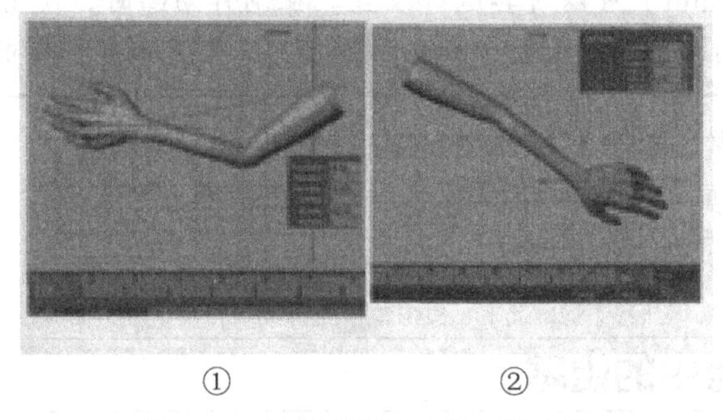

① ②

图1.3.5 绘制手臂摆动的主要动作

播放动画（在Windows系统中，使用Alt+V组合键；在Mac OS X系统中，使用Option+V组合键），发现动画看起来非常呆板、僵硬。如果关键帧使用线性插值，动画的效果看起来就会更加明显。如果在Animation Preferences→Tangents（动画首选项→切线）中选择默认的Clamped Tangent（夹具切线），动画的效果就会改善很多。

STEP09 拖动时间滑块，每隔4帧停顿一下（第0、4、8、12、16和20帧），查看手臂的位置，会发现手臂动作的间距是非常一致的，如图1.3.6 所示。

第0～12帧（中点）的节奏和间距，与第12～24帧（从中点到终点）的节奏和间距几乎是相同的，只是第12～24帧摆动的间距稍微紧密些。

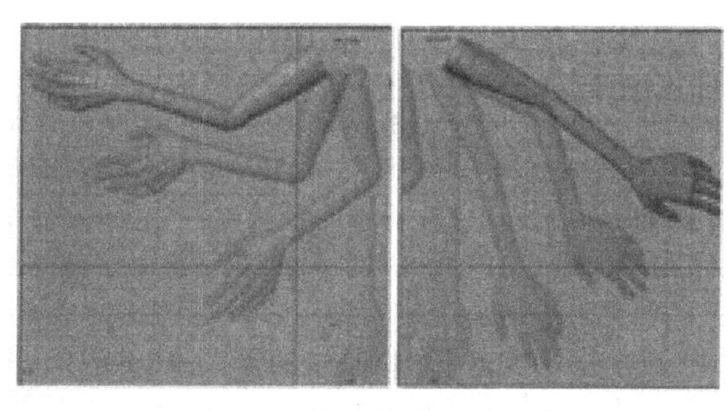

图1.3.6　手臂动作的间距一致

1.3.7　中间过渡姿势——缓入

在动画的开始阶段，手臂落向地面，手腕下垂；在动画的当前阶段，摆动动作正在积累动力，重力发挥作用。为了使动作更加真实、可信，刚开始摆动时，手臂之间的间距应该缓慢增加。这和小球弹跳开始阶段的动作是类似的，要减慢动作速度，为动画创造一种缓入的效果。

STEP01　将时间滑块拖动到第6帧。

STEP02　选择手腕控件（Ctrl_Hand），使用移动工具（按W快捷键），在向上和向后的方向上拉动手腕，使其稍微向下摆动，网格的位置显示为紫色线框。

STEP03　在手腕控件（Ctrl_Hand）仍然被选中的情况下，使用旋转工具（按E快捷键）稍微向上转动手腕，使手部向上形成一定的角度，如图1.3.7所示，网格的位置显示为紫色线框。

STEP04　在第6帧为控件在变换和旋转通道上设置关键帧（按Shift＋W或Shift＋E组合键）。

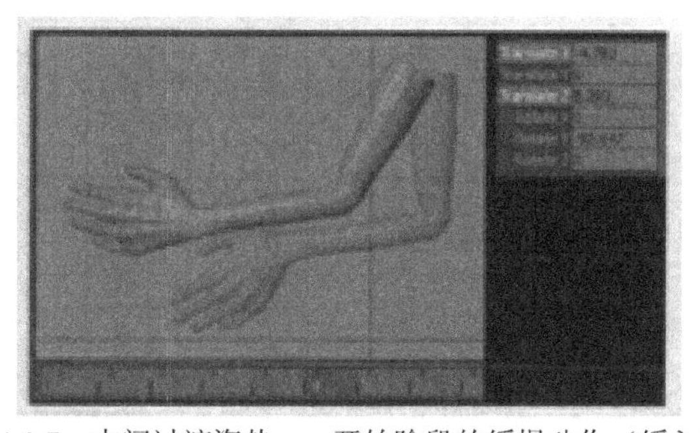

图1.3.7　中间过渡姿势——开始阶段的缓慢动作（缓入）

在第6帧设置过渡动作的场景文件包含在项目场景文件中。

1.3.8　应用重影验证节奏

就像1.1节的小球弹跳动画一样，可以使用模型的重影确定动画的节奏。

STEP01 在大纲视图中，选择手臂的网格，名为named Arm_Mesh。

向上旋转手部，是因为在下降时手在手臂之后降落，这在动画中被称为“跟进动作”（Follow-Through）。由于重力和惯性的影响，手和手指要落后与手腕，这样制作可以使动画的效果更真实可信。

该对象被添加到Arm_Geo显示图层中，设置为Reference模式（E），表示从视口场景中不能选择该对象。从场景中切换到R引用模式，或右击选择对象，从显示图层中选择对象。

STEP02 选择网格，打开属性编辑器（按Ctrl+A组合键），默认情况下将会出现Arm_MeshShape选项卡。

STEP03 在选项卡中，向下拖动鼠标指针，展开Object Display（对象显示）菜单，选择Ghosting Information（重影信息），启用Ghosting（重影）。

STEP04 从起始帧慢慢向前拖动时间滑块。

第1帧——后续三个帧（以橙色线框显示）的重影的间距很小，说明手臂在这些帧之间（第1～4帧）并没有移动太长的距离，如图1.3.8①所示。

第6帧——后续三个帧（第7～10帧）的重影的间距逐渐拉大，说明手臂的移动速度增加，移动的距离变大，如图1.3.8②所示。

第12帧——前面三个帧（第9～12帧）的重影的间距更大了，说明在动画的这个阶段手臂的移动速度更快了，如图1.3.8③所示。

如果在各个帧处对手臂进行截图，可以制作一份对照表，以显示动画的节奏和间距，如图 1.3.8④所示。

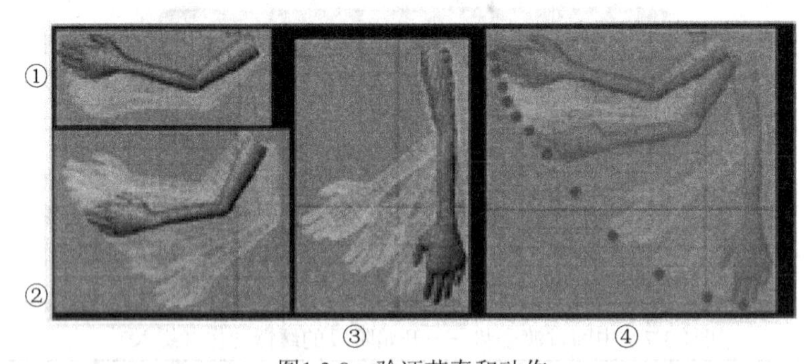

图1.3.8 验证节奏和动作

很多图像编辑程序都支持图层/不透明度。在上面的例子中，在第1～12帧中的每个帧的中心位置都有一个红色的标记，用以显示节奏和间距。

1.3.9 使用动作轨迹确定节奏

本节使用Maya提供的动作轨迹进一步确定动画的节奏。动作轨迹也可以被用来检查手臂摆动的弧度，并实时编辑动作曲线以优化路线，使路线保持流畅、平滑。

STEP01 从项目目录中打开已经创建了动作轨迹的场景文件。

STEP02 在侧视图或大纲视图下，选择动作轨迹（名为motionTrail1Handle）。

选择动作轨迹后，可以从属性编辑器中修改其属性，改变显示方式，并进行更新。

STEP03 打开属性编辑器（按Ctrl+A组合键），查看各项参数设置。

- MotionTrail1——通过这个选项卡可以设置并更新帧范围，其相关参数位于Snapshot Attributes（快照属性）菜单中。

  Start Time（开始时间）=1.00/End Time（结束时间）=24——表示显示整个动画范围。可以修改参数，只显示动画的部分片段。

  Update（更新）=animCurve——当修改轨迹显示的对象时，动作轨迹就会更新；当设置或编辑关键帧时，动作轨迹也会更新。

  Motion Trail（动作轨迹）=Ctrl_Hand——设置动作轨迹显示场景中手的控制对象的轨迹。当设置或修改关键帧时，轨迹就会更新。

- motionTraillHandleShape——这个选项卡列出了动作轨迹的形状节点的属性，可以进行如下设置。

  Object Display→Drawing Overrides（对象显示→绘制覆盖）——启用Drawing Overrides（绘制覆盖），把动作轨迹设置为鲜绿色，便于更好地识别轨迹。

在显示动作轨迹时，可以看到跟随手臂摆动过程的轨迹看起来不够真实。在第6帧添加的中间过渡帧提高了速度，使胳膊摆动的弧度不太自然。在第12～24帧中每个关键帧之间手臂摆动的距离太近且比较平均，动画的结束部分出现奇怪的扭结，如图1.3.9中的侧视图所示。

图1.3.9　显示动作轨迹

1.3.10　编辑摆动弧度

在编辑动画时，动作轨迹会自动更新〔Update（更新）=animCurve〕，可以对动画进行进一步编辑，从而优化手臂摆动的弧线。

在Maya用户界面右下角的位置单击钥匙形状的图标，启用Auto Keyframe toggle（自动关键帧切换）。如果要编辑手腕控制器的位置和旋转角度，此时会自动设置关键帧，并实时更新视口中动作轨迹的曲线。下面在侧视图中优化曲线的形状。

STEP01 在第8帧，应该稍微向下拉动手部控制器（Ctrl_Hand），以改善曲线的形状。调整这个中间过渡帧，也可以改善第16～12帧的节奏和间距，如图1.3.10①所示。

确定编辑和更新完成之后，使用Auto Keyframe（自动关键帧）将该帧设置为关键帧。

STEP02 在第12帧，手部控制器应该沿着曲线向后拉动少许，这样会改善第12～24帧的间距。

这些帧对应的曲线之前聚成一团，每个帧之间的距离都很近，如图1.3.10②所示。

STEP03 在第16帧，可以设置另外一个中间过渡帧，把手腕控制器（Ctrl_Hand）沿着自然的轨迹拉得更远一些。

这将改善第12～16帧（手腕拉得更远）及第16～24帧（手腕的摆动幅度变小，向上抬起，形成缓出的动作）的间距。在当前帧处，手臂沿着肘部的铰链摆动，手臂摆动的曲线更接近一条直线，如图1.3.10③所示。

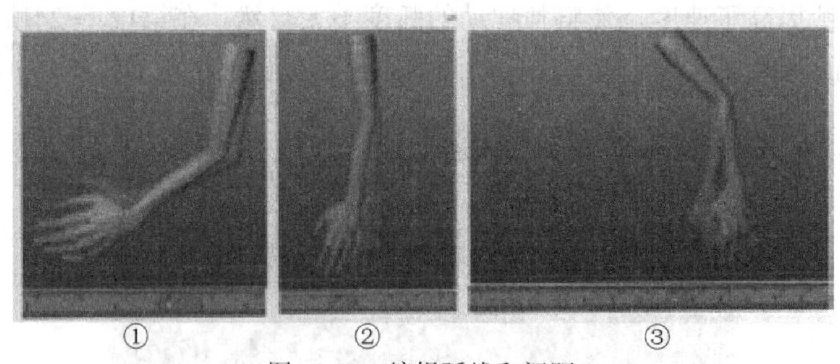

①　②　③

图1.3.10　编辑弧线和间距

此时需要修改手部的角度，并添加跟随动作。在新的关键帧处，在*y*轴上稍微向后旋转手腕的控制器，使手部看起来是在肘部带动下动作的。

在通过添加和编辑中间过渡帧修改弧线和节奏时，需要不断地拖动时间滑块，播放预览（按Alt + V组合键）动作效果。在中间过渡帧（如第16帧）处对动作的微调，可能会形成一条平滑的弧线，如图1.3.11①所示。在手臂摆动的最后阶段，弧线呈现扁平的弓状，比起始帧（第1帧）更加向外扩展。

对于动画最后阶段的节奏来说，可以在大约第20帧的位置添加其他的中间过渡帧，以沿着弧线将手腕拉得更远一些，并增加手部的其他跟随动作，如图1.3.11②所示。

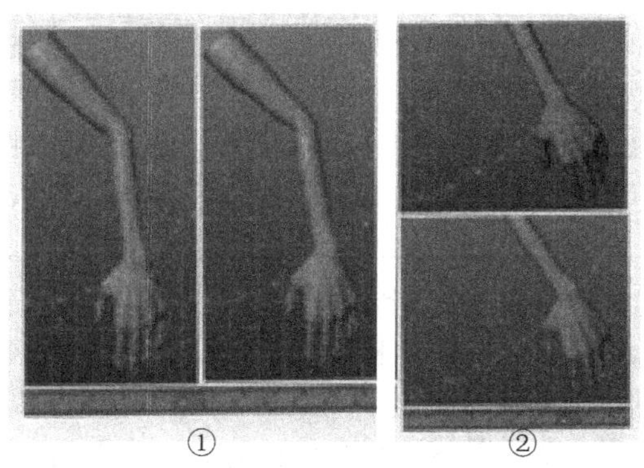

图1.3.11 优化手臂向上摆动的弧线和节奏

1.3.11 移动和缩放关键帧

如果在播放动画时查看关键帧之间的节奏和间距，或者检查动作轨迹上的帧编号，就会发现它们看起来并不一致。在手臂摆动的第二阶段（第12～24帧），关键帧的间距仍然非常密集，节奏非常有规律。

为了解决这个问题，需要在时间滑块上移动和缩放关键帧，使节奏更一致。刚开始的时候使用缓入效果，第1～12帧开始加速以实现快出效果，然后在手臂向上摆动时实现缓出的效果（第12～24帧）。

STEP01 选择手部控制器（Ctrl_Hand），在时间滑块的第16帧处单击鼠标左键。

STEP02 在按住Shift键的同时，向右拖动鼠标指针，选择第16～21帧的范围，在时间滑块上选择的帧范围高亮显示为红色，如图1.3.12①所示。

STEP03 在高亮显示的帧范围中，单击中间的<>手柄，然后将关键帧向左移动1帧的距离（将第16～20帧移动到第15～19帧），如图1.3.12②所示。

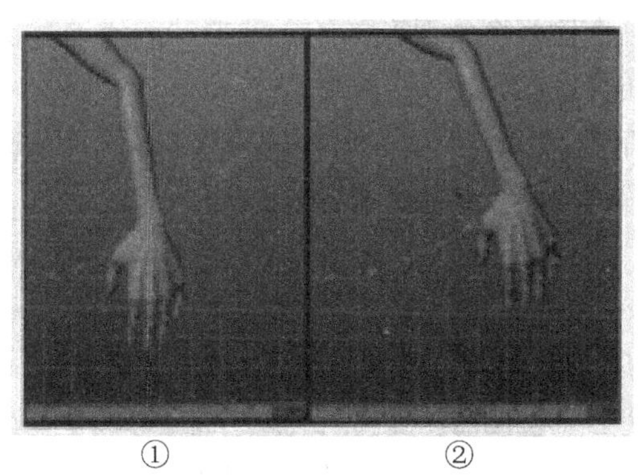

图1.3.12 在时间滑块上移动关键帧

此时需要减少向下摆动阶段（第12～24帧）的节奏，缩短几个关键帧，使这个阶段的间距和第一个阶段的间距更加一致。

STEP04 选择在第12帧处的关键帧，将其移动到第11帧。

STEP05 选择第11～24帧之间的关键帧，选择的帧范围高亮显示为红色，如图1.3.13①所示。

STEP06 按住帧范围右侧的控制手柄>，将其向左拖动，将最后一个关键帧移动大约20帧的位置，以缩小选择的帧范围，并加快动画的整体动作（第11～24帧变为第11～20 帧，超过1/4）。

在时间滑块上缩放关键帧时，这些帧会出现偏移，最终停留在非整数的帧编号上。可以使用播放控制面板上的Step forward/back one key（前一个关键帧/后一个关键帧）按钮查看关键帧的位置，然后选择帧范围，右击，在弹出的快捷菜单中选择Snap（对齐）命令，将关键帧对齐到整个帧，如图1.3.13②所示。

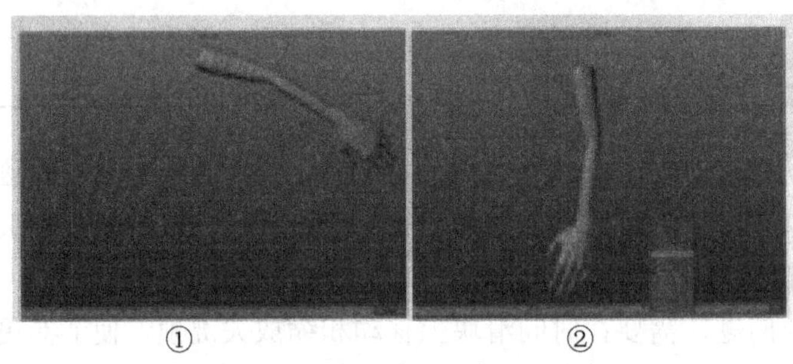

① ②

图1.3.13 缩放关键帧来调节节奏

1.3.12 摄像机书签

到目前为止，对手臂摆动进行的所有操作都是基于侧视图进行的。如果只是在二维空间验证和编辑动画，那么基于正视图制作动画更简单、方便。通常情况下，当检查节奏和间距时，在动画的不同阶段会在正视图和透视视图这两种视图之间进行切换。

在前面使用动作轨迹在侧视图中对基本的手臂摆动动作进行了优化，接下来继续优化摆动动作，在弧线上添加其他动作。

使用透视视图编辑角色动画时，要有效利用摄像机标签。Maya提供的摄像机标签可以使动画师保存不同视图的标签，从不同角度显示动画。

STEP01 进入透视视图，按Space键，在快捷菜单中选择Perspective（透视视图），或利用菜单命令Panels→Perspective（面板→透视视图）。

STEP02 可以使用摄像机工具翻转视图（按Alt + 鼠标左键）、跟踪视图（Alt + 鼠标中键）或者移动视图（按Alt键 +鼠标右键），因此，手臂在透视视图中的效果与在侧视图中的效果是大致相似的，如图1.3.14所示。

可以使用Maya提供的视图立方体（视口右上角）快速地全方位地浏览视图或切换到侧视图（或透视视图）。

可以非常方便地保存和编辑摄像机工具，具体步骤如下。

STEP01 如果希望保存当前透视摄像机的侧视图，可以通过面板上方的菜单进行设置：选择菜单命令View→ Bookmarks→ Edit Bookmarks（视图→书签→编辑书签）。

STEP02 在书签编辑器中，为SIDE输入描述性的名称，单击New Bookmark（新书签）。

STEP03 书签存储完成后，可以返回书签。选择菜单命令View→Bookmarks（视图→书签），可以查看书签的列表。

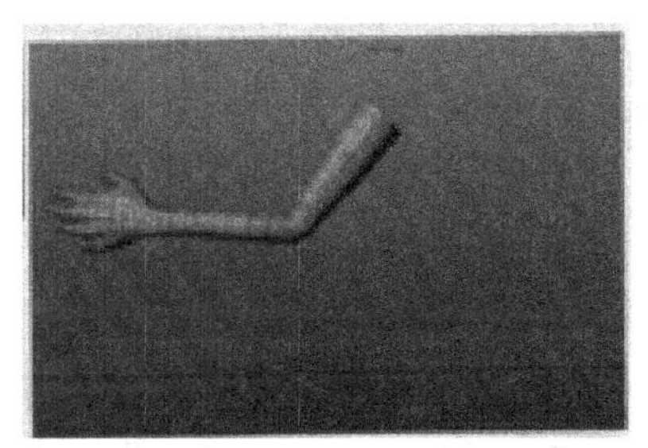

图1.3.14　手臂在透视视图中的效果

在3D场景中编辑动作时，可以通过多种视图验证和优化动画。下面列出的摄像机书签可以对手臂动画作最后的修改。

- SIDE——侧视图。
- SIDE_FRONT——手臂的正面3/4视图。
- FRONT——手臂的正面平面视图。
- SIDE_BACK——手臂的背面3/4视图。
- BACK——手臂的背面平面视图。

尽管在验证和优化动画时，摄像机书签可以提供非常重要的帮助。但是，很多经验丰富的动画师可能更喜欢在视口中通过不同角度编辑动画，这种方式更加灵活、简便。

如果在BACK或FRONT摄像机视图中播放动画，会发现手臂目前只能左右摆动。对于手臂摆动的动作来说，这是很不自然的。手臂摆动时不同于绕着固定支点的钟摆，和手臂连接的肩关节可以使手臂绕着多个轴线转动。在手臂摆动的动作中，在摆动的开始和最后阶段，手臂和手部自然地向身体这个方向摆动，在摆动的中间阶段（动画的第11帧），手臂和手部偏离身体向外动作。动作过程中的其他弧线是由肩膀的旋转控制的。尽管这里只对手臂摆动设计动画，但是也可以模拟肩部旋转的其他弧形动作。

1.3.13　编辑摆臂——出/入

选择手部的控制器（Ctrl_Hand），使用Ctrl＋A组合键打开通道盒。

在通道盒中，可以看到前面设置的所有变换和旋转通道，这些数值都高亮显示为红色，表示在这些通道中已经设置了关键帧。

在Translate Y（变换Y）通道中，整个动画会出现Translate Y（变换Y）＝0的阶段。

在整个动画过程中，只有Translate X（变换X）（在侧视图中左右摆动）和Translate Y（变换Y）（在侧视图中上下动作）通道的数值发生变化。当从侧视图观察动画时，Translate Y（变换Y）是手腕动作时面向观众和背向观众的变换通道，如图1.3.15所示，选择的Translate Y（变换Y）通道高亮显示为黄色。

某些情况下，有的通道在整个动画中没有发生动作却设置了关键帧（按Shift + W或S组合键）。为了清理场景，删除无关的关键帧，在通道盒中右击选择的通道，在弹出的快捷菜单中选择Break Connections（中断连接）命令。该通道的数值将不再显示为红色，表示删除了关键帧连接。

STEP01 在第1帧选择手部控制器（Ctrl_Hand）。在通道盒中右击Translate Y（变换Y）通道，在弹出的快捷菜单中选择Key Selected（设置关键帧）命令。

STEP02 在第11帧选择手部控制器（Ctrl_Hand）。在通道盒中右击Translate Y（变换Y）通道，在弹出的快捷菜单中选择Key Selected（设置关键帧）命令。

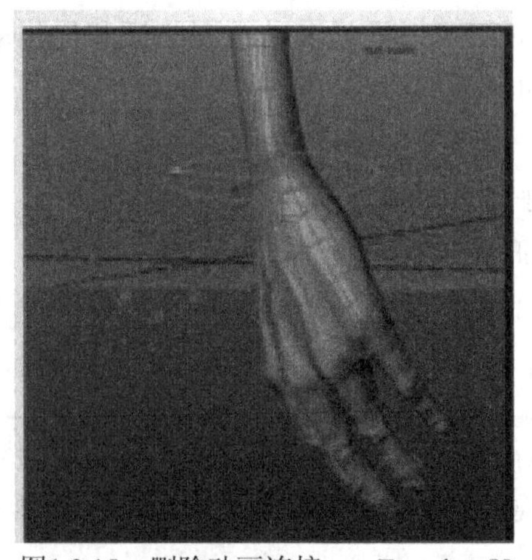

图1.3.15　删除动画连接——Translate Y

STEP03 将时间滑块拖到第1帧，利用菜单命令View→Bookmarks→SIDE_FRONT（视图→书签→SIDE_FRONT），将透视视图设置为SIDE_FRONT，如图1.3.16所示。

STEP04 在第1帧，选择手部控制器（Ctrl_Hand）。启用移动工具（按W快捷键），把手部向虚拟的身体这边拉近一些（在*x*轴或*y*轴）。

STEP05 在第1帧，按S快捷键为变换操作设置关键帧（在所有通道上设置）。

Translate Y（变换Y）通道的数值应该更新为显示负数，在-1.6~-1.65之间。

透视视图中绿色的动作轨迹会自动更新，以实现与手部的位置同步。现在，在第1~11帧之间，视口中从左向右的曲线呈现的弧度向外扩展，可以稍微向外拉伸手腕控制器，以强化第11帧的动作。

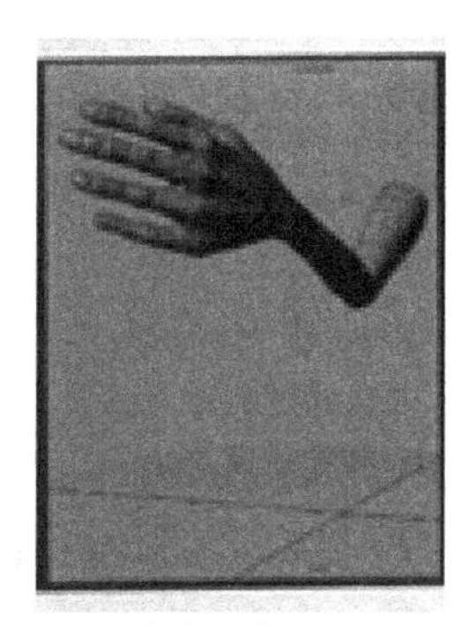

图1.3.16 在第1帧设置透视视图

当向外拉动控制器时，如果把IK控制器向外拉得过多，手臂的连接链就会锁住〔设置Translate Y（变换Y）最大值为2.1〕。

STEP06 在第14帧，手腕继续沿着向外的轨迹动作，编辑手腕的动作，使控制器在第14帧仍然向外摆动〔将Translate Y（变换Y）的最大值设置为2.0〕。在编辑完成后，按S快捷键设置通道的关键帧。

在摆动动作的终点（第20帧），手臂应该向后、向内侧摆动，姿势和第1帧是相似的。

STEP07 将时间滑块拖动到第20帧，利用菜单命令View → Bookmarks → SIDE_BACK（视图→书签→SIDE_BACK），将透视视图设置为SIDE_BACK。

STEP08 在第20帧，选择手部控制器（Ctrl_Hand），启用移动工具（按W快捷键），把手部向虚拟的身体这边拉近一些（在*x*轴或*y*轴）。在通道盒中查看Translate Y（变换Y）的数值，将Translate Y（变换Y）的数值设置为-0.338。

STEP09 在第20帧，按S快捷键为变换操作设置关键帧（在所有通道上设置）。

STEP10 旋转视图（按Alt键+鼠标左键）或从摄像机书签中切换视图，从不同角度观察曲线的形状。在动画的起始位置（第1帧），动作轨迹的曲线应该非常流畅，曲线向内弯曲；在第11～14帧，弯曲度达到最大程度，然后回到身体部分，如图1.3.17所示。

图1.3.17 绘制完成手臂摆动的弧线

1.3.14 循环摆臂

在动画中，手臂从左侧摆动到右侧（第1～20帧），当手部退回到角色身体后面时停止动作。可以使摆动动作循环，使手部从相反的方向摆动，最后回到起始帧。将播放预览选项设置为Oscillate（摆动），快速预览此效果。

STEP01 利用窗口右下角的快捷方式打开Preferences（首选项）窗口。

STEP02 设置Playback→ Looping（回放→循环）为Oscillate（摆动）。

Oscillate（摆动）选项会在第1～20帧顺序播放动画，然后在第20～1帧逆序播放动画，不断重复这两个过程，有时也称其为“ping-pong播放”。默认的选项是连续不断的，即反复循环1→20、20→1、1→20这个过程。

STEP03 单击Save（保存）按钮，保存对属性的设置，并播放场景。

尽管动画循环过程中手臂不断地向后摆动，向前摆动，然后再向后摆动，但是这些动作看起来并不自然。向后摆动时，手部的动作看起来不太正确，手腕沿着相同的动作轨迹动作。

STEP04 重新打开Preferences（首选项）窗口，然后把Playback→Looping back（回放→循环回）设置为 Continuous（连续）。

STEP05 复制和翻转动画的关键帧，可以编辑优化向后摆动和向前摆动的动作，而不是自动地反复向前和向后摆动。

STEP06 增加动画的帧数，这样可以在更多的帧上复制/粘贴关键帧，并且编辑关键帧。将动画和播放的结束时间都设置为65帧。

在时间滑块下方的范围滑块中可以设置这些数值。

为了制作循环动画，需要复制和翻转手部控制器对象的关键帧。

STEP07 复制第1～17帧，不需要复制第20帧，因为第20帧是原来的左右摆动和新的左右摆动的中点，可以使用这个中点翻转摆动动作。

STEP08 选择手部控制器（Ctrl_Hand），在第1帧单击鼠标左键，并按Shift键，然后拖动到第18帧，选择第1～18帧的所有关键帧（在时间滑块上，选择的范围高亮显示为红色）。

STEP09 在时间滑块上高亮显示的范围内右击，在弹出的快捷菜单中选择Copy（复制）命令，将关键帧复制到缓冲区。

STEP10 将时间滑块拖动到第40帧，在第40帧的位置右击，在弹出的快捷菜单中选择Paste→Paste（粘贴→粘贴）命令。

STEP11 将第1～17帧的关键帧标识复制到第40～58帧之间。

STEP12 选择手部控制器（Ctrl_Hand），选择菜单命令Window→ Animation Editors→ Dope Sheet（窗口→动画编辑器→关键帧清单），打开Maya的关键帧清单编辑器。

Maya提供的关键帧清单编辑器可以用于修改关键帧的节奏，复制/粘贴关键帧，缩放帧范围。Dope Sheet（关键帧清单）提供了一个精简的图形界面，可以选择并修改选择的对象或某个通道的所有关键帧。Dope Sheet（关键帧清单）的左侧窗格中会列出选择的对象，右侧窗格中则显示关键帧。在左侧窗格中选择"+"图标，可以展开对象连接，右侧窗格中会出现动画通道和相关的关键帧。

STEP13 使用选择工具（按Q快捷键）选择第40～65帧之间的关键帧。

STEP14 这些选择的关键帧高亮显示为黄色，然后选择缩放工具（按R快捷键）。

在Dope Sheet（关键帧清单）中选择一系列关键帧后，启用缩放工具，在选择的区域四周会显示一个白色的矩形框。白色矩形框四周的每个手柄都可以用于缩放关键帧，向内拉动手柄压缩关键帧（压缩帧），或者向外拉动手柄以增加关键帧的范围。

STEP15 选择关键帧，启用缩放工具，单击白色矩形框右侧的手柄，然后向左拖动。

STEP16 缩小关键帧的范围到第1～40帧内。

STEP17 继续拖动缩放手柄，将关键帧的范围起始帧（第40帧）拖动到负值部分，这样可以有效地反转动作。

STEP18 将结束关键帧缩放到大约23帧，位于原始顺序的结束帧后面。

在Dope Sheet（关键帧清单）中缩放关键帧范围时，关键帧不能位于整数帧号的位置。为了解决这个问题，可以在Dope Sheet（关键帧清单）中使用Snap Keys（对齐关键帧），或者在时间滑块上右击，在弹出的快捷菜单中选择Snap（对齐）命令，使关键帧附加到整数帧号。

在翻转动作后，还需要对关键帧的间距进行编辑，以符合反向动作的规律。

STEP19 将原来的帧范围（第1～20帧）复制并粘贴到第20～40帧，并进行翻转。

STEP20 从时间滑块或Dope Sheet中选择和拖动关键帧范围，可以修改关键帧的间距。

很多动画师习惯通过时间滑块修改节奏和间距，这种方式比通过独立窗口编辑节奏和间距要直观一些，也更便捷。

新复制的和翻转的关键帧（第20～24帧）的间距应该完全和正向运动的关键帧（第1～20帧）的间距相反。

第23帧——关键帧（相当于正向运动中第17帧的关键帧）。
第26帧——关键帧（相当于正向运动中第14帧的关键帧）。
第29帧——关键帧（相当于正向运动中第11帧的关键帧）。
第33帧——关键帧（相当于正向运动中第8帧的关键帧）。
第35帧——关键帧（相当于正向运动中第6帧的关键帧）。
第40帧——关键帧（相当于正向运动中第1帧的关键帧）。

还需要复制/粘贴正向运动动作的帧（第1～20帧）到翻转的部分（第20～40帧）。

STEP21 在范围滑块（时间滑块的下方）右边的数值输入框中，将动画的范围和Playback Range（回放范围）的结束帧设置为第40帧。

由于在前面的设置过程中只是创建了第1～20帧的动作轨迹，所以动作轨迹的更新只能基于原来时间滑块的设置。

STEP22 为了查看新区域（第20～40帧）的动作轨迹，先选择动作轨迹对象，然后在通道盒中展开菜单命令INPUTS → motionTrail1（输入→动作轨迹1），设置End Time（结束时间）=40。

如果播放新的循环动画就会发现动画的效果和前面使用Oscillate（摆动）播放选项的效果是相同的，第1～20帧的动画和第20～40帧的动画是完全相反的。尽管动作看起来并不自然，但是，可以进一步编辑翻转的部分（第20～40帧），形成自然的从右向左的反向摆动（在侧视图中）。

1.3.15 编辑新动作——摆回

在播放动画时，手臂从左向右（第1～20帧）的摆动和从右向左（第20～40帧）的摆动所遵循的轨迹是相同的。这样看起来太僵硬，并不自然，手腕就像沿着一个铁轨前后摆动一样。

如果仔细观察场景的动作轨迹，会发现正向动作和反向动作的帧编号出现重叠，说明循环/反向部分的关键帧位于相同的帧上。

选择手部控制器（Ctrl_Hand），打开图形编辑器，选择Translate Y（变换Y）通道显示动作图形。这是前面设置的手腕向外摆动和向内摆动的图像，曲线看起来就像两座相同的山一样，如图1.3.18所示。

图1.3.18 在图形编辑器中观察动作曲线

在手臂反向摆动时（第20～40帧），可以平移手臂摆动的动作。

STEP01 选择手部控制器（Ctrl_Hand），打开图形编辑器，选择Translate Y（变换Y）通道显示动作图像。

STEP02 启用选择工具（按Q快捷键），选择第23～35帧。

不需要编辑第20帧或第40帧，这两个关键帧在原来的动画中分别是中点（第20帧）和循环点（第40帧）。

STEP03 在图形编辑器中选择帧范围，启用移动工具（按W快捷键），按键盘上的Shift键，然后单击帧范围，按鼠标中键向下拖动鼠标指针。

在图形编辑器中调整关键帧位置时，如果按住Shift键，可以对节奏（向左/向右拖动鼠标指针）或数值（向上/向下拖动鼠标指针）形成一定的约束。

STEP04 向下拖动选择的关键帧，修改手腕在这些帧的位置。

打开Camera Bookmarks（摄像机书签）的FRONT书签，会看到在动画的第二个阶段手臂回摆时向左摆动（第20～40帧），平移动作位置形成了一条比较自然的曲线，手臂不像在“铁轨”上摆动了。在修改关键帧位置时，动作轨迹上的曲线形状也产生了相应的更新，如图1.3.19所示。

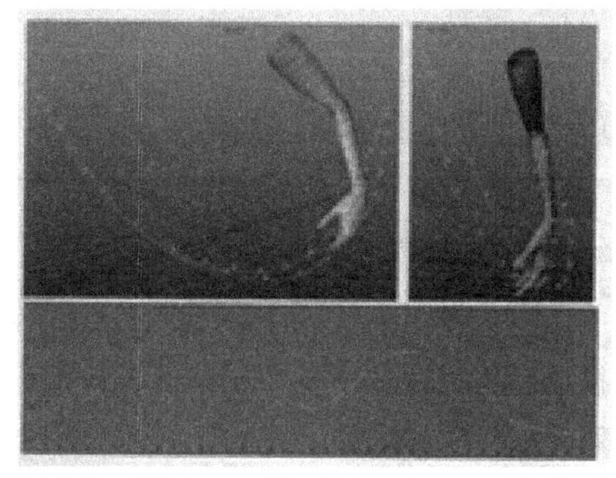

图1.3.19 编辑手臂回摆时（第20～40帧）的Translate Y（变换Y）通道（手腕外摆）

可以创建一个重叠的循环摆动或“八字形”的摆动，进一步修改动画效果。在第23～26帧之间〔Translate Y（变换Y）变小〕手臂向内摆动时，更靠近身体，然后在第29帧出现交叉（和第11帧位置相同），手臂在相反的方向向外摆动，离开身体，在第33帧或第35帧，Translate Y（变换Y）变大，如图 1.3.20所示。

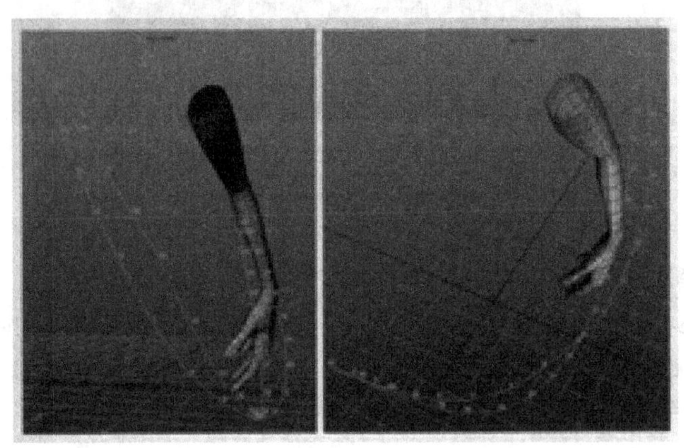

图1.3.20　进一步修改动画效果

1.3.16　手腕随球动作

播放预览时，在新的手臂回摆部分（第20～40帧），手腕的动作看起来不太自然，手腕的旋转与手的位置与动画第一部分（第1～20帧）是相同的，这是因为复制和翻转关键帧造成的。当手臂从左向右摆动时，平移了手腕的旋转，使手部看起来是跟进手腕动作的。在翻转部分和手臂回摆时，需要翻转手腕的旋转动作，以形成自然的跟进动作和重量感。

STEP01 选择手部控制器（Ctrl_Hand），启用旋转工具（按E快捷键），逐步调整下列关键帧〔Step Forward/Backward Key （前一个关键帧/后一个关键帧）＝.//〕，向后旋转手部控制器，使手指向后或跟随手腕动作。每次旋转完成之后要设置关键帧。

第23帧/ Rotate Y ＝ 50

第26帧/ Rotate Y ＝ 40

第29帧/ Rotate Y ＝ 25

第33帧/ Rotate Y ＝ -25

第35帧/ Rotate Y ＝ -45

经过修改以后，动画看起来更加自然而流畅。

STEP02 手臂向上、向后摆动时（第11～20帧），手部在手腕后面形成一定的角度，手指跟随手部动作，如图1.3.21①所示。

STEP03 手臂向下、向前摆动时（第20～40帧），手部的角度翻转过来，再一次沿着前臂的曲线，如图 1.3.21②所示。

如果观察手臂摆动极值点的手部动作（第0、20和40帧），会发现手臂摆动动作达到极值点之后，再经过几帧，手腕的角度才达到极值点。平移动作的方式形成了一种更自然的效果，加入了重力的影响，连接链中的对象在不同阶段形成不同的轨迹曲线。手腕的动作跟随前臂的动作。

编辑手腕/手部动作受到重量和跟进动作（第20～40帧）影响的场景文件包含在项目场景文件中。

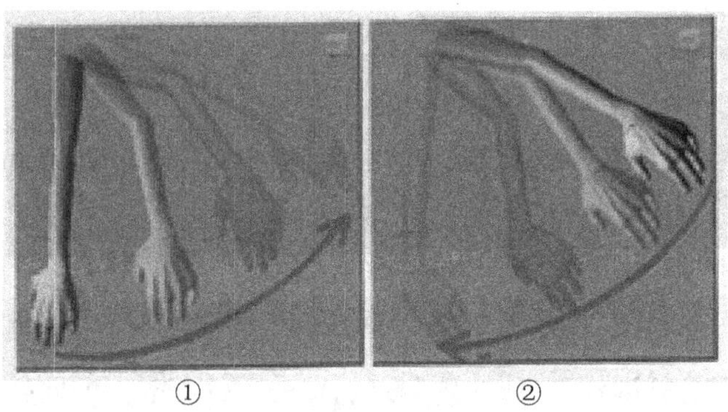

①　②

图1.3.21　可视化手腕/手部的跟进动作（向上：第11～20帧；向下：第20～29帧）

1.3.17　手肘角度（极点矢量）

对手腕的节奏和动作进行编辑后，动画看起来更自然、流畅。但是，如果从正面观察手臂摆动的动画，会发现肘部的动作并没有遵循手臂和手腕的角度。手臂向下摆动时，肘部向内弯曲，看起来并不自然，如图1.3.22所示。

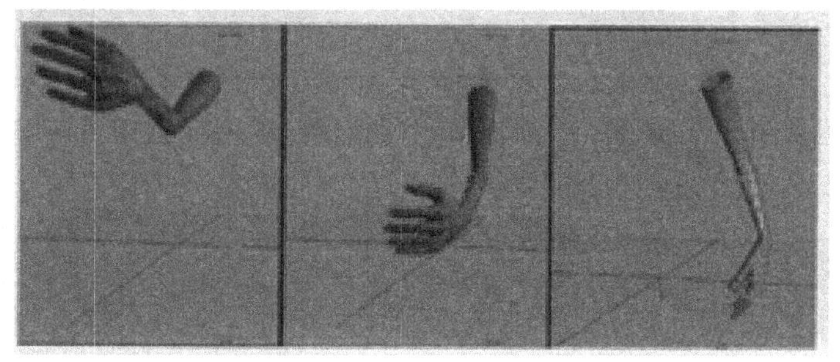

图1.3.22　手臂摆动时肘部的角度——未编辑状态

在前面的章节中介绍了对手臂设置的ikSPsolver和极点矢量约束（Pole Vector Constraint）。通过手臂后面的黄色十字形定位器对象（名为Ctrl_ Elbow），极点矢量约束可以控制手臂的动作。下面通过编辑极点矢量，使肘部的动作看起来更自然。

STEP01　将时间滑块拖动到起始帧（第1帧）。

STEP02　旋转透视视图，在3/4前视图中观察手臂摆动，如图1.3.23①所示。

如果从正面观察手臂的动作，手臂的位置太远，而且不符合手腕摆入的角度（根据动作轨迹观察）。

STEP03 在大纲视图或透视视图中，选择肘部极点矢量控制器的黄色十字形定位器对象（Ctrl_ Elbow）。

STEP04 启用移动工具（按W快捷键），向右拉动定位器，调整肘部的动作。

修改肘部的动作后，手臂的平面在摆动过程中看起来更自然，如图1.3.23②、③所示。

STEP05 在仍然选中定位器对象（Ctrl_Elbow）的情况下，按住Shift + W组合键，在变换通道上设置关键帧。在通道盒中（按Ctrl + A组合键）设置Translate Y（变换Y）的值大约为6.05。

STEP06 将时间滑块拖动到第20帧，手臂到达向后摆动的极值点。

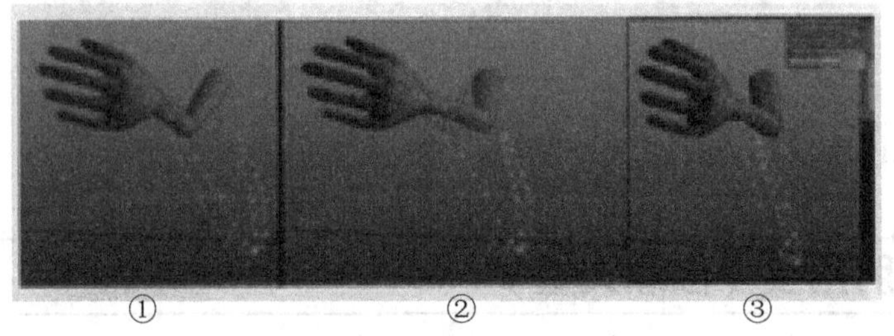

图1.3.23　在第1帧使用极点矢量控制器编辑肘部的角度

STEP07 旋转透视视图，从3/4正视图或3/4后视图观察手臂摆动，如图1.3.24①、②所示。

从正面观察手臂的动作，肘部移动到很远的距离，不符合手腕摆入的角度（根据动作轨迹进行观察）。

STEP08 在定位器对象仍然被选中的前提下，启用移动工具（按W快捷键），向身体这一侧拉动定位器，改变肘部的姿势。

调整肘部的姿势后，在手臂摆动时，手臂的平面更加自然，如图1.3.24③、④所示。

STEP09 仍然选中定位器对象（Ctrl_Elbow），按Shift + W组合键在变换通道中设置关键帧。在通道盒中（按Ctrl + A组合键），设置Translate Y（变换Y）的值大约为-1.731。

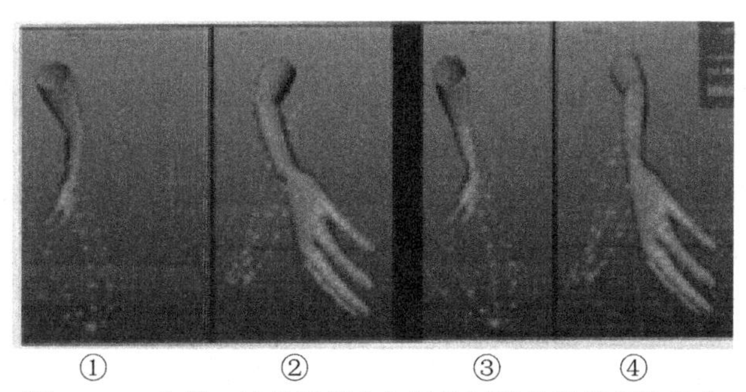

图1.3.24　在第20帧使用极点矢量控制器编辑肘部的角度

STEP10　将时间滑块拖动到第40帧，手臂的姿势和第1帧相同。

旋转透视视图，从俯视图或3/4正视图中观察手臂摆动。

在第20帧设置极点矢量控制器的关键帧，在当前帧向内侧推动极点矢量控制器和肘部。肘部的姿势看起来不太自然，不符合手臂的角度或摆动的角度，如图1.3.25①、②所示。

第40帧的动作和第1帧的动作是相同的。

STEP11　将时间滑块拖动到第1帧，选择肘部控制器（Ctrl_Elbow），打开通道盒（按Ctrl + A组合键）。

STEP12　在通道盒中，检查*y*轴在当前帧极点矢量控制器的变化。在本例中，使用的值为Translate Y（变换Y）= 6.05。

STEP13　双击Translate Y（变换Y）数字输入框，选择并高亮显示数值。

STEP14　选择数值输入框的数值，按Ctrl+ C组合键复制数值，然后拖动到第40帧，将Translate Y（变换Y）数字输入框的数值粘贴在此处。

STEP15　按Shift + W组合键，在变换通道中为定位器对象（Ctrl_Elbow）设置关键帧，效果如图1.3.25③、④所示。

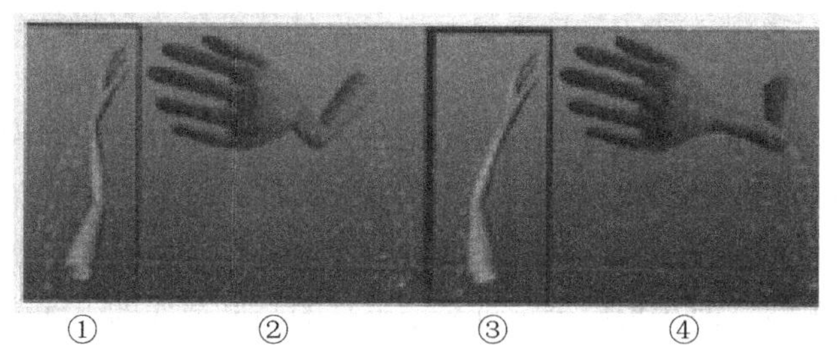

图1.3.25　在第40帧使用极点矢量控制器编辑肘部的角度

1.4　人物跑步节奏

1.3节主要介绍了基本的手臂摆动动画的弧线。当分析人体动作时，可以明显看到流畅的动作弧线。这种弧线可以应用于角色动画的所有阶段和所有原理。

本节主要了解在一个奔跑周期内身体动作所产生的弧线的节奏。在奔跑过程中，可以明显看到流畅的动作弧线，尤其是动作过程中身体的高度形成的曲线。在设计动画的其他内容时，应该把视频或图片与缩略图放在一起。在第5章将详细介绍缩略图，缩略图可以被用于创建项目，通过参考缩略图可以确定人体动作的曲线。如果仔细观察奔跑过程中角色臀部和头部的动作弧线，会发现不同阶段臀部的高度有很大的区别，如图1.4.1所示。

图1.4.1 缩略图——在奔跑时角色高度的弧线

在奔跑过程中，角色其中一只脚落地时，臀部会发生明显的倾斜，臀部的重量向下转移；当两条腿充分伸展时，臀部达到最大高度，臀部的重量向上和向前转移。

就像前面的章节一样，使用Maya提供的动作轨迹判断奔跑过程的弧线动作，并编辑动作弧线以生成更加自然、流畅的动画。此外，本节还将介绍图形编辑器的其他工具，利用这些工具可以使曲线轨迹变得平滑、流畅，还可以在空间循环动作过程。

1.4.1 场景设置和动画

场景文件包含一个角色网格，可以使用控制器把角色网格绑定到骨骼。和前面的例子一样，使用显示图层控制下列元素的显示方式。

- Skeleton——该图层包含角色的骨骼，使用Smooth Bind（平滑绑定）把网格绑定到骨骼。
- Curve_CNTRLS——该图层包含控制器对象，在视口中以彩色线表示，如图1.4.2①所示。
- Geometry——该图层包含角色模型。因为该层被设置为引用模式，所以在制作动画时不能选择该层的模型。

在Maya的动画属性窗口中将动画的Playback Speed（回放速度）设置为Real-time（实时）（24 fps），然后单击播放按钮（按Alt + V组合键）。本例中的角色动画反映的是奔跑周期（将在后面的章节介绍角色奔跑的动画，详细说明塑造角色姿势的工作过程）。本例主要介绍动画的弧线，即在角色奔跑过程中臀部的高度形成的弧线。在本例中，主要使用控制器控制角色的重心（或臀部），生成更逼真的奔跑弧线。

在播放过程中，会发现在奔跑周期中角色的臀部没有移动，使整个动画看起来不太自然，也不太真实。动画中角色的姿势应该是“实时”变化的。

此外，在角色控制器层次关系中添加了一个父控制器。通过父控制器可以浏览角色在地面上奔跑的整个过程。它是一个巨大的十字形定位器，位于角色下方的原点处〔在（0,0,0），名为PARENT〕。角色父控制器的变换是在一个独立的层中完成的。在奔跑周期中，角色可以通过动画图层控制奔跑空间的打开和关闭。

STEP01 打开通道盒/层编辑器，选择Anim（动画）选项卡。

STEP02 选择Anim_Run_DIST层，该层高亮显示为蓝色。

STEP03 可以将类似于“停止标志”的小图标用于在静音/解除静音之间进行切换（第三个图标）。

STEP04 在该层中关闭Mute（静音），这样就激活了PARENT控制器的动画。

当该层处于激活状态时，播放动画可以看到定位器对象的移动，将静态的奔跑周期转换为沿着地面向前奔跑的过程。在透视视图中也可以看到动作轨迹，显示角色臂部的曲线轨迹，如图1.4.2②所示。可以看到，动作轨迹显示的是一条直线，说明臂部的动作并不自然。

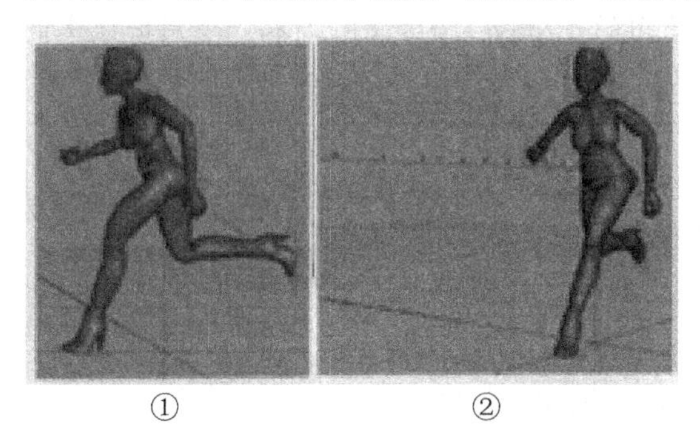

①　　②

图1.4.2　带有控制器的角色网格

现在，查看角色的侧面。拖动时间滑块，可以看到角色的动作看起来非常不自然，也显得很僵硬。在属性编辑器中启用角色网格的重影，可以更清楚地看到动作非常僵硬。为了形象地说明这个问题，选取第0～8帧的几个图形进行合成，通过这些重叠的线段可以看到臀部的轨迹，如图1.4.3所示。

图1.4.3　查看角色奔跑过程中的动作轨迹

查看角色奔跑过程中关键帧位置的主要姿势。

第0帧——角色的左腿向外伸展，与地面接触。

第2帧——角色的臀部开始越过落地的左脚。

第5帧——角色的重量转移到伸出去的右腿上。

第8帧——角色伸出去的右腿落在地面上。

第8帧的姿势和第0帧的姿势完全对称，腿、躯干和手臂的姿势完全对称，第8～16 帧的动画和第0～8帧的动画也完全对称。

从身体侧面观察，在奔跑过程中，臀部的高度形成的曲线应该是一个自然的弧线。当角色的重量转移到其中一条腿上离开地面时，由于重量的转移，角色的臀部应该自然地向上和向下摆动，形成流畅的弧线。

初始场景中的动作轨迹是使用Maya以前的版本创建的，和前面章节中使用的动作轨迹的类型是相同的。当编辑动画中的对象时，轨迹的曲线会自动更新。

在本例中将介绍Maya 2013提供的新功能，即可编辑动作轨迹（Editable Motion Trail）。

如果读者使用的是Maya 2011或旧版本，使用旧版本的动作轨迹仍然可以运行本节的实例。

STEP01 在视口或大纲视图中选择动作轨迹对象，这个对象可以显示臀部的轨迹，名为motionTrail1Handle。

STEP02 选择动作轨迹对象后，选择Maya用户界面上方的菜单命令Display→Hide→Hide Selection（显示→隐藏→隐藏选择）。

STEP03 在Maya中创建新可编辑动作轨迹，然后执行下列操作。

STEP04 在大纲视图中，单击名称右侧的“+”图标，展开PARENT菜单。

按住Shift键并单击鼠标左键，可以展开所有的分层菜单。

STEP05 选择名为FSP_COG_CTRL的主重心控制器对象。

控制器对象是一个红色的线框立方体对象，在视口中围绕在角色臀部的四周。选择控制器后，对象及其子控制器对象将高亮显示为绿色。当激活线框显示方式（按4快捷键）或阴影显示方式时，角色网格将高亮显示为紫色，这表示模型可以接受控制器对象和底层骨骼的输入。

STEP06 在仍然选中控制器对象的情况下，启用动画菜单（按F2快捷键），单击窗口上方的Animate（动画）菜单，然后选择CreateEditableMotionTrai1（创建可编辑动作轨迹）。

STEP07 窗口的各个选项都使用默认设置，勾选Show Frame Numbers（显示帧号）复选框。

可编辑的动作轨迹在视口中显示为一条红线，这条红线显示对象的动作轨迹，关键帧显示为白色的小方框。通过前面的设置，关键帧的帧编号也应该显示在视口中。

可以在属性编辑器中设置可编辑动作轨迹的显示选项。

STEP08 在视口中选择动作轨迹，或在大纲视图中选择motionTrail2Handle。

STEP09 选择对象，打开属性编辑器（按Ctrl +A组合键），选择motionTrail2HandleShape选项卡。

STEP10 在该选项卡中，可以设置关键帧、活动关键帧、轨迹颜色和厚度。

可以在视口中直接选择和管理可编辑动作轨迹上的关键帧。

STEP11 选择任意关键帧（小立方体图标和轨迹），启用移动工具（按W快捷键），在全局的*y*轴上向上移动活动关键帧。

选择关键帧后，关键帧的颜色会变为活动关键帧属性设置的颜色。在视口中移动关键帧的位置也会使对象在特定关键帧的位置发生变化，如图1.4.4①、②所示。

直接在视口中编辑关键帧的位置是Maya提供的增强功能，使动画的制作过程更直观。在前面的例子中，选择对象之后修改对象的位置也可以更新动作轨迹。动作轨迹上的关键帧的位置和视口中对象的位置具有直接的联系。

可以使用标准的工作流设置控制器对象的关键帧，编辑动画，并在可编辑动作轨迹中观察引起的变化。

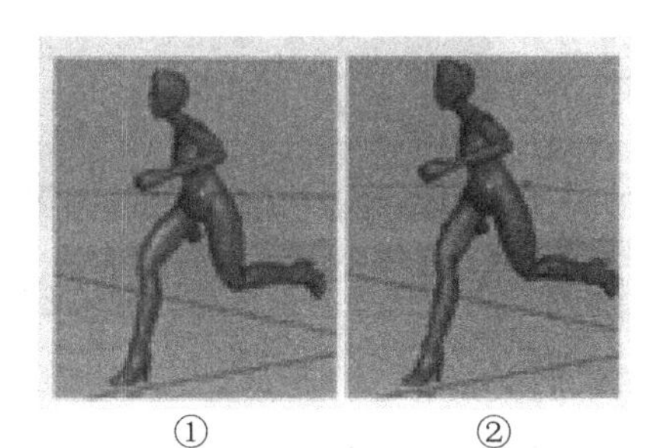

①　　②

图1.4.4　在可编辑动作轨迹上编辑关键帧

STEP12 在窗口左侧的工具箱中单击Panels（面板）快速布局按钮，切换至Perp/ Graph（透视视图→透视视图）布局，使透视视图显示在图形编辑器面板的上方。

STEP13 在透视视图或大纲视图中选择臀部控制器对象（名为FSP_COG_CTRL）。

STEP14 在图形编辑器中，选择Translate Y（变换Y）通道的对象，查看对象的曲线。

STEP15 将时间滑块拖动到第5帧。在当前帧，角色的臀部太低，如图1.4.5①所示，由于身体的重量转移到着地的右腿上，所以应该提高臀部。

STEP16 在仍然选中控制器对象的情况下，打开通道盒，设置变换通道的值——Translate Y（变换Y）= -0.032。

STEP17 按Shift + W组合键在变换通道中设置关键帧。

如果启用自动关键帧切换（Auto Keyframe Toggle），修改属性后将自动设置关键帧。

由于前面的设置，动作轨迹的形状会发生相应的变化。可以从图形编辑器中看到有关高度〔Translate Y（变换Y）〕的新的关键帧，如图1.4.5②所示。

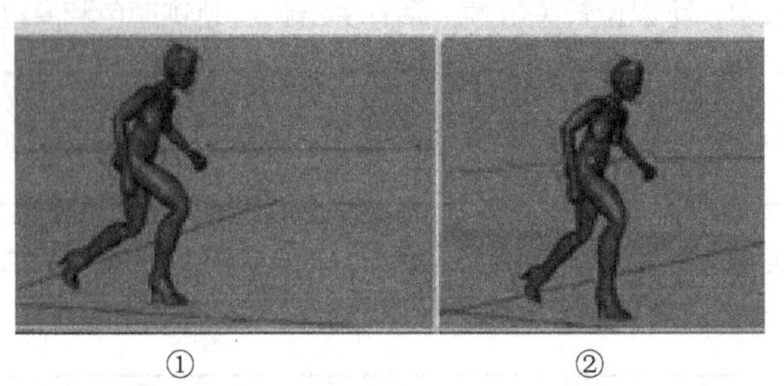

①　　②

图1.4.5　第1个关键帧姿势——提高臀部

在第5帧修改臀部高度的场景文件包含在项目场景文件中。

可以注意到在变换通道中添加新的关键帧也会修改曲线的形状。在第8帧提高臀部的高度，使其遵循轨迹的变化，在当前帧并没有设置Translate Y的关键帧，如图1.4.6①所示。

在第8帧，臀部的高度应该和第0帧的高度是相同的。除了腿的位置以外，身体在两个帧几乎是相同的。

STEP18　将时间滑块拖动到第8帧。

STEP19　在仍然选择臀部控制器对象（FSP_COG_CTRL)的情况下，打开通道盒，设置Translate Y（变换Y）通道的值。

Translate Y（变换Y）=-0.092

STEP20　按Shift+ W组合键，设置臀部在变换通道的关键帧。

曲线（Curve）窗口的曲线会发生相应的变化。此外，可编辑动作轨迹的形状也会发生相应的变化，如图1.4.6②所示。

在当前阶段，需要从曲线窗口中复制Translate Y（变换Y）通道的关键帧，或者在通道盒中右击，在弹出的快捷菜单中选择Key Selected（设置关键帧）命令，只在Translate Y（变换Y）通道设置关键帧。

STEP21　编辑第8帧的关键帧修改臀部高度的场景文件包含在项目场景文件中。

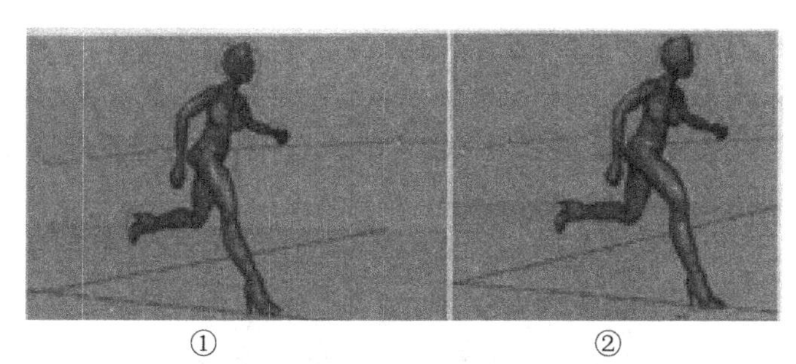

①　　　　②

图1.4.6　复制第8帧臀部高度的姿势

设置完成后，可编辑动作轨迹的形状和臀部的移动看起来更自然，可以充分反映脚着地时臀部重心的转移。在第5帧，臀部自然地提高到最高点，然后开始下降，重量向下落在前腿上。在第0帧和第8帧，重量开始下移，在接下来的几帧，动作轨迹会继续下降。臀部的最低点大约位于第0帧和第8帧后面两帧的位置。下面设置这个姿势。

STEP22　将时间滑块拖动到第2帧。

STEP23　选择臀部控制器对象（FSP_COG_CTRL），打开通道盒，输入Translate Y（变换Y）的值。

Translate Y（变换Y）=-0.105

STEP24　按Shift+ W组合键，为臀部在变换通道设置关键帧，如图1.4.7所示。

图1.4.7　在第2帧设置臀部高度的关键帧——奔跑过程中的最低点

在第2帧处修改臀部关键帧，使臀部高度下降的场景文件包含在项目场景文件中。

如果观察曲线窗口中Y变换通道的曲线，会发现这条曲线呈现为一条平滑的轨迹，完全符合奔跑动作的曲线。

由于臀部在第2帧下降，重量转移到左脚，动作曲线在第2帧下降。在第5帧，臀部提高到最大高度，身体重量向前转移。在第8帧，臀部开始下降（和第0帧的姿势是相同的）。

如果拖动时间滑块，就可以确认角色的姿势。启用角色网格的重影，可以检查角色的姿势和重量是否正确。启用重影后，可以看到臀部和头部的高度在奔跑过程中是正确的，整个动作轨迹和动作曲线都非常自然、流畅。

使用Photoshop或其他视频编辑软件，可以绘制不断递增的奔跑动作的图形，并将其叠加在图层上，以验证角色的姿势。可以通过绘制动作曲线，查看奔跑过程中臀部的轨迹和弧线，如图1.4.8所示。

图1.4.8 查看动作和弧线——启用重影（第0帧、第2帧、第5帧和第8帧）

获取每帧递增的图形，并将这些图形顺序组合起来，可以进一步验证角色的动作弧线符合奔跑的规律，如图1.4.9所示。

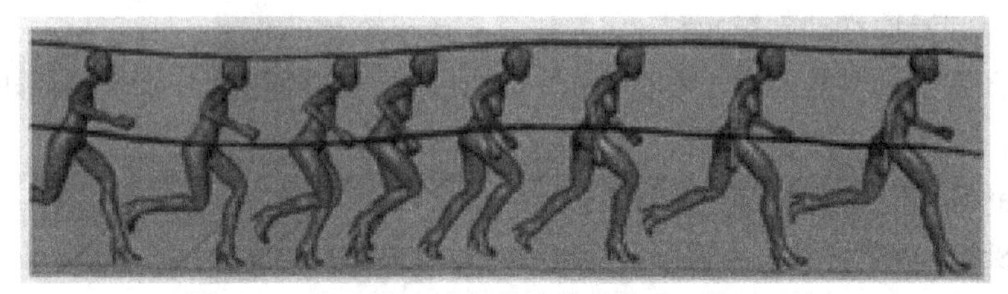

图1.4.9 验证臀部/头部的动作弧线——第0～7帧

1.4.2 循环动画（一）

将时间滑块从第0帧缓缓拖动到第8帧，然后再从第8帧拖动到第16帧，奔跑动作是循环的。在第0帧，左腿向前伸展；在第8帧，换成右腿向前伸展（对称）；在第16帧，再次切换到右腿向前伸展。第8～16帧臀部的高度和第0～8帧臀部的高度是相同的。

STEP01 将时间滑块拖动到第5帧。

STEP02 选择臀部的控制器对象（FSP_COG_CTRL），打开通道盒，检查臀部控制器（在Y变换通道）的高度。

Translate Y（变换Y）=-0.032

STEP03 将时间滑块拖动到第13帧，在当前帧，腿部/身体的姿势和第5帧身体的姿势是完全对称的。因此，臀部的高度应该是相同的。

STEP04 选择臀部的控制器对象（FSP_COG_CTRL），打开通道盒，设置Translate Y（变换Y）。

Translate Y（变换Y）=-0.032

STEP05 按Shift + W组合键，在变换通道上设置臀部的关键帧。

在第5帧和第13帧臀部高度出现循环的场景文件包含在项目场景文件中。

如果观察第0～8帧原来的弧线，会发现在第2帧臀部下降到最低点，就在脚落地之后（在第0帧）。第2帧的姿势和第10帧的姿势是对称的（右脚落地）。

使用和前面相同的步骤，复制第2～10帧的高度关键帧。

STEP06　将时间滑块拖动到第2帧。

STEP07　选择臀部的控制器对象（FSP_COG_CTRL），打开通道盒，检查臀部控制器（在Y变换通道）的高度。

Translate Y（变换Y）＝-0.105

STEP08　将时间滑块拖动到第10帧，在当前帧，腿部/身体的姿势和第2帧身体的姿势是完全对称的，因此，臀部的高度应该是相同的。

STEP09　选择臀部的控制器对象（FSP_COG_CTRL），打开通道盒，设置Translate Y（变换Y）。

Translate Y（变换Y）＝ -0.105

STEP10　按Shift＋W组合键，在变换通道上设置臀部的关键帧。

在第2帧和第10帧臀部高度循环的场景文件包含在项目场景文件中。

如前所述，使用重影以及合成主要姿势（第0帧、第2帧、第5帧、第8帧、第10帧、第13帧和第16帧）的图形，可以验证动作的弧线和角色的奔跑姿势。

可编辑动作轨迹是一个优秀的视觉指示器，可以准确地呈现臀部的高度弧线。观察动作的弧线和动画，角色的动作是非常流畅的，主要姿势的弧线非常完美，如图1.4.10所示。

图1.4.10　验证动作弧线——启用主要姿势的重影

1.4.3　循环动画（二）

现在，如果从侧面观察，角色奔跑的动作弧线看起来非常流畅。根据两脚交替着地重量的转移和奔跑的轨迹，臀部自然地抬高和下降。

如果旋转到角色的正视图，就会发现臀部在*x*轴没有变化（左右摆动），如图1.4.11①所示。

STEP01　大纲视图或视口中，选择臀部控制器对象（FSP_COG_CTRL）。

STEP02 在通道盒中，查看TmxslateX（变换X）的数值。

TranslateX（变换X）=0

STEP03 将时间滑块从第0帧拖动到第16帧，在整个动画中Translate X（变换X）的数值都保持不变，臀部没有出现明显的左右摆动。

这样看起来非常不自然，在现实生活中走路或奔跑时，臀部应该会自然地扭动，目前动画并不符合现实生活的动作规律。

当走路或跑步时，随着两脚的交替落地，臀部的重量会发生转移，出现左右摆动。

臀部一般会向一侧摆动，将身体的重量转移到落地的脚上。可以使用和前面相同的工具完善臀部左右摇摆的动作，使用Maya提供的动作轨迹观察，修改后的动作曲线应该是一条平弧线。

STEP04 在通道盒/层编辑器（按Ctrl + A组合键）中，打开Display（显示）选项卡，隐藏名为Curve_CNTRLS的控制器对象（Control Object）层。

STEP05 将时间滑块拖动到第0帧，在透视视图中旋转角色，从正面观察角色。

STEP06 在第0帧，选择可编辑动作轨迹上的关键帧，启用移动工具（按W快捷键）。

STEP07 在*x*轴上向一侧拉动关键帧，使臀部大致位于左脚的上方，如图1.4.11②所示。

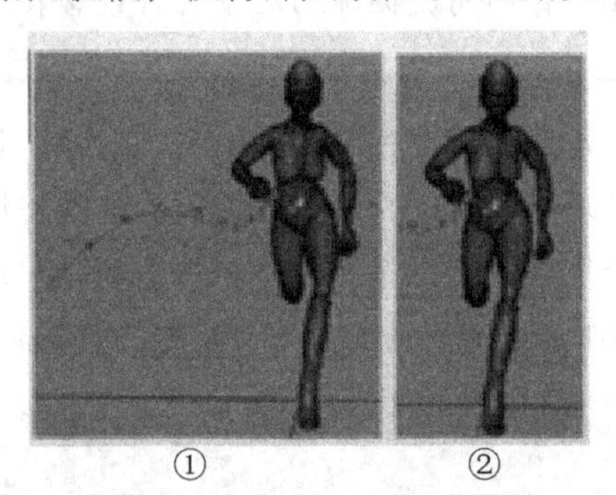

图1.4.11 修改第0帧的臀部姿势

无论是否使用S（在所有通道上设置关键帧）快捷键或Shift + W（在变换通道上设置关键帧）组合键设置关键帧，在可编辑动作轨迹上编辑关键帧的位置都会自动修改关键帧。动画师在可编辑动作轨迹上修改关键帧位置时要注意这一点。

在奔跑过程中，臀部在脚落地时从左侧摆动到右侧，扭动臀部的姿势也是对称的。在第0帧和第16帧，臀部偏向+*x*轴，身体的重量转移到右脚；在第8帧，臀部偏向-*x*轴，身体的重量转移到左脚。角色的臀部在左脚和右脚之间摆动时，Translate X（变换X）的数值应该是完全相反的，这主要是由于角色位于场景的原点位置（$x=0$）。

STEP08 在前面的步骤中修改第0帧关键帧的位置后，在Display（显示）选项卡中设置显示曲线控制器（Curve Controls）。

STEP09 选择名为FSP_COG_CTR的主臀部控制器，打开通道盒（按Ctrl+ A组合键）。

STEP10 在通道盒中，设置Translate X（变换X）的数值。

Translate X（变换X）＝ 0.050

读者在练习时不必使用和本例完全相同的数值。但是需要注意的是，第8帧和第16帧的数值应该是对称的。

STEP11 将时间滑块拖动到第8帧，如图1.4.12①所示。

STEP12 选择控制器对象，打开通道盒（按Ctrl+ A组合键），双击Translate X（变换X）的数值输入框。

STEP13 将数值设置为和第0帧相同的数值，然后在前面加上“-”（负号）。

Translate X（变换X）＝ -0.050

STEP14 按Shift+ W组合键在变换通道上设置关键帧。

在第0帧和第8帧，臀部扭动到同一位置的相反方向（从x=0开始），所以第8帧的数值和第0帧的数值应该是相反的。在本例中，在第8帧设置Translate X（变换X）=-0.05，和第0帧的Translate X（变换X）＝ 0.05正好是相反的，如图1.4.12②、③所示。

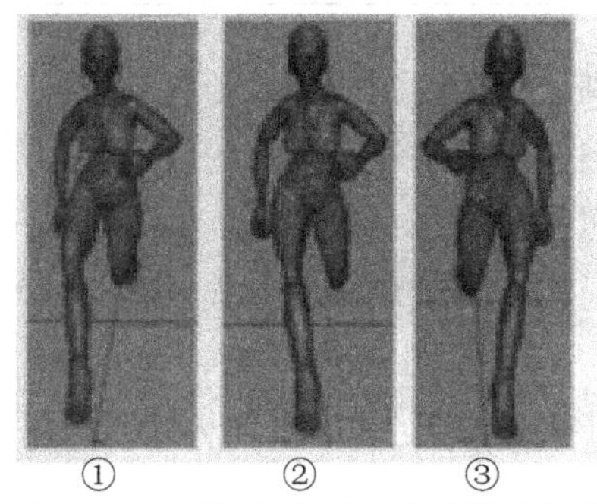

图1.4.12　在第8帧创建对称的臀部姿势

在动画的第16帧，角色的姿势和第0帧的姿势是完全相同的（形成了循环）。因此，臀部扭动的位置和第0帧也应该是相同的。

STEP15 将时间滑块拖动到第0帧。

STEP16 选择臀部控制器对象（FSP_COG_CTRL），打开通道盒，查看TranslateX（变换X）的数值。

在本例的场景中，在第0帧将Translate X（变换X）的值设置为+0.5。应该把这个数值复制到第16帧，然后使用Shift+ W组合键设置关键帧。

实现臀部循环扭动的场景文件包含在项目场景文件中。

和前面一样，可以通过浏览视口中的动作轨迹查看动作的弧线，并勾勒出动作过程中主要姿势的图形，如图1.4.13所示。随着身体的重量从左腿转移到右腿，臀部沿着一条从右向左的平滑弧线摆动。

图1.4.13　验证动作弧线

当角色在原地奔跑时，臀部的扭动看起来更明显。将动画层的Anim_Run_DIST设置为静音，验证臀部的扭动。

1.4.4　循环曲线及修复切线

在制作循环动画时，特别要注意动画的开始帧和结束帧的关键帧切线。由于这些关键帧是相同的，因此，如果关键帧切线出现任何问题，就会使动作看起来不太自然。使用图形编辑器编辑关键帧有助于完善动画。

STEP01　在大纲视图或视口中，选择主臀部控制器（FSP_COG_CTRL）。

STEP02　在图形编辑器窗口中，从左侧窗格中选择Translate Y（变换Y）通道，显示臀部向上/向下动作的图形。

STEP03　启用选择工具（按Q快捷键），单击并拖动鼠标指针框选曲线上的所有关键帧。图形高亮显示为白色，选择的关键帧显示为黄色。

STEP04　在窗口上方选择菜单命令Tangents→Auto（切线→自动）。

通过设置，所有选择的关键帧都使用Auto Tangency（自动切线）。此外，也可以使用图形编辑器上方的快捷图标按钮切换切线类型。

尽管第0帧之前和第16帧之后的曲线切线看起来很平滑，但是由于关键帧和切线不同，所以循环动画看起来有些细微的扭结。

Maya的图形编辑器中包含很多工具，可以用来实现曲线的循环并修复切线。

STEP05 在图形编辑器中显示Translate Y（变换Y）曲线，在图形编辑器上方选择菜单命令View→Infinity（视图→无限）。

STEP06 在图形编辑器的Curves（曲线）菜单中，可以将曲线的循环次数设置为无限循环。在Curves（曲线）菜单中进行如下设置。

Curves → Pre Infinity → Cycle（曲线→预无限→循环）

Curves → Post Infinity → Cycle（曲线→后无限→循环）

观察图形编辑器中的曲线，Translate Y（变换Y）的曲线在初始关键帧之前第16帧之后都无限循环。在第一个关键帧（第0帧）之前和最后一个关键帧（第16帧）之后的周期以虚线表示。

在保存文件时，View（视图）菜单中设置的无穷次循环并没有和场景文件保存在一起。如果读者希望在图形编辑器中观察无限循环的曲线，需要在每个新会话中设置该选项。

除了循环通道的动作以外，无限循环的曲线可以重点突出第一个关键帧之前和最后一个关键帧之后的关键帧切线的弯曲扭结部分。

STEP01 在图形编辑器中显示Translate Y（变换Y）通道的曲线，启用选择工具（按Q快捷键），在第0帧选择第一个关键帧。

关键帧的扁平切线形成了曲线的弯曲扭结，实现步骤如下。

STEP02 使用选择工具选择关键帧右侧的切线手柄。

STEP03 激活移动工具（按W快捷键），向下拉动关键帧切线的手柄，使曲线变得平滑，在关键帧前面和后面的曲线之间形成一个自然的转换。

STEP04 使用同样的步骤修复第16帧Translate Y（变换Y）通道的关键帧切线的弯曲扭结。

实现Translate Y（变换Y）曲线前期和后期的无限循环，并且修复切线的场景文件包含在项目场景文件中。

在保存文件后，View（视图）菜单中设置的无穷次循环并没有和场景文件保存在一起。如果读者希望打开场景文件后，在图形编辑器中观察无限循环的曲线，需要再次从图形编辑器中选择菜单命令View→Infinity（视图→无限）。

对于前面制作的臀部摆动动画，可以使用同样的步骤查看和校验曲线和关键帧切线。

STEP01 在大纲视图或视口中，选择主臀部控制器（FSP_COG_CTRL）。

STEP02 在图形编辑器的左侧窗格中选择Translate X（变换X）通道，显示臀部左右摆动的图形。

STEP03 在图形编辑器中选择菜单命令View →Infinity（视图→无限）。

STEP04 在图形编辑器的Curves（曲线）菜单中，将曲线的循环次数设置为无穷次。在Curves（曲线）菜单中，选择下列选项。

Curves → Pre Infinity → Cycle（曲线→预无限→循环）

Curves → Post Infinity → Cycle（曲线→后无限→循环）

STEP05 和前面一样，在第0帧之前和第16帧之后的曲线形状显示为虚线。

观察曲线可以发现，在第0帧有一个明显的“进入”角度，在第16帧有一个明显的“退出”角度，这样看起来并不自然，使动作的速度显得非常快。当播放动画时，角色的动作并没有缓慢输入和缓慢输出的自然效果。第0帧和第16帧的曲线角度看起来和第8帧的形状是相同的。

STEP06 在图形编辑器中显示Translate X（变换X）曲线，启用选择工具（按Q快捷键），框选第0帧、第8帧和第16帧的所有关键帧。

STEP07 单击图形编辑器顶部的Flat tangents（平滑切线）按钮，或者在图形编辑器顶部选择菜单命令Tangents→Flat（切线→平滑）。

当关键帧位于极点或极值时，使用平滑切线（Flat tangents）生成一条平滑的缓入和缓出的动作曲线。

当循环播放动画时，X变换通道动作曲线的形状更平滑，看起来更符合现实规律。在图形编辑器中拉远镜头时，可以确认曲线的形状。

将Translate X（变换X）曲线设置为前置循环和后置循环，并修复切线的场景文件包含在项目场景文件中。

Translate X（变换X）通道的曲线形状和从顶部观察臀部的可编辑动作轨迹的曲线形状是相似的。

1.4.5 循环及延长跑步动画

使用曲线的循环和无限循环可以实现整个角色动画的循环。如果希望在更长的节奏范围内设计奔跑的循环动画，可以采用这种方法。实现过程非常简单，只需要选择奔跑循环中的每个对象，然后从图形编辑器中启用循环。设计角色沿着地面奔跑时，需要使用不同的方式实现动作的循环。

在该场景文件中，角色奔跑包含的所有控制器对象的动作都是循环的。动画的播放范围是第0～160帧。

STEP01 单击第一个起始帧（按Shift+Alt+V组合键），然后单击播放按钮（按Alt+V组合键）。

在播放时，角色奔跑动画从第0～160帧将循环10次。角色循环的原因是基于定位器对象（名为PARENT）的动画层是静音的。

STEP02 打开通道盒/层编辑器（按Ctrl +A组合键），在动画选项卡中取消Anim_Run_DIST层的静音。

STEP03 回到起始帧，再次单击播放按钮（按Alt+ V组合键）。第0～16帧，角色在地面上向前奔跑，定位器在层上移动），在第16帧之后，角色不再向前动作，角色在原地奔跑，这是由于定位器变换的曲线并没有被设置为循环。

STEP04 从视口（在角色脚下）或大纲视图中选择大十字形定位器PARENT。

STEP05 打开图形编辑器，从左侧窗格中选择Translate Z（变换Z）通道，然后进行如下设置。

View → Infinity（视图→无限）

Curves → Pre Infinity → Cycle（曲线→预无限→循环）

Curves → Post Infinity → Cycle（曲线→后无限→循环）

STEP06 回到起始帧，再次单击播放按钮（按Alt+ V组合键）。

定位器的动画是循环的，但是看起来并不自然。角色从原点（0,0,0）面上向前奔跑，但是每隔16帧之后就会跳回到原点，这是由于设置动画曲线的循环时没有对曲线进行任何平移。在图形编辑器中，使视图远离观众（按Alt键+鼠标右键），可以看到Translate Z（变换Z）的动作曲线符合播放的动作。

下面使用另外一种方式实现定位器循环并平移曲线。

STEP01 选择定位器对象（PARENT），打开图形编辑器。

STEP02 从图形编辑器的左窗格中选择Translate Z（变换Z）通道。

STEP03 在图形编辑器中选择菜单命令Curves → Post Infinity → Cycle with Offset（曲线→后无限→带偏移循环）。

在图形编辑器中观察曲线（启用无限循环），可以看到曲线扩展为一条笔直的对角线。

如果使用前面的方式（默认的循环方式），动作曲线循环时没有进行偏移。定位器的动画从原点出发，随着角色的动作进行循环，然后每次循环结束后返回原点。

如果使用Cycle with Offset（带偏移循环）的方式设置曲线的循环，循环动作就会从上一个循环的最后一帧开始继续进行。

STEP04 将时间滑块拖动到起始帧第0帧（按Shift + Alt + V组合键）。

STEP05 单击播放控制面板的播放按钮（按Alt+ V组合键）。

现在，动画的循环完全符合奔跑规律。在每次循环之后，PARENT定位器从前一次循环的终点开始下一次循环，形成一个平滑的变换曲线，如图1.4.14所示。

图1.4.14　播放循环奔跑动画——启用Cycle with Offset（带偏移循环）

前置无限循环选项也可以用于在第0帧之前扩展动画。

本章总结

通过对本章的学习，应能够理解物体运动中的弧线动作轨迹形式（无论是对有生命物体还是无生命物体）；对Maya动画制作模块有基本的了解（设置关键帧、预览、时间滑块调整）；通过Maya软件能进行简单动画的制作。

练习与实践

（1）完成弹球动画Maya制作练习（注意：可以使用不同重量的小球进行动画制作，如氢气球和铅球）。

（2）完成动作路线动画Maya制作练习（注意：制作时可以将案例物体改为其他物体，如车辆和蝴蝶）。

效果欣赏

第2章

预备动作——创建动作

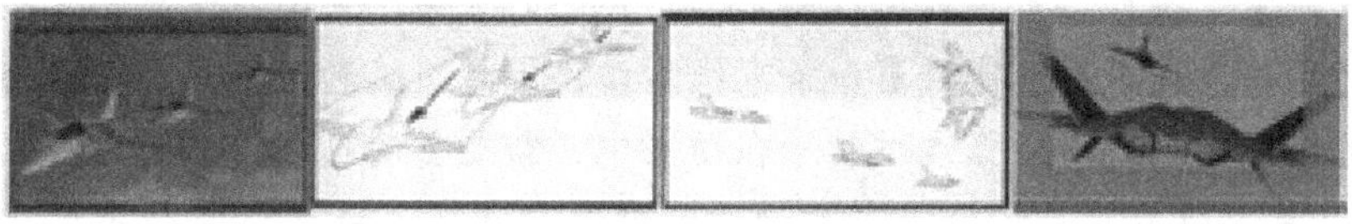

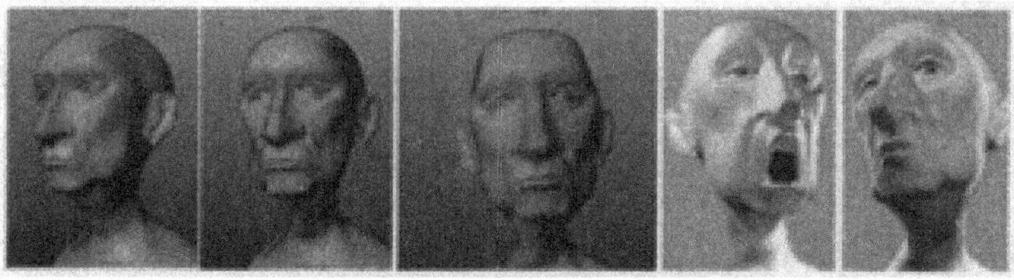

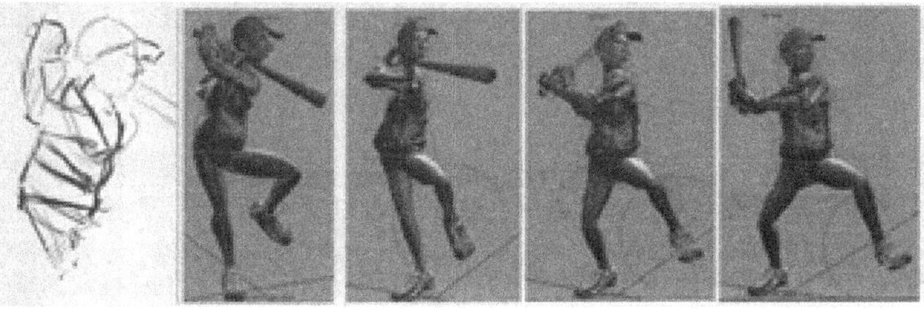

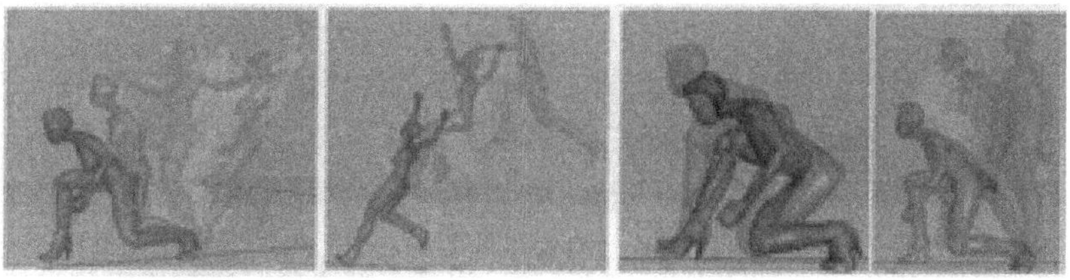

✍ 本章导读

如果动画没有遵循合理规划的动作顺序，使观众清楚地了解从一个动作到另外一个动作的衔接，观众就无法真正理解动画事件的含义……这就需要在执行每个主要动作之前，首先执行特定的动作，使观众意识到接下来将要进行的行动。

——《生命的幻象：迪士尼动画造型设计》

本章将介绍自然运动的基础——弧线运动。自然界中大多数的运动都包含弧线运动。无论是生物还是非生物，由于质量、重量和惯性的影响，运动时都会产生不同的弧度。假设抛出一个球，尽管开始阶段这个球可能沿着一条直线运动，但是，随着速度的降低以及重力作用的影响，它自然而然地会沿着弧线运动。在动画中，需要复制自然的弧线运动，增加动画的可信度。如果运动不是弧形的或者运动的速度是匀速的，就会看起来不太自然，缺少真实性。预备动作（Anticipation）在动画中是至关重要的，使用预备动作不仅可以创建自然的运动，而且能够满足观众的期望。可以把预备动作看作是动画原理，也可以看作是剧院辅助工具。

例如，人体运动——角色在进行有力的身体运动之前，通常会向相反的方向蜷缩身体，积蓄能量，很多体育运动中都可以看到这样的动作。例如，在拳击中拳击手会首先蜷缩身体，胳膊向后摆动，然后再向前挥拳。

在本书的其他示例中，可以把预备动作和其他动画原则结合在一起使用。

✍ 学习目标

- 掌握基础角色动画
- 能够进行简单IK动画制作
- 对n粒子进行编辑

✍ 技能要点

- 进行完整身体IK动画操作
- 调整效应器进行动画制作
- 粒子发射器的使用

✍ 实训任务

- 制作火箭动画
- 制作简单角色动画

2.1 棒球投手投球

棒球投手抛球动作的预备动作姿势如图2.1.1所示。

图2.1.1 棒球投手抛球动作——主要的预备动作姿势

研究竞技体育中人体的运动，可以更好地评估源于现实生活的动画原则。在体育运动中，身体通常会在每个主要运动或活动之前做出大量的准备动作。

准备动作可以被看作是为了积蓄能量的器官运动。身体行动的准备动作可以被看作是一种能量的积蓄。通常情况下，身体和四肢在运动前会向相反的方向蜷缩，以积蓄运动的能量。下面是这些动作的实例。

（1）足球运动员在踢任意球之前，首先稳定自己的情绪，然后退后几步助跑，向后摆腿，再把球踢出去。

（2）高尔夫球运动员在击球之前要平复自己的情绪，身体呈现螺旋状，肩膀和手臂移动到球的后面，然后完成击球动作。

（3）拳击手向后摆动手臂和上半身，身体呈现螺旋状，然后向前挥动拳头。

（4）美式足球的四分卫在传球时眼睛看着前场的接球队员，在做准备动作时使球靠近身体，手臂和身体向后摆动，然后把球抛出去。

（5）棒球投手首先稳定自己的情绪，接下来抬高左腿，蜷缩身体积蓄能量，然后再把球投出去，上半身的螺旋运动积聚了抛球的能量。

本节将介绍棒球投手投球前的准备动作。

2.1.1 确定动画的姿势

在制作动画序列时应该对动画进行前期设计，浏览参考资料，绘制主要姿势的缩略图。在网上搜索图片可以看到很多可以作为参考资料的图片。此外，也可以参考视频资料，分析运动的时序。

通过观察参考图片，可以看到投手投球之前的主要姿势。

第一个主要姿势应该是放松。投手在投球之前首先采取放松的姿势，用手套包住球，调整双脚的位置，做好投球的准备，如图2.1.2①所示。延长投手放松姿势的节奏可以更好地展示准备动作，增加戏剧效果。这些准备动作包括准备球、找到正确的站立位置、平复情绪等。完成这些动作后，投手才后退一步准备投球。

下一个主要姿势是螺旋状的准备姿势。投手从放松的姿势转换为螺旋状的姿势，双手紧紧握球，左腿抬起，臀部向后扭动，通常会持续保持这个姿势一段时间，这样可以积蓄能量，使自己放松，如图2.1.2②所示。

图2.1.2　放松姿势到螺旋状的准备姿势的转变

在准备投球时，投手的手臂向外展开，身体从螺旋的姿势过渡到一个更舒展的预备姿势，这个姿势和螺旋状的准备姿势是相似的，都可以描述为静止的运动，如图2.1.3①所示。

在接下来的主要姿势中，投于臀部的重量向前转移，准备将球抛出；手臂完全打开，积蓄投球的能量；向后拉动上半身，臀部向相反的方向扭动，如图2.1.3②所示。

投手扭动臀部使左脚着地，然后伸展右臂将球抛出去。在还没有把球抛出去之前，投手臀部和脚盘成螺旋的形状，上半身也随之改变姿势。在开始准备动作之前，要首先确定主要的准备姿势，然后再设计脚着地、后续的抛球动作和手臂的跟进动作。

在阅读本节时，可以参考上面的照片和缩略图。此外，读者在确定动画的姿势时，也可以使用自己的参考资料或缩略图。

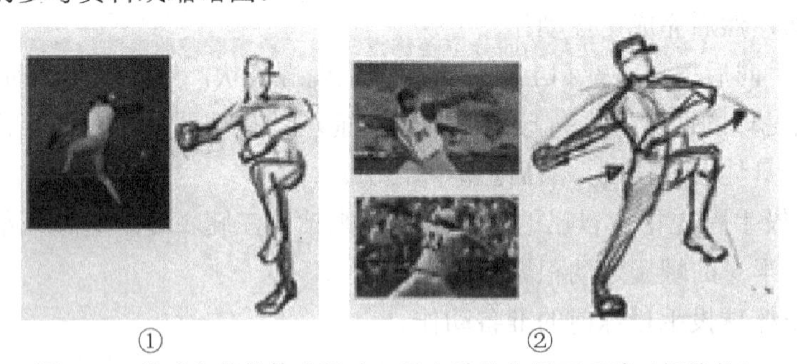

图2.1.3　投球之前的静止运动，重心转移和展开手臂（螺旋状）

2.1.2　角色特征和显示方式

本教程的人物模型和目前在游戏开发中使用的资源类型是相似的。使用Mudbox对模型的细节进行雕刻，然后使用Normal Map（法线贴图）进一步修饰。在Maya中，Normal Map（法线贴图）可以作为低多边形模型的纹理。当将显示方式设置为HighQuality

Rendering（高品质渲染）或Viewport 2.0时，可以在视口中看到Normal Map（法线贴图）。这两种显示方式取决于是否有必要的硬件设备——视频卡。在视口顶部的Panels（面板）菜单中，可以从Renderer（渲染器）下拉菜单中设置这两种显示方式，如图2.1.4所示。使用视口顶部的Panels （面板）工具栏图标可以快速地设置高品质渲染，还可以设置模型的显示方式，包括Wireframe（线框）、Shaded（明暗）和Wireframe on Shaded（明暗上的线框）显示方式。

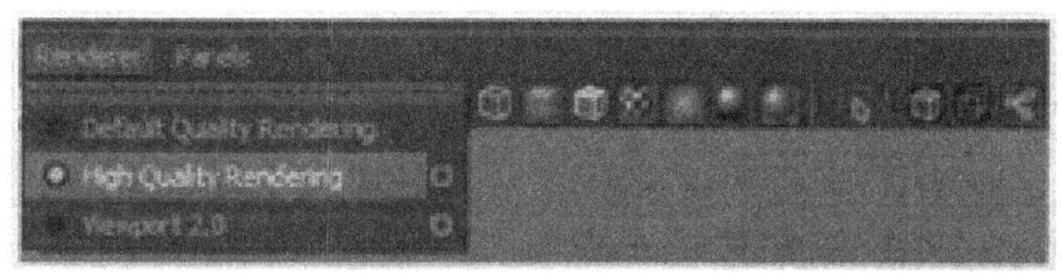

图2.1.4　Renderer（渲染器）下拉菜单和Panels （面板）工具栏图标

在Maya 2011中使用Viewport 2.0时，不允许选择菜单命令Panels →Shading→X-Ray Joints（面板→明暗→X-射线关节），将显示方式设置为X-Ray Joints（X-射线关节）。因此，在Maya 2011中，Viewport 2.0方式并不适合动画师设计人物的姿势以及使用角色控制工具进行关键帧设置。它主要被用于预览动画的逼真程度。注意，这个问题在Maya 2013中已经得到了解决。

使用Full Body IK（完整身体IK）设计角色的姿势时，必须要采用X-Ray Joints（X-射线关节）、Wireframe（线框）或Wireframe on Shaded（明暗上的线框）显示方式。采用这些显示方式便于预览、选择和管理Full Body IK（完整身体IK）效应器和骨骼。如果预览使用Normal Map（法线贴图）美化的最终阴影模型，可以使用高品质渲染或Viewport 2.0。不同的视口显示方式如图2.1.5所示。

- Viewport 2.0/高品质渲染——隐藏Joint和IK Handles（关节IK处理）（预览方式）。
- 高品质渲染——X-Ray Joints（X-射线关节）方式（动画编辑/预览）。
- 默认的渲染——Wireframe on Shaded (明暗上的线框）显示方式，可以看到Full Body IK（完整身体IK）效应器。

图2.1.5　视口显示方式

2.1.3　完整身体IK

本节将使用Maya提供的Full Body IK（完整身体IK）控制工具对角色进行设置。

Full Body IK（完整身体IK）的使用方法和控件类似于HumanIK工具。这两个系统的功能非常相似，很多标记菜单和快捷方式都是相同的。

在Maya中，Full Body IK（完整身体IK）和HumanIK可以提供IK/FK混合及其他属性，用于控制效应器锁定（Effector Pinning）和IK伸手（IK reach）。由于系统是完全集成的，在使用控制平台的效应器时，可以通过标准的标记菜单，也可以通过快捷菜单打开控件。尽管对于动画师来说，系统提供了非常高级的功能，但是这个系统非常容易操作。下面使用基本的NURBS球体创建弹跳的小球动画。

2.1.4 姿势和关键帧模式

从根本上说，大部分的姿势和快捷方式都可以对球面效应器进行简单的选择和转换。可以通过阴影显示方式（按5快捷键）或线框显示方式（按4快捷键）选择控制装置效应器（Control Rig Efectors）。在线框和阴影显示方式之间切换，有助于对内部的骨骼进行造型。

在Maya中，为Full Body IK（完整身体IK）设置关键帧的组合键为Ctrl + F。在控制装置（Control Rlg）上，基于目前可用的快捷方式对关键帧进行设置。可以在Full Body IK Marking（完整身体IK标记）菜单中选择All（全部）或Selected Body Part（选定的身体部分）。右击当前选中的Full Body IK（完整身体IK）元素，可以打开标记菜单。

2.1.5 效应器锁定

在设计角色的姿势时，使用效应器锁定可以在空间中暂时固定任何控制装置效应器。例如，当需要固定角色的手部对象，设计身体其他部分的姿势时，可以使用效应器锁定。此外，效应器锁定还通常用于保持双脚的位置不变，修改臀部的姿势。如图2.1.6①所示为锁定双脚和手腕的效应器，②为修改身体的位置。

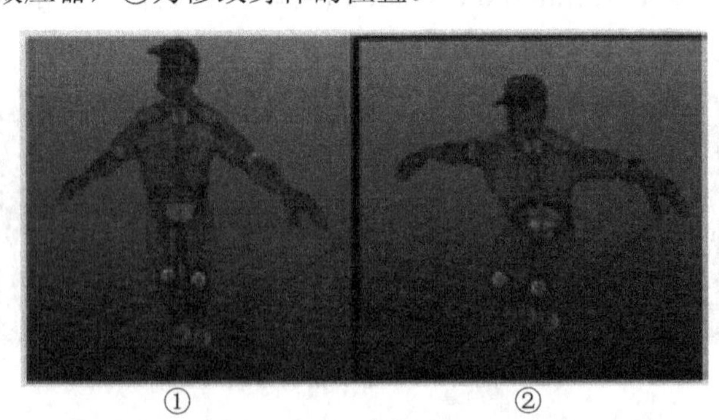

①　　②

图2.1.6　在保持手腕和双脚位置不变的情况下，调整上半身的位置

效应器锁定可以设置为锁定变换（按T快捷键）、旋转（按R快捷键）或同时锁定变换和旋转。如果效应器被锁定变换或旋转，会在视口中看到T或R图标位于效应器上。

选择效应器后，可以在通道盒（按Ctrl + A组合键）中，或右击目前选择的效应器，从 Full Body IKMarking（完整身体IK标记）菜单中对效应器进行设置。

如图2.1.7①所示为右击效应器，从Full Body IK Marking（完整身体IK标记）菜单中选择 Pinning（锁定）。如图2.1.7②所示为通道盒中的Pinning（锁定）下拉菜单。

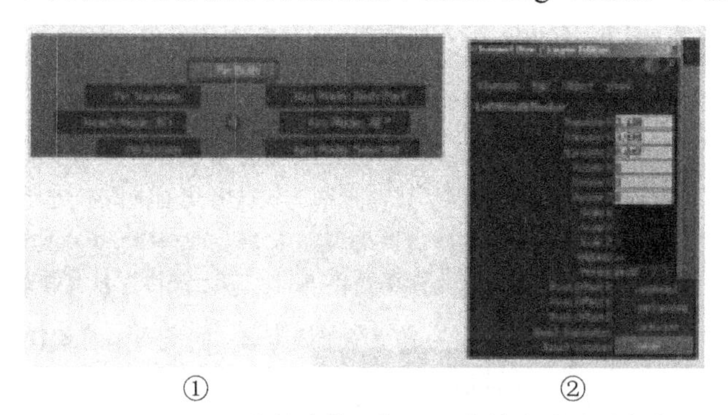

①　②

图2.1.7　可以从Full Body IK Marking（完整身体IK标记）菜单中或通道盒中对效应器锁定进行设置

2.1.6　效应器测试

下面介绍如何在示例场景中锁定效应器。

STEP01　打开场景文件。

为了方便演示，隐藏“Skel_” Display Layer（显示层），因此，只能在视口中看到完整身体效应器。

STEP02　查看双脚的效应器，可以看到一个小的TR图标，说明同时启用变换和旋转锁定，如图2.1.8①所示。

STEP03　选择臀部控制器对象，覆盖臀部的大部分，名为HipsEffector。

STEP04　启用移动工具（按W快捷键），在全局*y*轴上向下拉动控制器。

STEP05　双脚保持固定，在移动臀部及其他随臀部移动的身体部位时，双脚不能旋转或移动，如图2.1.8②所示。

STEP06　选择 Right WristEffector。

STEP07　在透视视图中，右击RightWristEffector，在弹出的菜单中选择Pin Translate（锁定变换）选项。

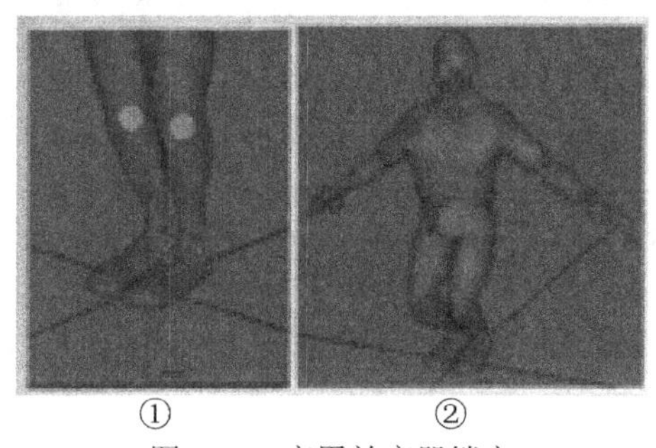

①　②

图2.1.8　应用效应器锁定

STEP08 保持Right WristEffector的锁定，再次选择HipsEffector，如图2.1.9①所示。

STEP09 启用移动工具（按W快捷键），在全局*y*轴上向下拉动控制器。

STEP10 右手腕被锁定，位置保持不变，如图2.1.9②所示。虽然锁定了右手腕的位置，但是由于没有激活Pin Rotate（锁定旋转），手腕仍然可以旋转，以满足手臂角度的变化。

STEP11 选择左手腕效应器（名为LeftWristEffector），启用移动工具（按W快捷键），在*x*轴和*y*轴的方向上向外和向下拉动该效应器，如图2.1.9③所示。

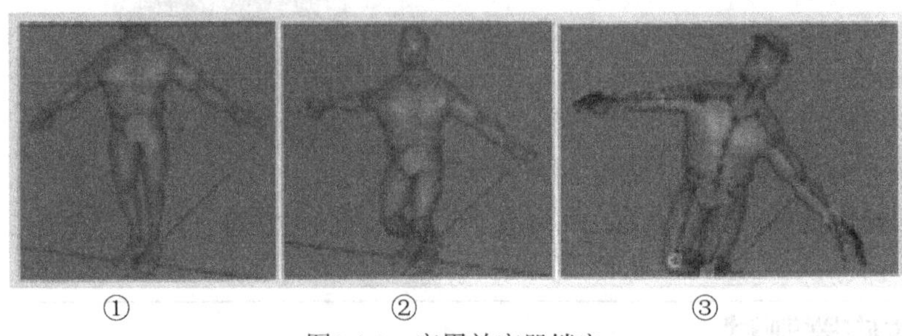

① ② ③

图2.1.9 应用效应器锁定

注意是如何相应地拉伸身体的其他部位（包括脊椎）的。

向外拉伸右手腕的效应器，超过了固定位置，这种效果类似于在一个完全控制设置中使用标准IK效应器进行设置。

2.1.7 伸手——变换/旋转

效应器锁定可以保持效应器的位置或旋转不变，以快速塑造角色的姿势。使用效应器锁定并不意味着播放动画时锁定效应器，它只是一种快速对角色进行造型的方法。

控制装置效应器的变换和旋转设置可以确定效应器是工作在IK模式〔reach（伸手）=1〕还是工作在FK模式〔reach（伸手）=0〕。如果在播放动画期间需要锁定一个效应器，它就必须被设置为IK模式〔Reach Translation（伸手变换）=1〕。锁定效应器后，可以通过Full Body IK标记菜单或通道盒设置效应器的伸手（Reach），如图2.1.10所示。

图2.1.10 通过Full Body IK Marking（完整身体IK标记）菜单或通道盒设置Reach T/R（伸手T/R）。

也可以使用键盘上的快捷键快速切换效应器的锁定和Reach（伸手）模式。快捷键的设置如下所示。

- Alt + S 组合键——同时锁定变换和旋转（Translate/Rotate）。
- Alt + W 组合键——锁定变换（Translate）。

- Alt + E 组合键——锁定旋转（Rotate）。
- Alt + 3 组合键——IK Key〔reach（伸手）=1）〕。
- Alt + 1 组合键——IK Key〔reach（伸手）=0〕。

2.1.8 人物姿势动画框架设计（一）——放松姿势至预备姿势

人物放松姿势如图2.1.11所示。

图2.1.11 确定姿势——放松姿势（左图为第0帧）到螺旋状的预备姿势（右图为第5帧）

在动画的第一个阶段，在角色抛球之前，首先粗略地绘制出从放松姿势到螺旋状的预备姿势的变换。为了实现这些效果，需要在Full Body IK中设置不同的锁定（Pinning）和伸手模式，利用Maya提供的标准旋转和变换控制器塑造角色的姿势。当对角色进行造型时，可以参考前面介绍的图片和缩略图。

从项目目录中打开起始场景文件。场景文件包括Full Body IK （完整身体IK）工具和角色网格。在第0帧，角色处于放松姿势。

当角色处于放松姿势时，身体的重量转移到左脚上，臀部的重心也偏离中心，位于左脚上方， 在此希望将角色的身体重量转移到右腿上。

STEP01 将时间滑块拖动到第5帧，然后开始设计螺旋状的姿势。

STEP02 在透视视图中，选择LeftAnkleEffector，然后按Shift键，选择RightAnkleEffector。

从面板中选择线框显示方式，或启用带阴影的X-射线，这样可以看到效应器以便于选择，如图2.1.12所示。

STEP03 选择两个效应器，在透视视图中右击，在弹出的菜单中选择Pin Both（锁定两个）命令。

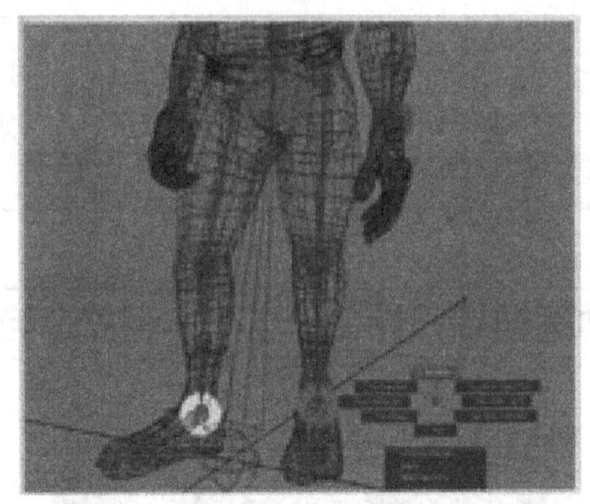

图2.1.12　在设计臀部的姿势之前锁定双脚

STEP04 在Maya用户界面左边的工具箱中双击移动工具，打开移动工具的设置窗口，设置Move Axis to World（移动轴到世界坐标系），这样可以在世界坐标系中使用移动工具方便地管理臀部和其他效应器。

STEP05 启用移动工具，选择球形的HipsEffector，如图2.1.13①所示。

STEP06 在透视视图中，将角色旋转为正视图（按Alt键+鼠标左键），可以看到角色的正面。

STEP07 将臀部向视口的左侧移动，并稍微向上移动臀部（$-x$轴和$+y$轴方向），使臀部的位置位于右脚上方，如图2.1.13②所示。

STEP08 使用Ctrl+F组合键设置效应器的关键帧。

将身体的重量移动到角色的臀部后，下面设计左腿的姿势，在螺旋状的预备动作中，左腿太高并向身体靠拢。

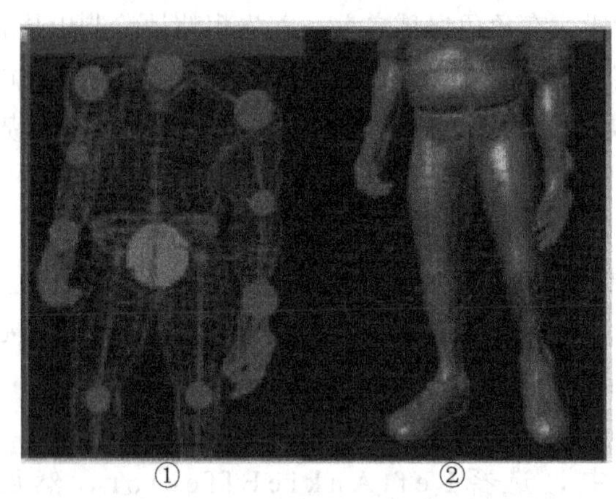

①　②

图2.1.13　将移动工具设置为世界坐标系，选择臀部效应器，将其移动到右脚上方

STEP09 在第5帧，在透视视图中旋转角色（按Alt键+鼠标左键），这样可以从侧面观察角色，设计角色左脚的姿势。

STEP10 选择LeftAnkleEffector。

STEP11 启用移动工具（按W快捷键），在y轴方向向上移动效应器，在z轴方向向前稍微移动效应器，使左脚抬高，使用Ctrl + F组合键设置完整身体IK关键帧。

按住Ctrl键并单击*x*轴，说明在编辑期间只能在*y*轴和*z*轴上移动。在对角色进行造型时，利用这种方法只能在2D平面上移动角色。

STEP12　调整脚的位置，使身体看起来保持平衡，使用旋转工具（按E快捷键）旋转脚部，使它稍微向下倾斜。为了便于管理，从工具设置中将旋转工具设置为本地旋转的模式，如图2.1.14①所示。

设置脚的姿势后，再重新设计臂部，使身体看起来保持平衡，如图2.1.14②、③所示。为了达到这样的效果，可以同时选择臂部和左脚踝的效应器，然后设置关键帧（按Ctrl + F组合键）。

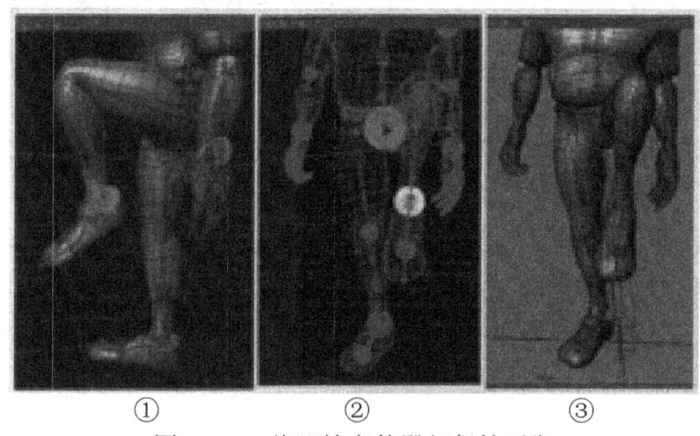

①　　②　　③

图2.1.14　将腿抬高使臂部保持平衡

务必记住每个步骤都要使用Ctrl+ F组合键设置关键帧，如果右击，从弹出的标记菜单中选择Key Mode = All（关键帧模式=全部）选项，就可以同时对所有效应器设置关键帧。

仍旧在第5帧，处理角色的右侧对摆臂姿势有作用。

STEP13　在第5帧处旋转角色，显示角色的右侧，设计右手臂的姿势。

STEP14　选择LeftWristEffector，使用移动工具（按W快捷键）在*x*轴、*y*轴和*z*轴方向上将效应器向身体拉近，拉到左腿上方，如图2.1.15①所示。

STEP15　使用Ctrl + F组合键设置完整身体IK关键帧。

STEP16　仍然在第5帧处选择右手腕的效应器RightWristEffector，使用移动工具（按W快捷键）在*x*轴、*y*轴和*z*轴方向上将效应器向身体拉近，拉到左腿上方，如图2.1.15②所示。

STEP17　使用Ctrl + F组合键设置完整身体IK关键帧。

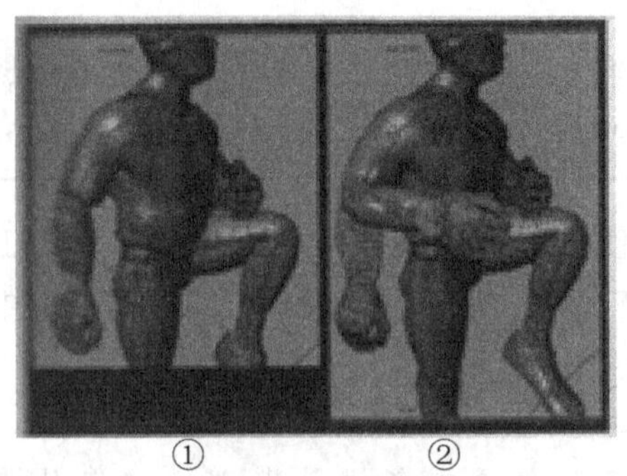
① ②
图2.1.15 设置手臂的姿势

为了编辑角色的姿势，可以锁定选择的元素，进一步修改角色的姿势。例如，向上和向前移动右手腕后，右手肘的姿势看起来非常正确。在本例中，希望手腕的位置更靠近身体，手握得更紧，但是要保持肘部的位置不变，使用锁定正好可以解决这个问题。

STEP18 在第5帧处选择右手肘的效应器（名为RightElbowEffector）。

STEP19 在透视视图中右击，在弹出的标记菜单中选择Pin Translation（锁定变换）选项，如图2.1.16①所示。

STEP20 通过以上设置，对右手肘进行了变换锁定。选择右手腕的效应器（名为RightWristEffector），使用移动工具（按W快捷键）在x轴的方向上拉动效应器，使其向身体靠近，如图2.1.16②所示。

STEP21 进一步调整角色的姿势，在y轴和z轴上稍微移动效应器，使手的姿势看起来是微微握拳的。

STEP22 完成姿势的造型后，设置完整身体IK关键帧（按Ctrl + F组合键）。

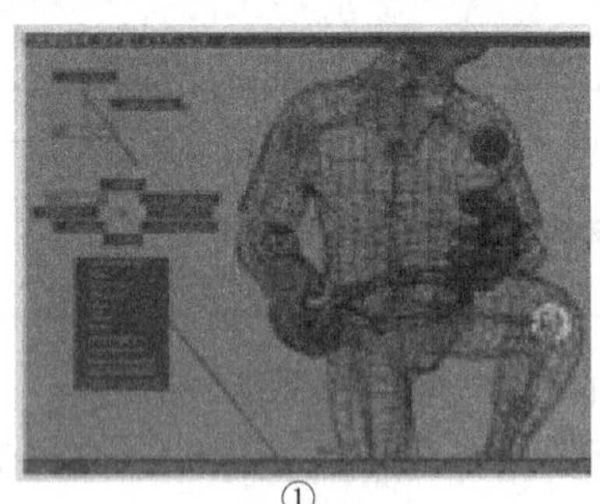
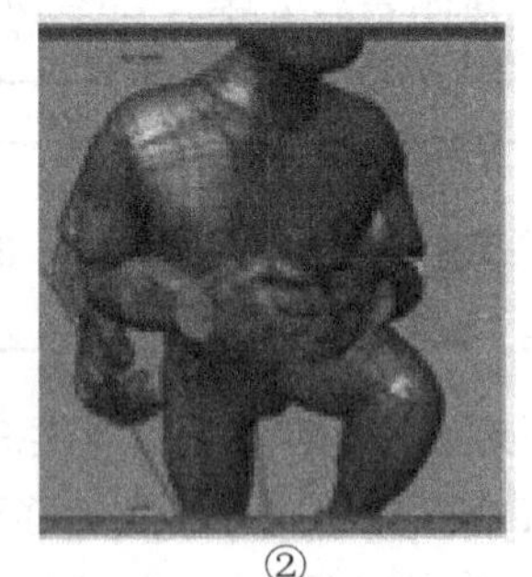
① ②
图2.1.16 优化手部和肘部的姿势

本例中的姿势涉及的部位非常多，包括臂部、手和脚的位置等。从侧面观察角色的姿势，会发现角色看起来有些僵硬，角色的后背非常笔直。为了解决这个问题，可以稍微向身体内侧旋转上半身，使上半身的姿势符合手部的旋转。

在这个步骤中旋转角色的上半身时，需要保持其他部位现在的姿势，固定臂部、手腕、脚踝的效应器。

STEP23 仍然将时间滑块拖动到第5帧，在视口中按住Shift键，使用鼠标左键选择臀部、左手腕和右手腕的效应器，分别为HipsEffector、LeftWristEffector和RightWristEffector。

STEP24 在透视视图中右击，打开标记菜单，选择Pin Both（锁定两个）选项，或使用Alt + S组合键进行效应器锁定，如图2.1.17①所示。

STEP25 锁定臀部、手腕和脚踝的效应器，选择上半身顶部、颈部下面的效应器ChestEndEffector，如图2.1.17②所示。

STEP26 选择ChestEndEffector效应器后，使用旋转工具（按E快捷键）在*z*轴方向上向身体内侧旋转效应器，使脊柱向大腿一侧弯曲或卷曲，如图2.1.17③所示。此外，在*x*轴方向上稍微旋转控制器，使左肩膀略向前倾。

①　②　③

图2.1.17　向内侧弯曲上半身

STEP27 设置完成后，在仍然选中效应器的情况下，在第5帧设置完整身体IK关键帧（按Ctrl+ F组合键）。

利用效应器设计脊椎的姿势时，角色的颈部和头部向外突出，角色的头部向侧面和向下旋转。这些操作使角色看起来失去了平衡，似乎快睡着了，如图2.1.18①所示。

需要把头部设计成更自然的姿势，垂直旋转头部，不能使头部在*y*轴方向上向侧面倾斜。在角色动画中，头部通常可以使身体保持更平稳的姿势，使角色在运动过程中更平衡。

STEP28 仍然将时间滑块拖动到第5帧，选择球形的头部效应器（名为HeadEffector)。

STEP29 选择控制器，启用移动工具（按W快捷键）。

STEP30 选择角色，使角色的左侧面向观众，在*x*轴方向上旋转头部，使角色露出3/4的脸部，眼睛朝向作用线。此外，在*y*轴方向上旋转头部，使头部更笔直，如图2.1.18②所示。

STEP31 达到满意的效果后，再次在第5帧设置完整身体IK关键帧（按Ctrl+ F组合键）。

最终从放松姿势（第0帧）变换到螺旋状的预备姿势（第5帧）。

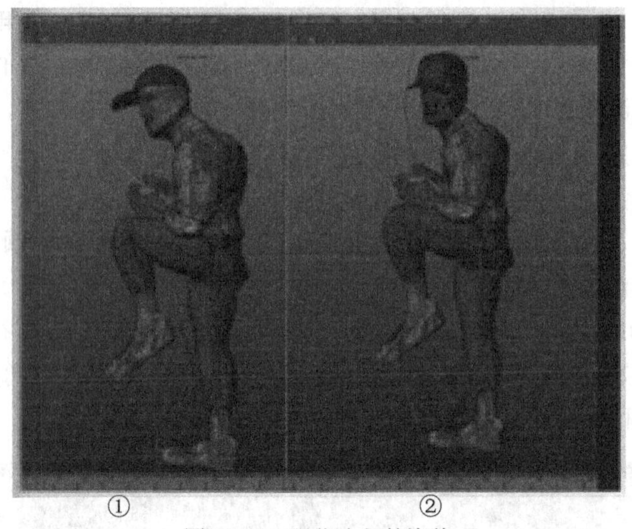

图2.1.18　强化头部的姿势

2.1.9　人物姿势动画框架设计（二）——预备姿势至移动握球

棒球投手通常在投球之前会持续几帧保持静止的姿势，这样便增加了准备动作。可以从本章开始的简介中查看这个姿势的参考图形。

继续使用现有的场景文件。

STEP01　将时间滑块拖动到第10帧，选择任何一个效应器，设置完整身体IK关键帧（按Ctrl + F组合键）。

这里需要在第5帧和第10帧之间添加一个静止姿势，因此，要稍微旋转上半身。需要取消对手部效应器和左脚效应器的锁定，让头部和左脚随着臀部而旋转，右脚仍然保持锁定，这样当设计角色的姿势时，右脚不会发生移动。

STEP02　在透视视图或大纲视图中，选择LeftAnkleEffector、LeftWristEffector、RightWristEffector和RightElbowEffector，右击，在弹出的菜单中选择Unpin（解除锁定）命令，解除对效应器的锁定。

STEP03　解除手腕和左脚踝的效应器后，选择HipsEffectm，在*x*轴方向上稍微向后旋转，使用移动工具向后和向上移动（在*x*轴和*y*轴方向上）效应器，扩展姿势，如图2.1.19①、②所示。

STEP04　仍然选择臀部效应器，达到满意的效果后，在第10帧设置完整身体IK关键帧（按Ctrl+ F组合键）。

也可以进一步向后弯曲上半身，强化身体的姿势，增加运动的准备动作。

STEP05 选择ChestEndEffector，在y轴方向上稍微向后旋转该效应器。

这个操作使头部有些不平衡，因此，选择头部的效应器，向相反方向旋转头部的效应器，使角色的姿势保持平衡，如图2.1.19③所示。

此外，还可以稍微抬高投手的肘部，为投球作好准备，也可以稍微张开手部。

可以使用以下步骤抬高肘部。

STEP06 首先选择LeftWristEffector/RightWristEffector，右击，在弹出的菜单中选择Pin Both（锁定两个）命令。

STEP07 选择LeftElbowEffector/RightElbowEffector，稍微向上拉动两个效应器，这样它们就遵循一条明显的贯穿整个身体的作用线了。

肘部的效应器似乎脱离了关节，这是很正常的，因为手腕是锁定的，肘部的移动超出了界限。

选择效应器，设计完成肘部的姿势后，在第10帧设置完整身体IK关键帧（按Ctrl+ F组合键）。

可以使用以下步骤完成角色的姿势。

STEP08 向外拉伸投手的右手（RightWristEffector），准备投球。此外，还需要旋转手腕的效应器，保持角色的平衡，最后调整角色的姿势，塑造姿势的爆发力，如图2.1.19④所示。

STEP09 如果对最终的姿势满意，就选择效应器，在第10帧设置完整身体IK关键帧（按Ctrl+ F组合键）。

STEP10 在x轴和y轴方向上稍微旋转LeftWristEffector，使手部遵循一个更笔直的经过前臂的作用线，然后按Ctrl+ F组合键。

从放松姿势（第0帧）到螺旋状姿势（第5帧），再到准备姿势（第10帧）。

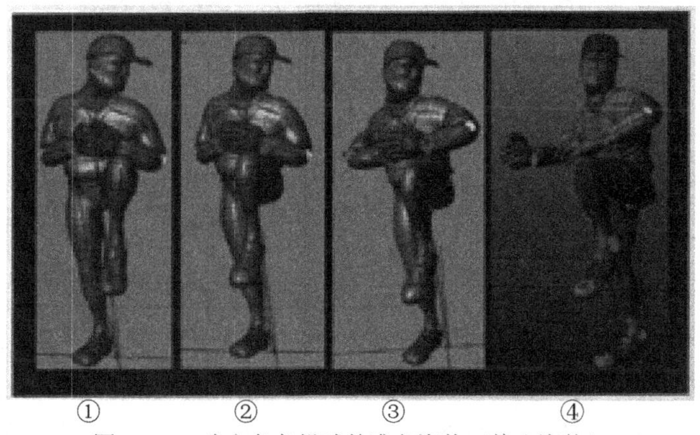

①　②　③　④

图2.1.19　确定角色投球的准备姿势（静止姿势）

2.1.10 人物姿势动画框架设计（三）——预备姿势至预投球姿势

首先，回顾一下目前设计的姿势。

（1）在第5帧确定的姿势使角色从放松姿势变换到螺旋状的准备姿势，角色弓起背部，积蓄力量。

（2）在第10帧增加了一个静止姿势，这个姿势和前面的姿势是相似的，只是稍微向外打开手臂，上半身再一次向后旋转，为投球动作作好准备。

在下面的姿势中，手臂进一步向外打开，右手臂快速向内侧弯曲，准备将球投出。在这个姿势中，臀部和左腿向前移动，然后再投球。

腿部和臀部先向前移动，而右手臂仍然保持向内弯曲，积蓄投球的力量。最后，上臂会把球投出去。角色保持这个姿势时，身体完全展开，是准备动作中最夸张的姿势，可以参考本章介绍的部分图片，查看角色的姿势。

先设计手臂和上半身的姿势。

STEP01 使用现有的场景文件。

STEP02 将时间滑块拖动到第15帧，绘制下一个姿势的草图，如图2.1.20①所示。

STEP03 选择RightWristEffector，启用移动工具（按W快捷键），在x轴和z轴方向上向后拉动效应器。

如果按住Ctrl键的同时单击y轴，限制变换工具只能在x轴和z轴平面上移动，如图 2.1.20②所示。

STEP04 使用旋转工具（按E快捷键）旋转手腕，以配合前臂的角度。旋转角色以显示其侧面，检查角色从锁骨向下到手腕之间是否为一条直线，如图2.1.20③所示。

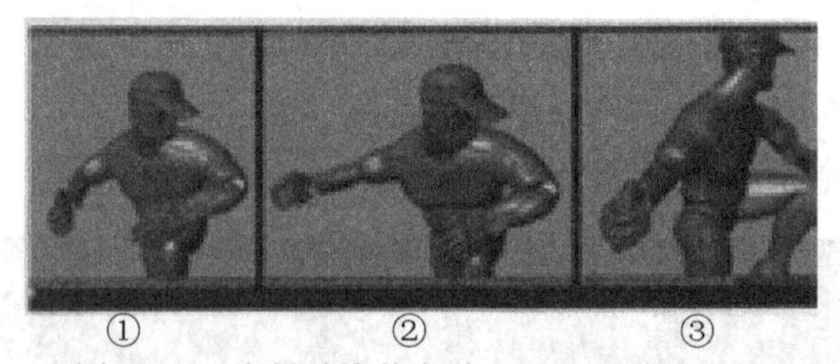

① ② ③

图2.1.20 在投球姿势之前，设计手臂的姿势

在进行动作的时候，如果需要，要对肘部和肩膀的姿势进行必要的调整，从而确定手臂的姿势像前面一样，如果需要修改肘部或肩膀的位置，可以使用锁定工具固定手腕的效应器。

STEP05 如果对手臂的姿势满意，仍然选择效应器，在第15帧设置完整身体IK关键帧。

对于发球之前的姿势来说，可以进一步旋转上半身，抬高右臂，这样就形成了一个更具力量的角度，手臂向上半身弯曲，准备发球。

STEP06 在第15帧处首先选择两个手腕的效应器（LeftWristEffector/RightWristEffector），然后右击，在弹出的标记菜单中解除效应器锁定。

解除锁定后，可以旋转上半身，手腕也随之转动。

STEP07 选择颈部下方的效应器，如图2.1.21①所示，选择ChestEndEffector。

STEP08 启用旋转工具（按E快捷键），在x轴和y轴方向上向后旋转效应器，使身体进一步向后弯曲，如图2.1.21②所示。

STEP09 为完成上半身的姿势，选择头部效应器，向后旋转效应器，使其反向运动，保持一个固定的姿势，如图2.1.21③所示。

STEP10 抬高左手腕的效应器，和肩膀形成围绕身体的一条明显的作用线。

STEP11 仍然选择效应器，如果对上半身和左手臂的姿势满意，在第15帧设置完整身体IK关键（按Ctrl + F组合键）。

图2.1.21　弯曲上半身准备投球

接下来调整臀部和腿部的姿势，在此希望通过臀部和腿部的动作来引导手臂和上半身。在投球的准备动作中，上半身和手臂仍然保持弯曲，并向后旋转。在动画的当前阶段，臀部应该向前转动，向相反的方向移动。想象一下这个运动，它类似于螺旋运动，首先是臀部的转动，然后将身体的重量转移到螺旋的顶部，也就是肩膀和手臂。

在编辑腿部的姿势时，希望保持前面对上半身所进行的旋转操作。为此，可以对胸部效应器进行旋转锁定，固定上半身的姿势。

STEP01 在第15帧处选择胸部上方的ChestEndEffector球形效应器。

STEP02 右击，在弹出的标记菜单中选择Pin Rotate（锁定旋转）命令。

STEP03 选择HipsEffector，在x轴的方向上向前旋转该效应器，这样臀部就会在当前帧向前旋转。

当向前旋转臀部，而上半身向后旋转时，由于对胸部设置了旋转锁定，胸部的旋转保持“原样”，如图2.1.22①所示。对右脚踝（RightAnkleEffector）也进行了锁定，因此，落地的右脚也保持不变。由于没有对左腿效应器（LeftAnkleEffector）进行锁定，左腿可以随臀部旋转。

STEP04 启用移动工具（按W快捷键），选择臀部效应器，在x轴方向上向前移动臀部，转移身体的重量。

这个姿势会形成一条明显的对角线，从右脚出发，经过脊椎向上到达左肩膀，如图2.1.22②所示。

STEP05 如果对臀部的位置和角度满意，仍然选择效应器，在第15帧设置完整身体IK关键帧（按Ctrl+L组合键）。

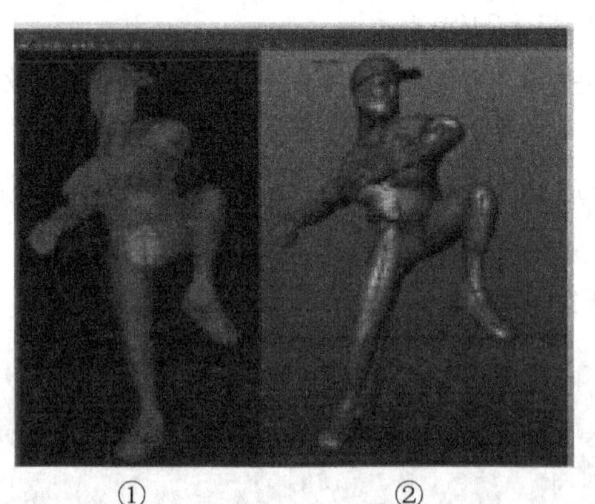

① ②

图2.1.22 反向旋转及臀部的运动

为了完成这个姿势，需要优化脚的位置和膝盖的角度。此外，还需要抬高落在地面的右脚，投手靠前脚掌承受身体的重量，而不是脚后跟。

STEP06 仍然在第15帧处选择RightAnkleEffector，现在这个效应器是锁定的。右击，在弹出的标记菜单中选择Unpin（解除锁定）命令。

STEP07 选择RightFootEffector，右击，在弹出的标记菜单中选择Pin Both（锁定两个）命令。效应器的图标将变成TR，说明同时锁定变换和旋转。

STEP08 选择HipsEffector，并稍微抬高臀部效应器，使右腿完全伸直。前脚掌效应器仍然保持锁定，随着臀部在y轴方向的上升，脚后跟效应器（RightAnkleEffector）也将抬高，如图 2.1.23①所示。按Ctrl + F组合键，设置完整身体IK关键帧。

也可以通过向后拉动脚后跟，旋转脚趾，将重量转移到前脚掌。

STEP09 选择RightAnkleEffector，在x轴方向上稍微向后拉动效应器，如图2.1.23②所示。按Ctrl +L组合键，设置完整身体IK关键帧。

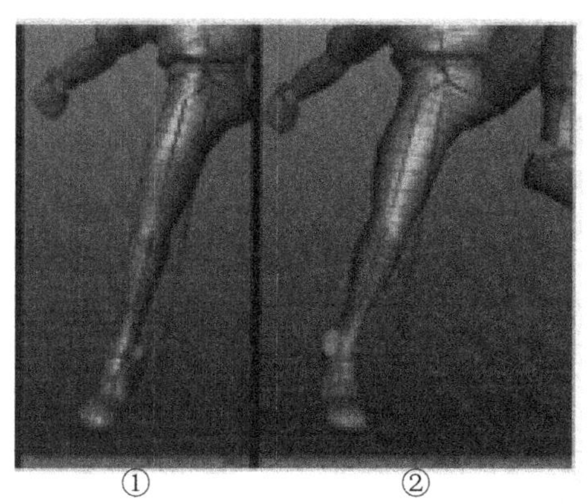

图2.1.23　锁定前脚掌，将身体重量转移到右腿

STEP10 选择RightFootEffector，向后旋转效应器，使脚的角度看起来更自然。使用 Ctrl + F组合键，设置完整身体IK关键帧。

还需要向前拉动右膝盖的效应器，使右膝盖更加适应臀部的角度。

STEP11 选择RightAnkleEffector，将其在x轴的方向上稍微向前拉动。按Ctrl + F组合键，设置完整身体IK关键帧。

STEP12 如果对姿势的重量和平衡度满意，在第15帧设置完整身体IK关键帧。

在设计角色和角色的姿势时，要在视口中从不同角度观察身体重心的转移和四肢的角度，确保角色的姿势保持平衡、稳定。此外，还要检查内部骨骼的作用线，确保该作用线穿过脊椎、肩膀、臀部和四肢，如图2.1.24所示。

图2.1.24　在视口中从不同角度确定角色的姿势（可以使用Alt+鼠标左键进行旋转）

本节首先介绍了动画的缩略图和参考资料，然后使用Maya提供的Full-Body IK（完整身体IK）控制工具设计角色的姿势。通过本节的介绍，可以将角色运动的准备动作应用到动画设计中，利用角色的几个动态姿势，构建运动的预备动作。

在基于完整的角色动作的动画中，已经简要设计了预备动作。在第6章将使用相同的场景文件继续设计动画，增加跟进动作和重叠动作。

2.2　n粒子——火箭发射

Maya包含一个功能强大的动力学系统，可以模拟刚体和柔体的动力学。在模拟流体或n粒子运动时，利用Maya的Dynamics系统和新增的nDynamics系统，可以更好地实现灵活性和控制。

Maya 2008 Ext.2引入了nDynamics系统，在很大程度上取代了标准的n粒子系统。nParticles（nDynamics）系统的一部分并且充分利用了Nucleus（n）Physics解算器（nCloth系统也使用该解算器）。在本节中，将结合使用nParticles（nDynamics）和Fluid Effects （Dynamics）。

本节首先分析火箭在发射前的机械运动，然后使用nParticles和Fluid Effects设置火箭的火焰和烟雾。

2.2.1 火箭素材简介

场景文件包括一个火箭发射的模型。火箭本身与底部的设备连接在一起，可以使用黄色箭头控制器（RK_ArmRaise_CTRL)上下移动火箭，也可以通过底部的红色圆形控制器（RK_BasePivot_ CTRL）旋转底部，如图2.2.1所示。

图2.2.1　火箭发射——模型和控制器对象

可以使用Maya提供的属性设置控制器对象。在本书后面的章节将详细介绍控制器对象的设置。

2.2.2 火箭机械动作动画

在火箭发射之前，首先制作火箭底座旋转的动画，然后制作火箭抬高的准备动作。

将火箭发射设定为8秒左右的时间。

STEP01 选择菜单命令Window → Settings/Preferences → Time Slider（窗口→设置/首选项→时间滑块），打开Preferences（首选项）窗口，并进行如下设置。

Playback start/end（回放开始/结束）=1.00 / 200.0

Playback Speed（回放速度）= Real-time（实时）（24 fps）

STEP02 单击“保存”按钮保存设置。

2.2.3 火箭预发射基础枢轴

在大纲视图或视口中，选择火箭底部红色的圆形控制器（RK_BasePivot_CTRL）。火箭底部高亮显示为绿色线框，表示也处于选中状态（实际上，它是控制器的子对象），如图2.2.2①所示。

STEP01 选择控制器，将时间滑块拖动到第1帧，按Shift+ E组合键，在*y*轴的原点设置旋转关键帧。

STEP02 仍然选择控制器，将时间滑块拖动到大约第75帧的位置。

STEP03 启用旋转工具（按E快捷键），在*y*轴方向上旋转控制器，使火箭的底座面向视口（大约旋转118°，约为整个圆形的1/3）。按Shift+ E组合键设置旋转关键帧，如图2.2.2②所示。

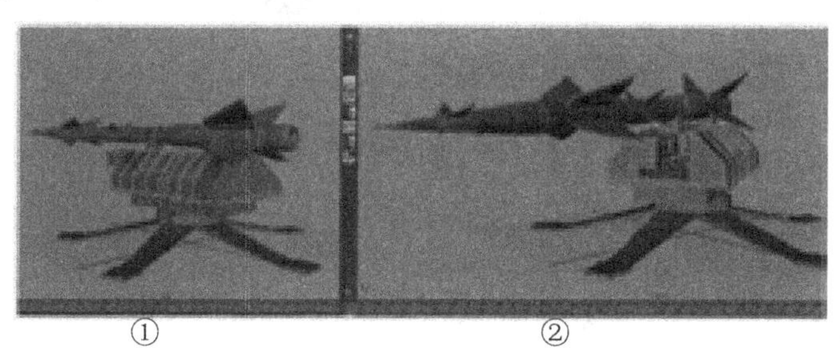

图2.2.2　绘制底座旋转的动画

在播放动画时，由于关键帧的切线和插值的变化，小球的动作轨迹呈现为平滑的曲线。当小球弹向空中时，小球的速度会逐渐变慢（第1 ～12帧），在空中短暂停顿（第12～14帧）后，加速落向地面（第14 ～20帧）。

可以通过修改动画的关键帧切线进一步优化动画的节奏。

STEP01 选中小球，然后打开图形编辑器，确保可以看到Translate Y（变换Y）上的动作图形。

STEP02 在图形上的第1帧，使用选择工具（按Q快捷键）选取第一个关键帧，选中的关键帧高亮显示为黄色。

STEP03 在图形编辑器上方的“切线类型”快捷按钮中单击Flat tangents（平滑切线）按钮，将关键帧的切线类型设置为“平滑切线”。

“平滑切线”按钮的图标是一条水平直线。

2.2.4　火箭预发射吊臂

将火箭底座枢纽旋转的运动设计为大约3秒的时间（第75帧）。同时，需要设计将火箭抬高的动画。在制作火箭发射的准备动作时，使抬高火箭的运动比底座轴心旋转的运动稍微晚一些， 增加观众的期待，使运动更符合机械运动的规律。

在大纲视图或视口中，选择火箭后面黄色箭头形状的控制器（RK_ArmRaise_CTRL）。箭头高亮显示为绿色，说明它处于选中状态。火箭臂和火箭本身高亮显示为紫色线框，说明可以通过Set Driven Key（设置驱动关键帧）对其进行设置。

STEP01 选择控制器，将时间滑块拖动到第100帧，按Shift+ W组合键，在y轴的原点位置设置变换关键帧。在当前状态下，火箭臂处于默认的平放状态，如图2.2.3①所示。

STEP02 仍然选择控制器，将时间滑块拖动到大约第170帧的位置。

STEP03 启用变换工具（按W快捷键），在y轴方向向上拖动到Y＝3.0的位置。按Shift+ W快捷键，设置变换关键帧，如图2.2.3②所示。

① ②

图2.2.3 制作火箭臂上升的动画

通过以上设置，将火箭臂上升的动画设置为大约3秒（第100～170帧，共70帧）。在前面设置的火箭底座旋转（第1～75帧底座旋转，第75～100帧之间出现暂停）和当前火箭臂上升的两个运动之间有一个短暂的停顿。如果动画师想扩展准备动作或使准备动作更具有表现力，可以在Dope Sheet中编辑运动的时间。

2.2.5 n粒子的发射器设置

前面设计的动画用于形成火箭发射的准备动作。设置完发射位置后，开始点火，在发射前，会产生大量的火焰和浓烟。这里将使用Maya提供的nDynamics系统创建火焰的nParticles。

STEP01 在Maya用户界面左上角的下拉菜单中选择nDynamics菜单，使用 nDynamics菜单可以修改用户界面的主菜单，从而可以使用所有nDynamics工具和功能了。

STEP02 在用户界面上方选择菜单命令nParticles → Create nParticles → Balls（n粒子→创建n粒子→球形），通过设置，将所有新建的n粒子（nParticles）都设置为球形。

STEP03 选择菜单命令nParticles → Create nParticles → Create Emitter □ （n粒子→创建n粒子→创建发射器□），新建一个n粒子发射器（nParticle emitter）。

STEP04 在选项设置窗口中，将新的发射器命名为EM_Rocket_Flame。

STEP05 在Basic Emitter Attributes（基本发射器属性）菜单中，设置Emitter Type ＝ Volume（发射器类型＝体积）。

STEP06 在Volume Emitter Attributes（体积发射器属性）菜单中，设置Volume Shape ＝ Cylinder（体积形状＝圆柱）。

从Create Emitter Options（创建发射器选项）窗口中单击Create（创建）按钮，可以新建一个发射器（Emitter）对象，将n粒子嵌入场景中。在默认情况下，位于场景的原点（X/Y/Z=0.0）。使用基本的设置选项对发射器进行设置，它是一个圆柱形的对象，符合火箭的形状，前面将发射的n粒子设置为球形。如果将时间滑块拖动到第1帧，单击"播放"按钮（按Alt+ V组合键），可以看到基于默认设置的n粒子被发射到场景中，如图2.2.4①所示。

可以通过属性编辑器调整发射的n粒子，使其达到需要的效果。如果观察播放效果，可以看到从发射器发射的n粒子朝向所有方向。为了形成火箭的火焰效果，需要直接从火箭后方发射n粒子，这些n粒子形成了一条直线。

STEP07 在大纲视图或视口中选择发射器对象（EM_RoCket_Flame），打开属性编辑器（按Ctrl + A组合键）。

STEP08 在EM_Rocket_Flame1选项卡中，展开Volume Speed Attributes（体积速度属性）菜单，设置Along Axis（长轴）=-20，设置发射器向下发射n粒子以改变视口中发射器对象的形状，在发射器中心出现一个箭头对象，并指向下面，如图2.2.4②所示。

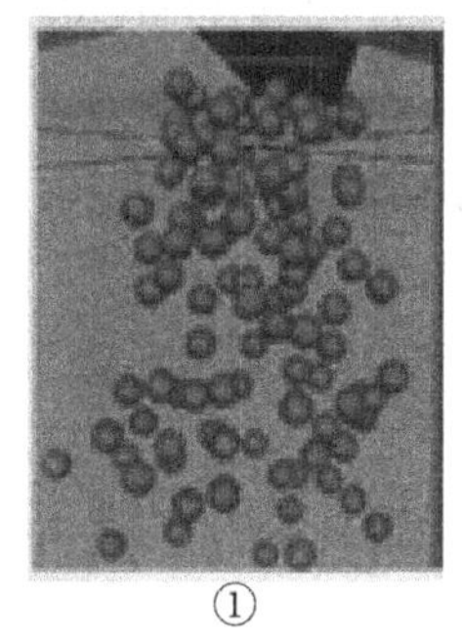
①

②

图 2.2.4　设置 Volume speed（体积速度）属性，使n粒子向下发射

如果将时间滑块拖动到第1帧，单击"播放"按钮（按Alt+ V组合键），会看到以一条直线向下发射n粒子球体。在后面将设置发射器和n粒子的其他属性。首先，需要把发射器对象放在正确的位置，使n粒子从火箭后面发射出来。

STEP09 将时间滑块拖动到第1帧。在当前帧，火箭臂处于默认的水平状态，这样便于设置发射器对象的位置，链接发射器。

STEP10 选择发射器对象（EM_Rocket_Flame1），打开通道盒（按Ctrl + A组合键），双击Rotate Z（旋转 Z）数值输入框，输入"90"，将发射器对象旋转90°，这样发射器对象和火箭就成为平行的。

STEP11 将鼠标指针放在透视视图中，按Space键，快速将面板布局设置为四窗格布局。

STEP12 启用移动工具（按W快捷键），在俯视图和侧视图中，移动发射器的位置，将其放在火箭的后面，如图2.2.5①所示。

STEP13 从大纲视图或视口中，选择发射器对象（EM_Rocket_Flame1），再选择火箭对象（EM_Rocket_ Geo）。

STEP14 选中的发射器高亮显示为白色，最后选中的火箭高亮显示为绿色，如图2.2.5②所示。

STEP15 按P快捷键，将发射器对象的父对象设置为火箭。

最后被选中的对象是父对象。将发射器对象的父对象设置为火箭，意味着发射器遵循火箭的运动。

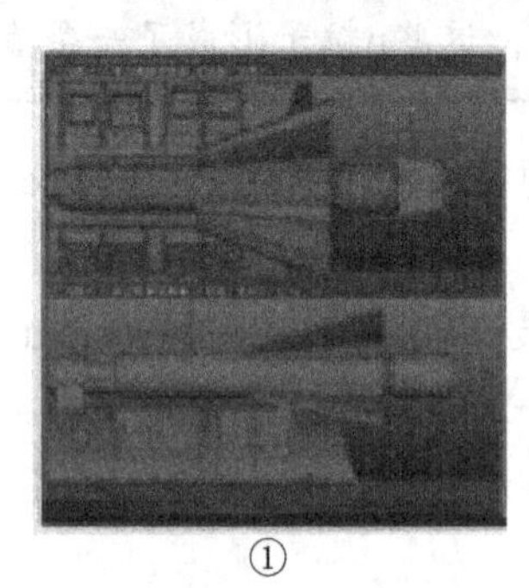
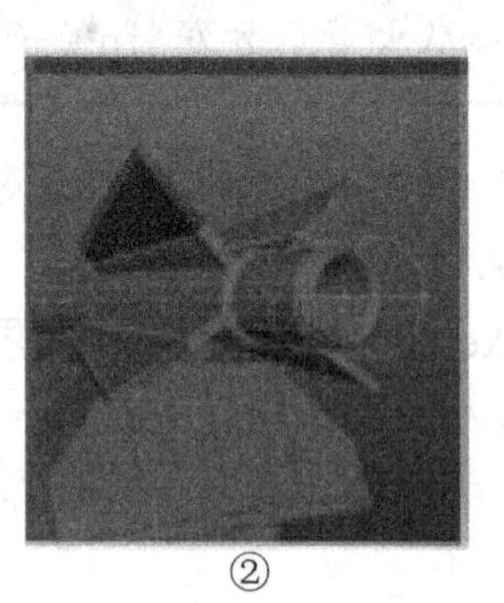

① ②

图2.2.5 确定发射器的 位置，建立发射器和火箭的链接

在发射n粒子时，并不希望n粒子（火焰）从火箭后面发射出来，然后达到预定的位置，而是希望通过发射器的Rate Attribute（速率属性）控制发射的n粒子数量。

2.2.6 发射器等级

火箭发射之前，火箭抬高的动画大约在第170帧的位置结束。在此希望在第170帧之后再开始发射n粒子。

STEP01 确保仍然选中发射器对象（EM_Rocket_Flame1）。

STEP02 将时间滑块拖动到第174帧。

STEP03 在发射器仍然被选中的前提下，打开通道盒（按Ctrl + A组合键）。

在通道盒中列出了速率属性。双击数值，可以将其修改为从100（默认值）到0（说明不发射任何n粒子）之间的任何数值。

STEP04 在通道盒的Rate数值输入框中右击，数值输入框高亮显示为蓝色，然后在弹出的快捷菜单中选择Key Selected（设置关键帧）命令，将属性设置为当前值。

数值输入框应该高亮显示为红色，说明已经设置了属性。

STEP05 将时间滑块拖回第1帧，单击“播放”按钮（按Alt + V组合键），动画中不会释放任何n粒子。

STEP06 在时间滑块上将当前时间设置为第175帧（第174帧后面的一帧）。

STEP07 重复上面的步骤，将速率设置为80，然后再设置关键帧。

STEP08 重复上面的步骤，在第190帧设置关键帧，将速率设置为250。

STEP09 如果将时间滑块拖回到第1帧，单击“播放”按钮（按Alt+ V组合键），在动画的第175帧才会开始释放n粒子，在第175～190帧之间，n粒子速率从80上升到250，如图2.2.6所示。

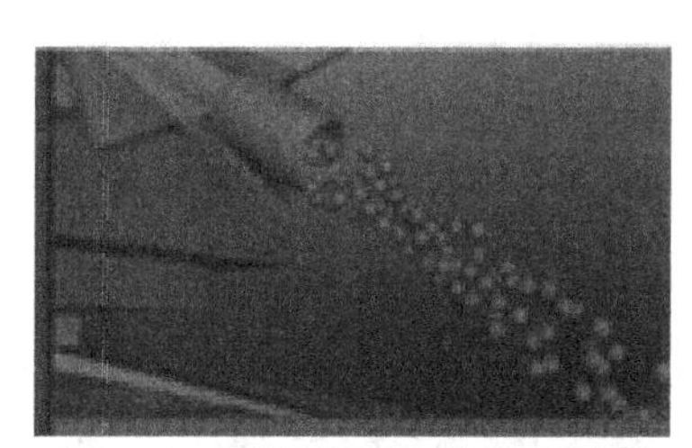

图2.2.6　设置发射器的速率属性

在播放预览动画时，读者可能会注意到n粒子发射器会和火箭模型相交。为了解决这个问题，可以采取以下步骤。

STEP10 按住Ctrl键，启用缩放工具（按R快捷键），单击*y*轴，在*x*轴和*z*轴上对发射器进行压缩，使发射器比火箭（EM_Rocket_Flame1）后面的烟囱稍微小些。

2.2.7　Nucleus 解算器——地线层设置

当播放预览动画时，会发现发射的n粒子穿过地面一直往下降落。因此，需要创建一个地平面，这样当n粒子落在地面上时，就会在地平面上滚动。

STEP01 在Maya用户界面的顶部选择菜单命令Create → Polygon Primitives →Plane（创建→多边形原始模型→飞机），然后在视口中拖出一个飞机模型。

STEP02 使用缩放工具（按R快捷键）对其进行缩放，调整飞机的大小。

飞机模型只是作为一个视觉队列（Visual Queue）。下面使用Ground Plane（地平面）在Nucleus解算器中为n粒子创建一个地平面。

STEP03 从视图或大纲视图中选择发射器（EM_Rocket_Flamel），打开属性编辑器（按Ctrl + A组合键），然后选择Nucleusl选项卡。

Nucleus解算器适用于场景中所有nDynamics元素（包括nParticles和nCloth）。解算器的属性包括原子核物理的所有属性，如重力、风能、解算器质量和地平面等。

STEP04 在属性编辑器的Nucleus1选项卡中，选择Ground Plane（地平面）菜单，勾选Use Plane（使用平面）复选框。

STEP05 在Maya用户界面顶部选择菜单命令Window→Settings（窗口→设置），或选择菜单命令Preferences→Time Slider（首选项→时间滑块），将End Frame（结束帧）设置为400，这样可以在较长时间内预览n粒子的发射效果。

STEP06 将时间滑块拖回第1帧或按Shift +Alt + V 组合键（返回第1帧），然后单击播放按钮（按Alt + V组合键）。

当n粒子开始发射时，这些n粒子会在地面上弹跳，这样看起来更加自然，如图2.2.7所示。

图 2.2.7　设置 Nucleus解算器属性，启用地平面

在播放预览动画时，需要回到起始帧。无论对于Maya中的nDynamics元素，还是对于标准的动力学元素来说，利用这种方法可以正确地评估模拟动画。

2.2.8　调整n粒子效果

可以通过修改发射的n粒子对象的行为，进一步调整动画效果。目前，当发射n粒子时，它们就像乒乓球一样，相互碰撞。它们的生命值也是无穷的，即这些n粒子发射后，仍然存在于场景中。在创造火焰效果时，希望这些n粒子相互交叉重叠，然后过段时间就消失。可以修改nParticleShape（n粒子形状）属性设置这些效果。

STEP01 从开始位置播放预览模拟动画，可以看到在场景中存在很多球形的n粒子对象。从视口或大纲视图中选择n粒子小球（nParticle1）。

STEP02 按Ctrl + A组合键切换到属性编辑器，选择窗口上方的nParticleShape（n粒子形状）选项卡。

STEP03 选择Collisions（碰撞）菜单，取消选择Self-Collide（自身碰撞）。

将时间滑块拖回第1帧，播放预览模拟动画（按Alt + V组合键）。n粒子对象仍然与地面发生碰撞，但是相互之间不会发生撞击，n粒子从地面上弹起后形成水流一样的效果，如图2.2.8①所示。

n粒子的生命值属性控制n粒子从发射器发射开始在场景中的持续时间。在设计火焰效果时，可以设置n粒子的生命值，在与地面撞击后，它们会迅速从场景中消失（或熄灭）。

STEP04 从大纲视图或从视口中选择n粒子球。

STEP05 按Ctrl + A组合键切换到属性编辑器，选择窗口上方的nParticleShape（n粒子形状）。

STEP06 选择Lifespan（生命值）菜单，将Lifespan Mode（生命值模式）从默认的live Forever（永远存活）转换为Constant（恒量）。

STEP07 将生命值设置为0.65，表示它们会在0.65之后死亡。重新播放模拟动画，n粒子对象在撞击地面后会马上消失，如图2.2.8②所示。

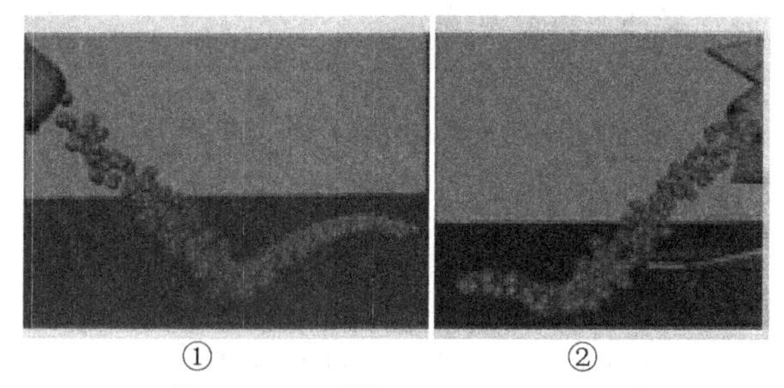

①　②

图2.2.8　nParticleShape（n粒子形状）属性——Collision（碰撞）和Lifespan（生命值）

2.2.9　为n粒子添加阴影和纹理

目前，视口中的n粒子都显示为默认的球形。这种形状便于预览动画，调整模拟的效果，修改速率和生命值等属性。可以选择Attribute Editor→nPartideShape1 tab→Shading roll-out（属性编辑器→n粒子形状1选项卡→明暗转出）命令切换视口的显示类型。这个默认的“球形”显示类型是通过Particle Render Type＝Blobby Surface（粒子渲染类型＝滴状曲面）（s/w）设置的。此外，可以把n粒子对象设置为网格类型，这样有助于设置模型的纹理。

STEP01 在视口或大纲视图中选择n粒子1（nParticle1），如图2.2.9①所示。

STEP02 在Maya用户界面上方选择菜单命令Modify→Convert→nParticle to Polygons（修改→转换→应用到多边形的n粒子）。

如果当前所在位置为第1帧，重新播放模拟动画，动画中的n粒子对象就被换成了一个网格对象，对象相互交叉的形状形成了连续的n粒子流，如图2.2.9②所示。

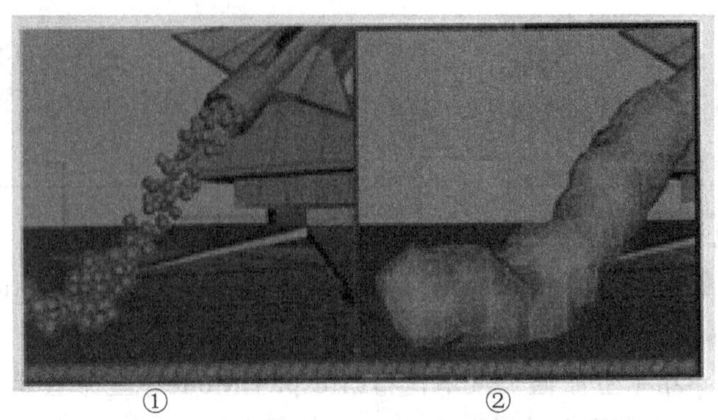

① ②

图2.2.9 将n粒子转换为网格

在默认情况下，替换n粒子的网格是非常粗糙的，可以通过改善Output Mesh（输出网格）属性提高网格的质量。

STEP03 选择属性编辑器的nParticleShape（n粒子形状）选项卡，展开Output Mesh（输出网格）菜单可以看到相关的属性。

STEP04 设置以下属性，提高网格的质量。

Mesh Method = quad Mesh（网格方法＝四网格）

Mesh Smoothing Iterations（网格平滑迭代次数）＝4

设置完成后，视口中的网格会更新显示，看起来更平滑，如图2.2.10所示。

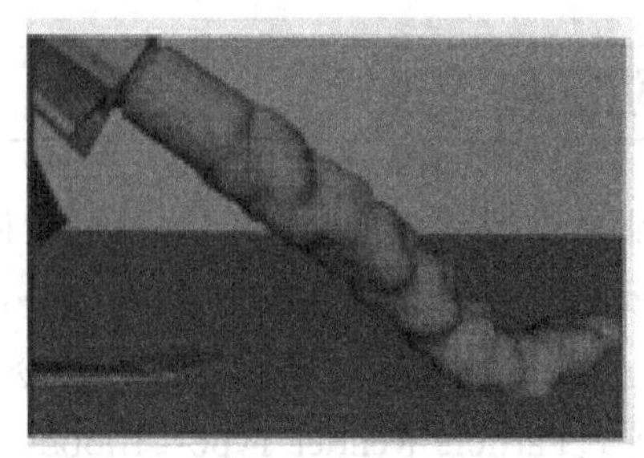

图2.2.10 优化输出网格的显示

尽管提高网格平滑迭代次数（Mesh Smoothing Iterations）会提高显示质量，但是如果数值设置过高，也可能会影响模拟动画的播放性能。

1. 刚体（nRigid）——网格碰撞

nParticle网格要比前面使用的默认的球形n粒子大一些。在播放预览模拟动画时，会发现网格和火箭模型底部的部分区域有些交叉。为解决这个问题，可以在*x*轴和*y*轴方向上略微缩小发射器的尺寸，设置X＝0.42，Y＝0.42，如图2.2.11①所示。

对于n粒子模拟动画来说，还可以在Nucleus解算器中增加nRigid对象。nRigid对象可以和n粒子包含在相同的Nucleus解算器中。n粒子可以与其他n粒子以及其他动力学对象（如nCloth）进行交互。也就是说，在运行模拟动画时，n粒子对象可以和nRigid对象发生碰撞。前面增加的地平面（Ground Plane）可以产生相似的效果。

为了进行模拟，可以从火箭模型中创建nRigid对象，这意味着在发射n粒子时n粒子会和火箭尾部会发生碰撞。

STEP01 从视口或大纲视图中选择火箭模型（RK_Rocket_GEO）。

STEP02 在视口上方，选择 nMesh（n网格）菜单，选择 nMesh → Create Passive Collider □（n网格→创建被动碰撞体□）命令。

STEP03 在选项窗口中，将解算器设置为其他n粒子元素使用的nucleus1解算器，表示nRigid对象会被添加到相同的Nucleus解算器。

如果在场景中还存在其他解算器，需要将元素添加到正确的解算器。在窗口中选择默认的解算器，然后选择Make Collide（进行碰撞）选项。

通过以上步骤，为火箭新建了一个nRigid元素。如果播放预览动画，会看到n粒子网格与火箭模型发生碰撞，如图2.2.11②所示。

调整n粒子形状并将刚体添加到场景中的场景文件包含在项目场景文件中。

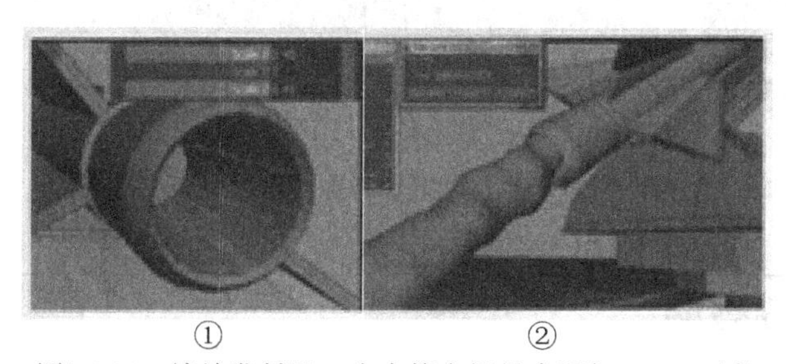

①　　②

图2.2.11　缩放发射器，为火箭在场景中添加nRigid对象

2. 底纹——3D纹理

为了模拟火焰效果，可以为n粒子网格添加纹理，以模拟场景中的火焰。由于在前面已经把n粒子转换为标准的网格，在Maya中可以像其他标准模型一样填充它的纹理。

在设计火焰效果时，可以使用Maya提供的3D程序纹理创建内部结构，以模拟自然效果。

STEP01 打开场景文件，选择菜单命令File → Import （文件→导入），从项目场景文件目录中导入Maya场景文件。

STEP02 选择菜单命令Window → Rendering Editors → Hypershade（窗口→渲染编辑器→材质编辑器），打开 Hypershade（材质编辑器）窗口。

STEP03 从上面的窗格中选择_06_Fire_3D_Texture01：Flame_mat，单击输入和输出连接按钮■，如图 2.2.12①所示，查看材料中的材质是如何连接的，如图2.2.12②所示。

Main Flame_mat材料是一个标准的Lambert材料，Maya 3D Stucco纹理是内部发光的。

3D Stucco纹理有两种色彩通道，两种通道都使用独立的3D固体不规则碎片（3D Solid Fractal Setup）作为输入参数。

可以从材质编辑器（Hypershade）中选择节点，通过属性编辑器对属性进行必要的调整，以修改填充效果。此外，也可以优化材质，或者连接材质编辑器中其他着色器或纹理，以改变填充效果。

STEP04 将时间滑块拖回第1帧，重新播放模拟动画，直到场景中出现n粒子网格对象。

STEP05 在大纲视图或视口中选择n粒子网格（polySurface1）。

STEP06 打开Hypershade（材质编辑器）窗口，在Flame_mat材质上右击，在弹出的快捷菜单中选择Assign Material to Selection（为选择分配材料）命令。

STEP07 在n粒子网格对象被框选后，单击Maya用户界面上方的Render the current frame（渲染当前帧）按钮（小隔板图标），测试设置效果，如图2.2.12③所示。

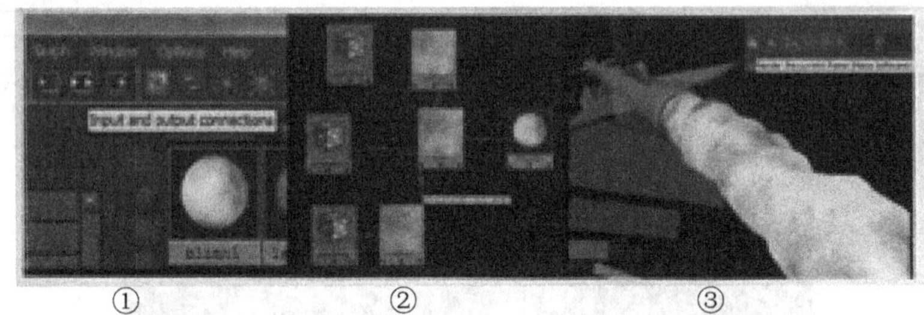

① ② ③

图2.2.12　使用 Maya的3D程序纹理生成火焰效果

2.2.10　有火才有烟

实际上，无烟不起火。反过来说，如果有火，必然会有烟雾存在。在前面的章节中已经对火箭的火焰进行了模拟，对n粒子进行了设置，并使用3D程序纹理对其进行填充。

为了进一步完善模拟动画，形成更真实的效果，可以通过Maya的流体特效（Fluid Effects）增加烟雾效果。Maya的流体特效是Maya中标准的动力学效果。为了创建流体特效，将n粒子火焰模型作为流体容器，发射烟雾。

STEP01 将时间滑块拖动到第1帧，火箭模型位于默认的位置。

STEP02 在Maya用户界面上方的下拉菜单中选择Dynamics（动力学）菜单，如图2.2.13①所示。

STEP03 选择Dynamics（动力学）菜单后，返回窗口上方，选择菜单命令Fluid Effects → Create 3D Container□（流体特效→创建3D容器□）。

STEP04 在选项窗口中，选择菜单命令Edit→Reset settings（编辑→复位），确保X/Y/Z的分辨率和比例设置为默认的10.0。

STEP05 单击Apply（应用）和Close（关闭）按钮，新建一个容器。

STEP06 在视口中容器显示为绿色（被选中时）。新建的容器位于火箭下方原点的位置。

STEP07 选择容器，打开大纲视图，将其重命名为Smoke_RocketFlame，如图2.2.13②所示。

STEP08 需要像前面操作n粒子发射器一样定位和链接3D容器。

STEP09 仍然选择容器，启用移动工具（按W快捷键），在x轴和y轴方向上移动容器，将其放在火箭的尾部，容器需要缩小到原来的1/3，如图2.2.13③所示。

STEP10 在通道盒中进行如下设置。

Translate X（变换X）= 10.353

Translate Y（变换Y）= 9.066

Scale（缩放比例）X/Y/Z = 0.336

STEP11 在仍然选中容器对象（Smoke_RocketFlame）的情况下，按住Ctrl键，从大纲视图中选择火箭模型（RK_Rockel_GEO），按P快捷键，将容器与火箭模型链接起来，容器成为火箭模型的子对象。也就是说，在模拟运动时，容器将遵循火箭模型的运动。

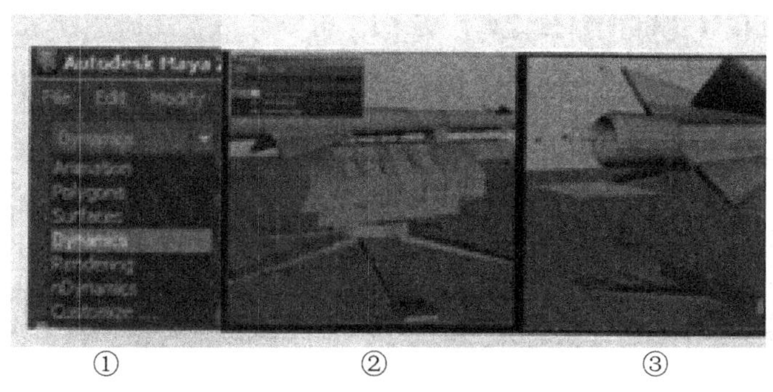

图2.2.13　动力学（Dynamics）——创建一个3D流体特效容器，链接到火箭模型

如果希望火焰模型（n粒子网格）从表面发射烟雾，需要进行如下设置。

STEP12 从大纲视图中选择3D容器（Smoke_RocketFlame），然后按住Ctrl键选择n粒子网格（polySurface1），最后选中的n粒子网格高亮显示为绿色，如图2.2.14①所示。

STEP13 在Maya界面上方选择菜单命令Fluid Effects→ Add/Edit Contents→Emit from Object□（流体特效→添加/编辑内容→从对象发出□）。

STEP14 在Emit from Object Options（从对象发出选项）窗口中，将Emitter type（发射器类型）设置为Surface（曲面），并命名为Emit_Flame_SM。

STEP15 单击Apply（应用）按钮，并关闭窗口。

STEP16 返回第1帧（按Shift+Alt+V组合键），重新播放模拟动画（按Alt+V组合键），可以看到设置后的效果。

当n粒子网格穿过容器时，从模型中释放出流体特效（烟雾），如图2.2.14②所示。

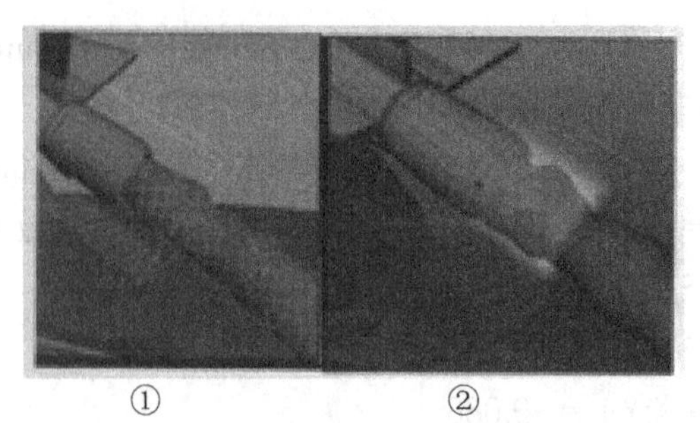

图2.2.14　从对象中发射——从n粒子网格中发射流体特效（烟雾）

如果动画在播放期间出现问题（例如，脚本窗口出现错误或不能准确地模拟各个元素），这可能是播放跳转引起的，使系统无法正确地进行动力学评估。为了解决这个问题，在Maya的动画属性编辑窗口中，设置Playback Speed = Play Every Frame（回放速度=播放每个帧）。这样在播放动画时，会播放每个帧的内容，提高了动画的精确度。但是需要注意，由于每个系统的速度不同，Play Every Frame（播放每个帧）选项可能会导致动画的播放速度变快或变慢，如果出现这个问题，可以考虑利用测试渲染验证动画的效果。

现在，烟雾的效果开始成型。在播放动画时，流体容器立方体只覆盖一部分火焰n粒子网格。也就是说，只有n粒子网格穿过立方体容器时，才会释放流体（烟雾）。为了解决这个问题，可以把流体容器对象设置为Auto Resize（自动调整大小）。

STEP17　在大纲视图或视口中选择立方体形状的流体容器（Smoke_RocketFlame）。

STEP18　打开属性编辑器（按Ctrl +A组合键），然后选择Smoke_RocketFlameShape选项卡，展开Auto Resize（自动调整大小）菜单，勾选Auto Resize（自动调整大小）复选框。

STEP19　设置完成后，当再次播放模拟动画时，流体容器将根据发射器对象自动调整大小，n粒子火焰会一直释放流体（烟雾），如图2.2.15所示。

可以编辑流体（烟雾）的底纹属性，以得到更真实的效果。

STEP20　仍然选择流体容器（Smoke_RocketFlame），打开属性编辑器，选择（Smoke_RocketFlame）选项卡，展开Shading（明暗）菜单。

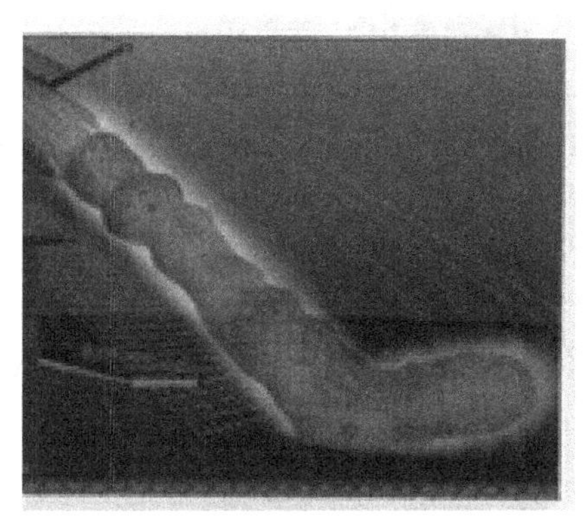

图2.2.15　流体容器自动调整大小

STEP21　在Shading（明暗）菜单中，进行如下设置。

- Color（颜色）——单击选择的颜色样本，从色轮窗口中将颜色设置为粉棕色。
- Incandescence（内部发光）——从色轮窗口中创建一个从深棕色到红色再到黄色的色彩过渡表。单击色彩过渡表（矩形）中的间隔点，新建一个键值，然后单击颜色样本设置一种颜色。
- Opacity（不透明度）——单击色彩过渡表，新建几个键值，这些键值介于0～100。设置Opacity Input（不透明度输入）为Density（浓度），说明流体（烟雾）的不透明度会随着流体（烟雾）密度的变化而逐渐改变。

STEP22　现在播放模拟动画时，视口中流体（烟雾）的颜色发生了变化。通过以上设置，修改了流体（烟雾）的外观，如图2.2.16①所示。

STEP23　单击Maya用户界面上方的Render Current Frame（渲染当前帧）按钮，可以更清晰地观看动画效果，如图2.2.16②所示。

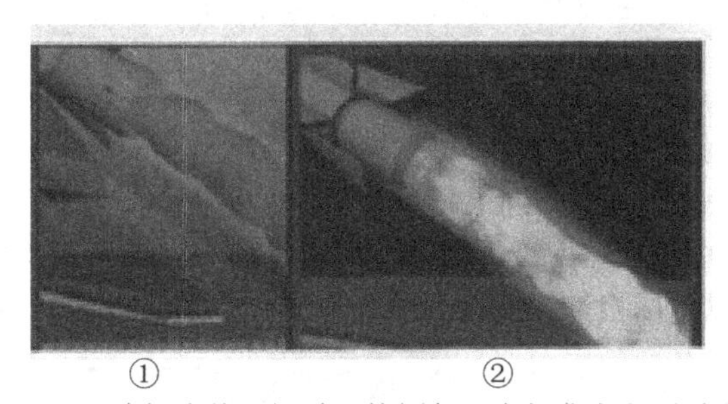

①　　②

图2.2.16　编辑流体（烟雾）的颜色、内部发光和不透明度

2.2.11　提高烟雾效果质量

现在，设置的效果更逼真了，但是看起来仍然不太像烟雾。因此，还需要进一步调整流体（烟雾）的质量设置和其他属性。可以对这些属性进行调整，使烟雾的效果更可信。

STEP01　选择流体容器（Smoke_RocketFlame），打开属性编辑器，选择Smoke_RocketFlameshape选项卡，展开下列菜单进行编辑。

- Container Properties（容器属性）——把Base Resolution（基本分辨率）从默认的10

修改为60。

通过以上设置，会提高流体模拟的动画质量，但是对于一些速度较慢的系统来说，会导致动画的播放速度变慢。如果这个问题比较严重，要减小基本分辨率的数值。

- Dynamic Simulation（动态模拟）——将High Detail Solve（高细节解析）设置为All Grids（全部栅格）。
- 采光（Lighting）——选中Self Shadow（自我阴影）和Hardware Shadow（硬件阴影）复选框，这将使烟雾看起来更令人信服，烟雾本身会自然地产生阴影。

勾选 Hardware Shadow（硬件阴影）复选框，会在视口中显示阴影，但是这可能严重影响配置较低的系统的性能。如果有必要，取消勾选这个复选框，生成很小的测试渲染动画预览效果。

STEP02 将时间滑块拖动到第1帧，播放模拟动画（按Alt+V组合键），如图2.2.17所示。

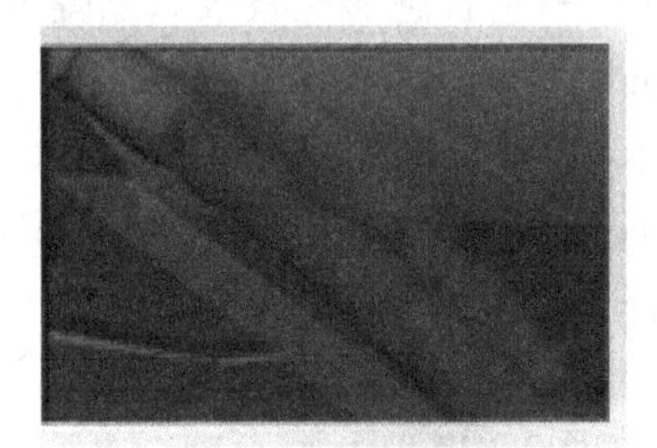

图2.2.17 提高流体（烟雾效果）的质量

随着n粒子（火焰）穿过流体发射器，视口中的烟雾逐渐增多。可以进一步调整烟雾设置，增强表现效果，形成更动态、更自然的烟雾。

在调整烟雾属性时，要使用增量测试渲染评估编辑效果，如图2.2.18所示。此外，选择菜单命令Rendering Menu Set（F6）→Render→Batch Render □〔渲染菜单设置（F6）→渲染器→批量渲染□〕，可以使用批渲染命令生成一个很小的测试渲染文件。

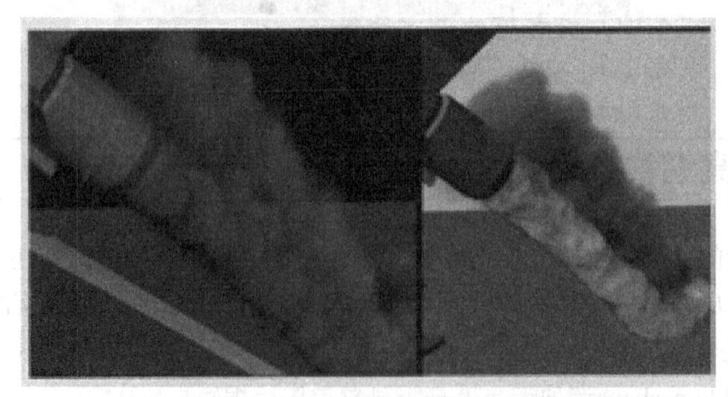

图2.2.18 在视口中预览和渲染最终的烟雾效果

本章总结

通过对本章的学习，应能够熟练地控制Maya绑定角色控制器（IK控制器），对控制器进行调节动作；设置粒子发射器并熟悉发射器的属性控制。

练习与实践

（1）完成火箭发射案例的Maya动画制作。

（2）完成投球动画的动作预备制作（注意：需要首先熟悉动画控制器）。

第3章

动画编辑——节奏和间距

✍ 效果欣赏

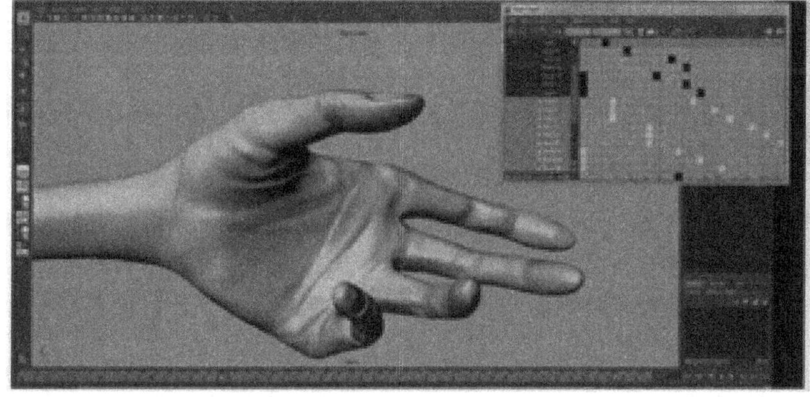

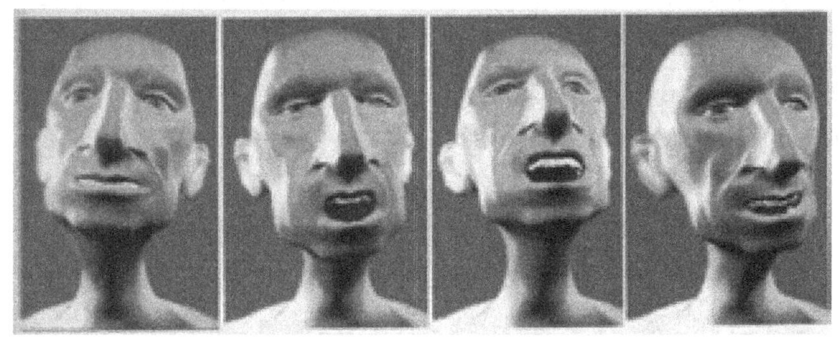

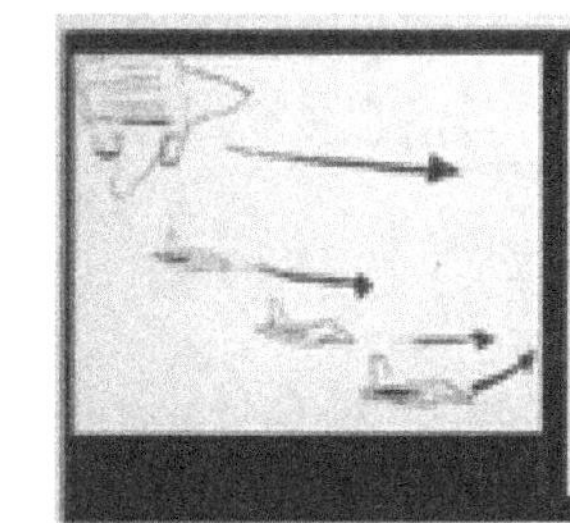

✍ 本章导读

在任何运动中，图示的数量可以决定动画中运动所花费的时间。

——《生命的幻象：迪士尼动画造型设计》

深刻理解动画节奏是制作动画的关键原理。时间对动画的节奏和物理运动的可信度都具有重要的影响。

对于物理运动或角色动画来说，如果突然停下来，观众就会马上意识到动画出现了问题，身体的重量、质量和惯性都会消失。对于动画序列的节奏来说，对象动画和摄像的顺序一样，设计符合情境的情绪并形成恰到好处的节奏非常重要。

在整个动画制作过程中，要有效地使用节奏和间距。如果不能正确使用节奏和间距，就无法有效地应用其他原则。

节奏和间距——从预备动作到跟随动作到重叠动作。

在第2章中，设计了棒球投手的动画序列。在时间滑块上对关键帧的节奏和间距进行了微调，对前期的动作和准备动作进行了对比。在第6章中，将使用跟进动作和重叠动作对动画的第二部分进行编辑。为了生成真实可信的运动，需要有效地利用节奏和间距。在动画中分析全身动作、上半身动作和手臂动作的间距、时间间隔和差别，是创建真实可信的运动的关键。

✍ 学习目标

- 掌握节奏和间距
- 能够区别进行时间动画控制
- 简单走路动画
- 简单跑步动画

✍ 技能要点

- 进行简单走路动画制作
- 进行简单跑步动画制作
- 掌握总体时间的概念

✍ 实训任务

- 制作简单走路动画
- 制作简单跑步动画

3.1 节奏和间距

可以看到，节奏和间距适用于角色动画、对象动画、相机动画和前期设计。实际上，在针对本书的实例进行练习时，都需要考虑节奏和间距原则。

本章主要介绍角色动画的节奏和间距。在3.1节中，将分析本书其他角色动画使用的节奏和间距，并重点分析如何在走路和奔跑时应用节奏和间距。3.2节重点分析在棒球手击球动画中，如何对整个动画的节奏和间距进行编辑，其中还将涉及缓入和缓出，在第4章将详细介绍这个原则。

3.1.1 节奏和间距（一）

为了创建动态流畅的动画，角色动画中节奏和间距的对比是非常重要的。对于动作或体育运动来说，对比的含义应该更广泛、更明确，这样使动作更易于理解，动画更有力度。夸张的节奏和间距有助于提高或夸大其他主要动画原则的效果，包括预备动作、缓入 和缓出、跟进动作。在体育运动中有效地使用节奏和间距，有助于增加角色在运动过程中的质量感和重力感，增加动画的可信度。

从项目目录中打开场景文件。场景文件包括角色跳跃动画，如图3.1.1所示。

图3.1.1　跳跃的间隔——整体对比

播放动画（按Alt+ V组合键），测试跳跃动作的整体节奏和间距。

在播放动画时，角色从透视视图的右侧跳到左侧，和图中的动作是相同的，从右边的第一个动作开始，到左边的最后一个动作结束。

跳跃动画的整体间距非常宽，姿势之间的差别也非常明显，开始时角色保持直立的姿势，然后换成盘绕的姿势，在中间部分换成伸展的姿势。身体主要形状或轮廓的节奏和间距存在明显的区别，身体各个部位（手臂和腿）的节奏和间距也存在明显的区别。如果分析跳跃动画的特定部分，就可以理解节奏和间距是如何增强动画效果的。

开始阶段——从站立到预备起跳，如图3.1.2所示。

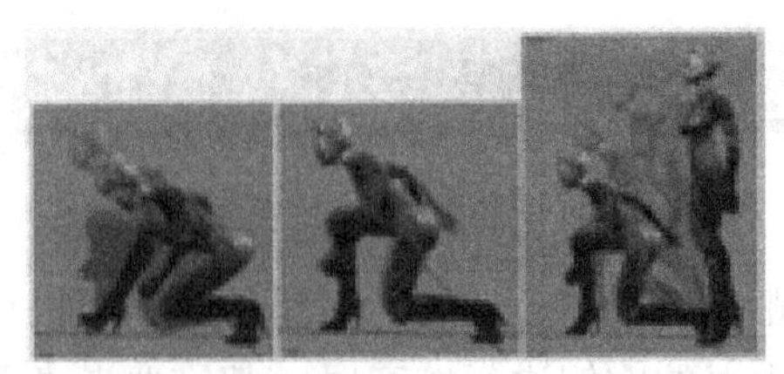

图3.1.2　跳跃动画的节奏和间距——缓入和准备动作

第0~8帧——“迅速”从站立姿势切换到蹲伏1/3姿势。

第8~14帧——“准备动作”，即在蹲下之前暂停。

第14~24帧——“缓入”蹲下积蓄能量。

跳跃部分——准备起跳到中点，如图3.1.3所示。

第7帧（第24 ~ 31帧）——“缓入”开始迅速起立/跳起。

第5帧（第31 ~ 36帧）——加速跳到空中。

第3帧（第36 ~ 39帧）——由于在中点部分动量增加，动作的间距变大。

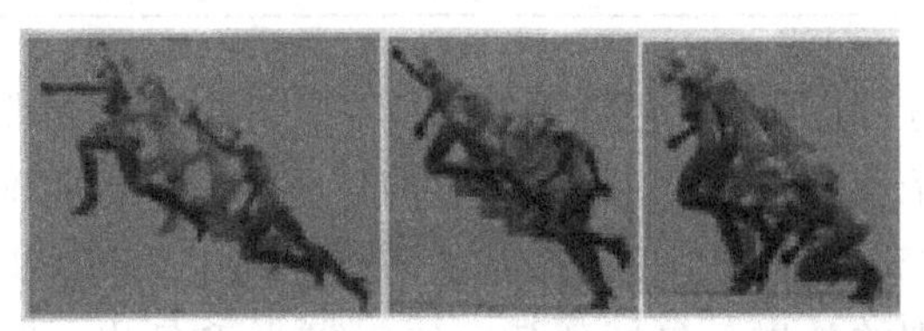

图3.1.3　跳跃动画的节奏和间距——加速和动量

对跳跃动画的节奏和间距进行对比是非常关键的，可以在动画中创建重量感、质量感、跟进动作、准备动作、缓入和缓出。有效地利用间隔，可以使动画看起来不会太枯燥或太呆板，避免犯计算机动画常见的错误。

在动画中逐帧使用重影或循环有助于评估和修改动画的间距和节奏，并优化运动。在加速运动中，空间间隔应该逐渐变大，然后由于重力的影响，速度逐渐变慢。

3.1.2　节奏和间距（二）

下面看一看行走周期中的总体节奏和间距。

场景文件包含角色行走的动作捕获数据。

在动画的中间部分，设置了播放开始时间和播放结束时间（第70~143帧）。

在动画的当前区间，角色执行了完整的行走周期，从开始的“放松姿势”（重心位于右腿），经过中间的姿势，然后回到相似的姿势（重心位于右腿），如图3.1.4所示。这个动作序列是一个完整的循环过程。

播放动画（按Alt+ V组合键），拖动时间滑块，查看行走过程中的节奏和间距。如果注意观察走路过程中的时间间隔，会发现以下现象。

（1）当处于“落地姿势”时，步长的间距是非常相似的。

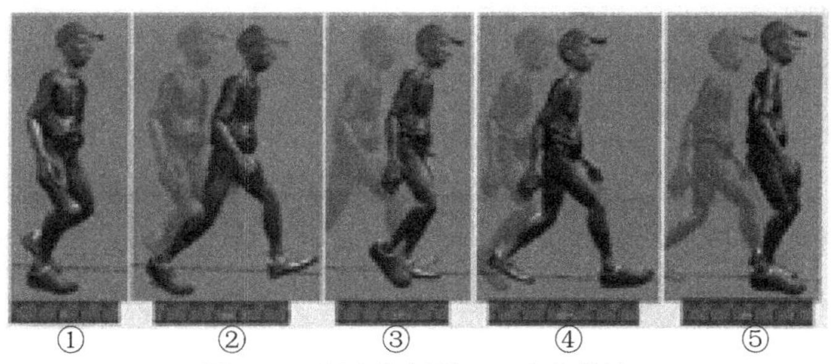

图3.1.4　行走的间距——大步前进

（2）第93帧的落地姿势1——左腿引导（图3.1.4②）。

（3）第124帧的落地姿势2——右腿引导（图3.1.4④）。

（4）过渡姿势的时间间隔几乎相等。

第70帧——第一个过渡姿势。

第107帧——第二个过渡姿势（107帧～70帧＝37帧）。

第143帧——第三个过渡姿势（143帧～107帧＝36帧）。

（5）人物臂部在主要的落地姿势和过渡姿势之间的移动距离也是非常一致的（图3.1.4中浅色重影）。

在动画的当前阶段（第70～143帧），主要姿势的节奏和间距是非常均匀的，走路的姿势看起来平衡而匀速。

现在观察一下行走动画的其他部分。

STEP01　选择菜单命令Panels → Perspective → persp1（面板→透视视图→透视视图1）。

STEP02　在时间范围滑块的数字输入框中输入开始/结束播放范围，设置如下。

Start Time（开始时间）＝126.00

End Time（结束时间）＝ 201.00

STEP03　播放动画的当前区间（按Alt+ V组合键）。

可以看到，动画中主要的落地姿势和过渡姿势之间的间距和前面的例子有很大的差别，如图3.1.5所示。

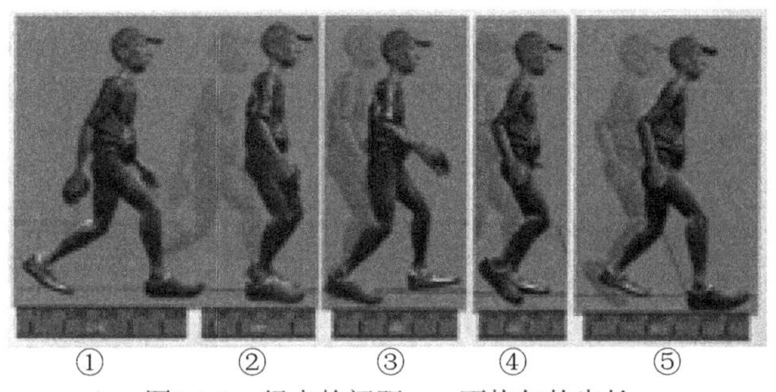

图3.1.5　行走的间距——不均匀的步长

（1）第126帧、第160帧和第201帧这几个主要的落地姿势中，腿的跨度是不均匀的。

（2）在走到第二步时，重心位于左腿（在第160帧），这个阶段的步长小于动画序列的开始阶段和结束阶段的步长（图3.1.5③）。

（3）在最后的落地姿势中，右腿向前跨一大步（从角色侧面观察），比中间的步长要大很多（图3.15⑤）。

由于步长不均匀，所以角色的走路姿势看起来比较笨拙。尽管这部分动画不能作为行走循环动画的范本，但是不均匀的走路姿势看起来更自然，符合场景中整个行走动画的节奏（播放范围为第1～488帧）。

3.1.3 总体步行时间控制

返回场景初始的播放帧（第70～143帧），在Panels（面板）菜单中切换回Perspective→persp（透视视图→透视视图）也可以重新打开场景文件。可以注意到这部分的行走动画非常慢，总体来看，整个场景中的行走动画看起来非常吃力。

STEP01 在Preferences（首选项）窗口中将Playback Speed（回放速度）设置为60fps。

当录制运动捕获动画时，60fps是一种常用的记录速率。

步行周期一共用了73帧，从开始的姿势（第70帧）到结束的姿势（第143帧）。

STEP02 以60fps的速率播放73帧的动画，大概用时1.2秒。

当前部分的时间适用于缓慢的步行周期。如果以更自然的“行走时间”完成行走周期，速度应该更快一些，整个循环过程（两步）只需要1秒的时间。

在制作行走或奔跑循环动画时，只需要着重完成循环动画的半个部分。如果制作行走动画，一个循环周期包含两个完整的步伐，在前面已经创建了一个完整的步伐，两个步伐之间的距离应该是相同的。

在行走循环动画中，可以复制或映射从起点到中点的动画，以形成完整的循环周期，这保证了行走时均匀的间距和周期。因此，只需要着重创建从开始的落地姿势到中点的相反方向的落地姿势之间的步伐，如图3.1.6所示。

如果行走动画比较长，可以考虑分解循环的行走姿势，这样可以使各个姿势看起来不呆板，并减少行走动作的机械化。

当以标准的24fps行走时，整个循环周期只需要1秒的时间，每一步只需0.5秒（以24fps的速度运行12帧）。

图3.1.6　行走周期——关键帧间距

第1帧（落地姿势1）——两腿完全伸展。

第4帧（向下姿势）——臀部向下倾斜。

第7帧（过渡姿势）——重心转移到另外一只脚上。

第10帧（向上姿势）——臀部抬高。

第13帧（落地姿势2）——两腿完全伸展，复制第1帧的姿势。

3.1.4　节奏和间距（三）

奔跑循环动画的节奏和间距要比行走循环动画的节奏和间距大很多。下面分析第1章设计的奔跑循环动画的节奏和间距。

（1）从项目目录中打开场景文件。在Preferences（首选项）窗口中，将播放速度设置为24fps。

（2）奔跑动作是循环的，需要16帧的长度（两步为一个完整的周期），如图3.1.7所示。

（3）每一步需要8帧（1/3秒），奔跑速度为慢跑（图3.1.7中的单步）。

（4）快跑或全速跑的速度更快：每一步需要6帧（快跑）或4帧（非常快速的冲刺）。

图3.1.7　奔跑周期——整体的姿势间距（单步，第0～8帧）

仔细观察奔跑中的姿势间距，可以发现奔跑周期的主要差异如下。

（1）在奔跑周期的任何时刻，角色双脚不能同时接触地面（在开始/结束落地姿势）。

（2）在奔跑周期的起点（图3.1.7①）、中点（图3.1.7④）和终点，只有一只脚落在地面。

（3）在奔跑周期中，两腿的步长比行走周期更宽（图3.1.7①、④）。

（4）在整个周期中的某些位置，两只脚都离开地面，臀部抬高（图3.1.7③）。在当前位置，两只脚进行切换，然后落地。

（5）在奔跑周期中，过渡点出现得更早一些（图3.1.7②）。

（6）在第3帧，臀部超过落地的脚，从过渡姿势到另外一只脚落地，角色会向前跨出一大步（图 3.1.7②、③、④）。

总体来说，奔跑周期的姿势比行走周期更具有动态性，身体姿势的角度更夸张，每一步的步长更长，跨越的距离更大（节奏更快）。在绘制动画的草图时，评估节奏和间距是非常重要的，这样可以使动画更符合实际。

和步行周期一样，奔跑周期仍然需要在主要的过渡/落地姿势中符合镜像姿势。在第7章将详细介绍设计和映射奔跑姿势的过程。

3.1.5 节奏和间距（四）

如果观察走路和奔跑的实例，会发现身体各个部位的节奏和间距存在很大的差别。尤其在奔跑动画中，臀部和脚部的姿势在节奏和间距上存在非常明显的差别。这主要是由于在奔跑时重心发生了转移，各个元素的跟进动作有所不同。拖动时间滑块，查看奔跑过程中的节奏和间距。

第0（落地姿势）~3帧（过渡姿势）——右腿向前跨出一大步，角色的腿部很长，因此，移动的距离很大，如图3.1.8①所示。

第3（过渡姿势）~6帧（落地前的姿势）——腿部的摆动和臀部的移动存在明显的差别，腿部向前摆动并着地，如图3.1.8②所示。

第6（落地前的姿势）~9帧（落地姿势）——间距是反向的，脚落地并暂停几帧的时间，臀部执行跟进动作，如图3.1.8③所示。

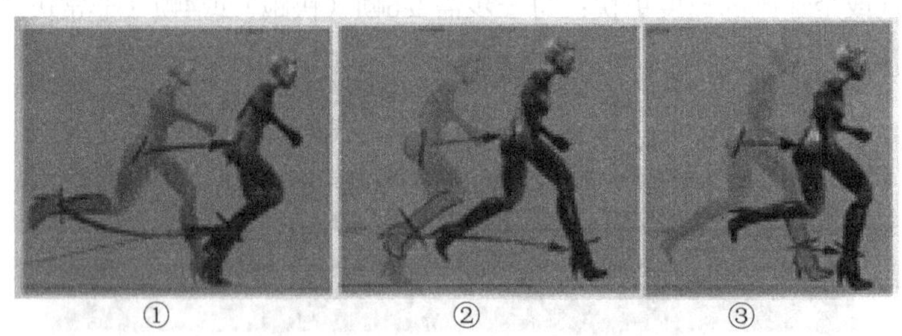

① ② ③

图3.1.8 奔跑周期——腿部和臀部摆动间距

观察脚着地以后腿部的间隔，会发现存在明显的区别。

第11~16帧——右腿跟随引导的左腿和臀部向前迈进，如图3.1.9①所示。

第16~19帧——右腿快速向前摆动，跨出一步，臀部向前移动，进入奔跑过程的下一步，如图3.1.9②所示。在初期阶段，腿部跟随臀部运动（直到第16帧），执行跟进动作。每个元素都不是同时移动的。

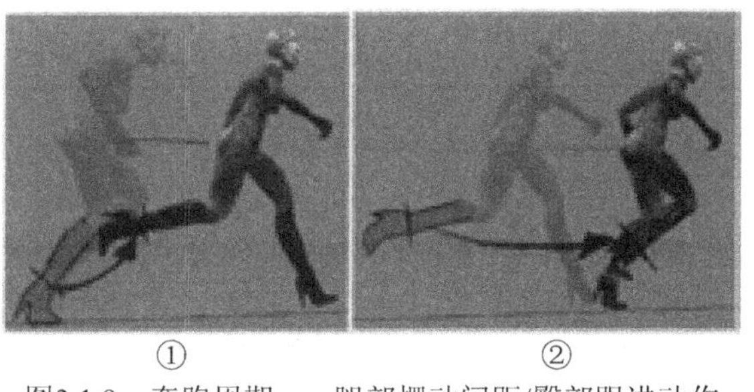

①　　②

图3.1.9　奔跑周期——腿部摆动间距/臀部跟进动作

3.2　重新控制动作时间——摆动球棒

本节使用的角色资源和2.1节使用的棒球手角色的分辨率和细节是类似的，如图3.2.1所示。

图3.2.1　角色显示层和视口显示方式

3.2.1　人物素材简介

本节对角色的控制设置和1.4节对女性角色的设置是相同的，在后面将讨论对角色、皮肤和控制工具的完全设置。

本节不会详细介绍角色的控制，而是重点讲解如何重新调整动画的节奏。但是，在后面的章节中会用到这个角色资源，所以接下来简单介绍Maya提供的显示和预览工具。

在通道盒/层编辑器（按Ctrl+A组合键切换）中，有一些可以切换使用的显示层。在设计和预览动画时，有效地管理场景显示的内容是非常重要的。

Maya为下面的元素设置了三个独立的显示层。

（1）控制器对象（动画中的彩色线对象，显示层命名为Bball _02_RIG_Curve_CNTRLS）。

（2）内部的角色骨骼（显示层命名为Bball _02_RIG_Sketeton）。

（3）角色网格（显示层命名为BBall_02_GEO）。

应该把骨骼和角色网格的显示层设置为引用（按R快捷键）或模板（按T快捷键）显示方式，以避免选择这些对象。

从菜单命令Panels→Show menu（面板→显示菜单）中可以切换关节和NURBS曲线（控制器对象）的显示和隐藏。

Maya的Shading（明暗）菜单包含以下几个设置选项。

（1）在X-射线模式中显示关节（Shading→X-Ray Joins）（明暗→X-射线关节），这样便于预览角色。

（2）修改线的粗细，使用菜单命令Shading→Thicker Lines（明暗→较粗线），增加线条的厚度有助于显示和选择Wire Control Objects（线控对象）。

在制作和预览动画时，切换到阴影模式有助于动画的编辑和预览〔从Shading（明暗）菜单中选择，或按4、5、6快捷键〕。

1）以Smooth Shade（平滑阴影）模式（按5快捷键）显示模型，在阴影模式下显示网格有助于对角色进行造型，线框的线条可以描述角色的外形，当使用工具对角色进行造型时，这些线框的线条有助于识别角色网格的破损。

2）在绘制动画时，可以设置在场景中是否显示灯光，显示灯光可以更清楚地显示网格中角色的形态。可以使用5和7快捷键进行切换，切换为Use Default Lighting（使用默认灯光，按5快捷键），或All Lights（全部灯光，按7快捷键）。

（3）角色网格也包含其他细节的法线贴图和高光贴图。选择菜单命令Panels→Renderer（面板→渲染器），可以将Viewport Renderer（视口渲染器）设置为Viewport 2.0（视口2.0）或High quality Rendering（高质量渲染），查看模型的细节。

3.2.2 节奏和间距

打开场景文件，从Maya的动画属性设置窗口中将Playback Speed（回放速度）设置为Real- Time（实时）（24fps），在场景中播放动画（按Alt + V 组合键）。

第15～40帧——棒球投手从一个盘绕的准备姿势挥动球棒，将球棒挥动到身体的另一侧，如图3.2.2所示（在6.3节介绍击球动画中的姿势）。

通过预览动画，看到角色的动作不太真实，因为动作太慢了。

图3.2.2　棒球击球——节奏和间距——主要姿势

当初步绘制动画或设计主要姿势时，这种情况比较常见。在动画序列中，一般情况下每5帧设置一个控制对象的关键帧。

当初步设计动画时，通常情况下只关注角色的整体造型，拖动时间滑块可以检查主要姿势之间的转换。

本节将介绍如何编辑关键姿势之间的时间间隔，使整个动画更加流畅，更加逼真；并将完整地编辑动画的节奏和间距，反复对可选择元素的时间进行调整，不断完善动画。

3.2.3　对象选择蒙版

利用Maya制作角色动画时，可以有效利用Maya Shelf中的选择蒙版。当绘制动画时，如果只针对某些相似的对象设计动画，可以设置选择蒙版。

使用Maya提供的显示层和显示选项可以进行选择设置，也可以结合使用这些工具和选择蒙版。

对于场景的角色设置，只需要对NURBS曲线控制对象（包含角色的彩色线框对象）进行设置。设置选择蒙版只需要选择以下这些元素。

STEP01 在Maya Shelf 快捷菜单中选择All objects of（全部对象）命令。

STEP02 单击Select curve objects（选择曲线对象）图标（波形曲线图标），只选择场景中的曲线对象。

STEP03 使用菜单命令Panels → Perspective → persp（面板→透视视图→透视视图），在视口中框选角色，如图3.2.3所示。

STEP04 在面板的左上角单击鼠标左键，拖动一个矩形框选中整个屏幕。

所有的NURBS曲线控制对象全部被选中，并且大部分高亮显示为白色，只有最后一个被选择的对象高亮显示为绿色。

当前设置的选择蒙版仍然处于激活状态。如果需要在场景中进行编辑工作，从面板中选择其他元素，可以关闭选择蒙版。

图3.2.3　选择曲线对象（使用选择过滤器）

STEP05 选择NURBS曲线控制对象，时间滑块上的关键帧将显示为红色的标记。本节可以修改关键帧标记的大小，以更好地选择和编辑关键帧。

STEP06 选择菜单命令Window→Settings/Preferences→Time Slider→Key Tick Size（窗口→设置/首选项→时间滑块→关键标记尺寸），设置Key Tick Size（关键标记尺寸）=15。

3.2.4 编辑节奏和间距（一）

在1.3节中使用多种方法编辑角色手臂摆动的关键帧时间，本节可以直接在时间滑块上编辑，也可以使用Dope Sheet （关键帧清单）进行编辑。

选择所有控制对象，通过编辑时间滑块上的关键帧可以对整体时间进行编辑。在播放动画时，发现使用现在的时间控制动画的播放速度太慢了，因此，需要重新调整动画前半部分的时间（第15～25帧）。

STEP01 确保利用前面的步骤选择所有的控制对象。

STEP02 在时间滑块上第20帧的位置单击鼠标左键，然后按住Shift键，单击并向右拖动鼠标指针，扩展选择范围，选择第20～40帧的范围。

STEP03 在第20～40帧之间的关键帧中，在<>图标上单击鼠标左键，然后向左拖动，向前移动3帧，第20～40帧之间的关键帧便向前移动了3帧。

STEP04 在时间滑块上第22帧的位置单击鼠标左键，然后按住Shift键，向右拖动鼠标指针，选择第 22～38帧之间的范围。

STEP05 这时，第22～38帧之间的关键帧被选中而且高亮显示，在选择区域中间的 <> 图标上单击鼠标左键并向左拖动，向前移动2帧，第22～38帧之间的关键帧便向前移动了2帧。

通过上面的设置，把第20帧和第25帧分别移动到了第17帧和第20帧。挥棒的起点〔第15帧到中点（第25帧）〕之间原来相差11帧，现在只相差6帧（第15～20帧）。这些姿势之间的间隔减少了大约一半的时间，运动的速度加快了两倍。

STEP06 播放动画，在开始阶段向下摆动到中点的时间变短，动作显得更有力度。

STEP07 拖动时间滑块，查看姿势之间的节奏和间距。

STEP08 在播放控制面板中使用“前1帧/后1帧”按钮（Alt +“，”或Alt +“.”），可以验证帧与帧之间的姿势变化。

观察第15～20帧之间每一帧的姿势，可以发现帧与帧之间的姿势差别很大，动画中的运动速度变快，如图3.2.4所示。

图3.2.4　验证节奏间隔——逐帧查看动画（第15～20帧）

3.2.5　编辑节奏和间距（二）

如果播放动画查看整体节奏，可以发现尽管前半部分的时间间隔看起来非常恰当，但是第20帧后面的后半部分动画仍然看起来很缓慢。

逐帧观察第15～20帧之间的动画，会发现球棒的位置变化很大，几乎旋转了180°，从头部的后面变换到身体的一侧；第20～25帧，在相同的节奏内棒球只围绕身体旋转了大约90°，帧与帧之间的动作间距变小，运动速度变慢，如图3.2.5所示。

图3.2.5　验证第15～25帧的时间间隔

如果观察最后阶段第25～35帧之间的挥棒动作，会发现帧与帧之间的时间间隔和间距更小了，如图3.2.6所示。在10帧的范围内，球棒只移动了45°，从身体侧面变换到肩膀后面。

尽管在动画的当前阶段可能会使用一些淡出（缓出）的效果，但是帧与帧之间的姿势变换还是太小了，角色的移动速度就像电影的慢镜头一样。

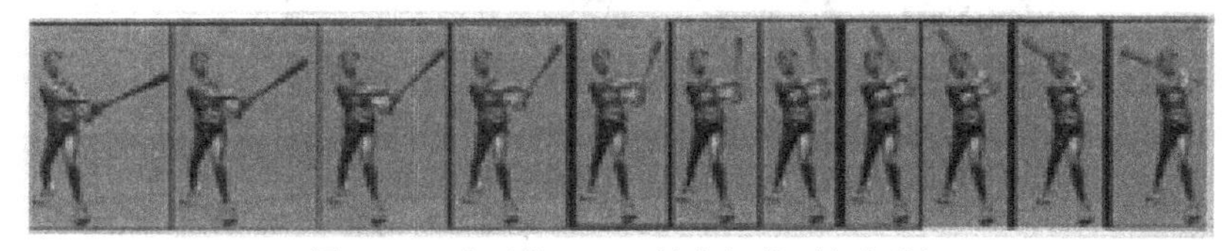

图3.2.6　验证第25～35帧之间的时间间隔

现在，对第25～35帧之间的时间间隔进行编辑，使动画更精简。

STEP01　使用和前面相同的步骤，选择所有需要绘制动画的曲线控制对象。

STEP02　在第25帧的位置单击鼠标左键，按下Shift键向右拖动，选择第25～35帧之间的关键帧。

STEP03　选择第25～35帧之间的关键帧后，这些帧高亮显示，在选择区域中间的 <> 图标位置单击鼠标左键，并向左拖动鼠标指针，使关键帧向前移动1帧。

STEP04　在第29帧的位置单击鼠标左键，然后按住Shift键向右拖动，选择第29～34帧之间的关键帧。

STEP05　选择第29～34帧之间的关键帧后，这些帧高亮显示，在选择区域中间的 <> 图标位置单击鼠标左键，并向左拖动鼠标指针，使关键帧向前移动2帧。

STEP06　选择第32帧处的关键帧，将其向前移动到第30帧的位置。

也可以使用和前面相同的步骤，逐帧观察动画，验证动画的时间调整，在播放控制面板上单击“前1帧/后1帧”按钮，或者使用Alt+“,”或Alt+“.”组合键。

第24～30帧——在挥棒动画的最后阶段，角色从伸展姿势到把球棒移动到肩膀后面，只用了6帧的时间（0.25秒），如图3.2.7所示。当前阶段帧与帧之间的姿势变换非常平稳，也就是说，角色运动没有明显地加快或减慢的趋势，而角色之前执行这些动作需要经过10帧（第25~35帧）才能完成，因此，角色的运动速度变快了。

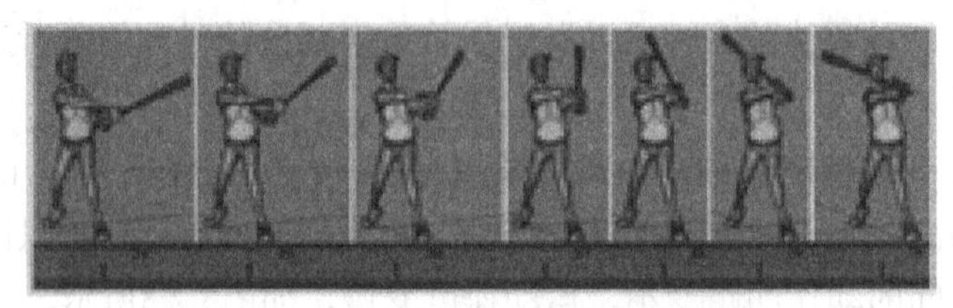

图3.2.7　验证第24~30帧的时间调整

第20~24帧——在挥动球棒击球阶段，角色的运动只用了4帧的时间（第20~24帧），如图3.2.8所示。以前在第25帧的关键帧移动到第24帧的位置，尽管只减少了1/5的时间，但是由于在第22帧有一个中间帧，角色的姿势也出现明显的差别。第22帧的姿势和第20帧的姿势很相似，这样就有效减慢了第20~22帧之间的运动，使第22~24帧之间姿势的变换变大，第22~24帧之间角色的运动幅度变大，从而执行击球的动作，在挥动手腕击球时形成"快出"的效果。

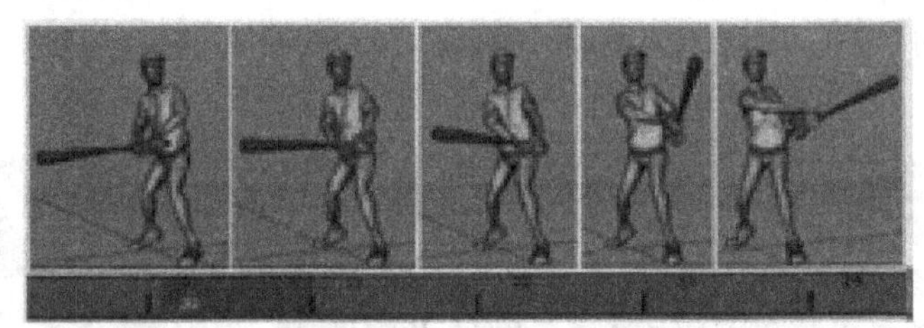

图3.2.8　验证第20~24帧的时间调整

3.2.6　改变关键帧切线类型

可以使用与前面相似的步骤分析和编辑动画中独立元素的时间间隔。实际上，在绘制动画时，通常先初步设计整体时间，然后再选择细节区域，并对这些元素进行时间编辑。在优化过程中，通常需要注意所选择的身体部位的姿势和时序。

观察前面绘制的动画中脚的时序，会发现后面落地的右脚看起来是向外的。在左脚落地时（第17帧），右脚以脚趾和前脚掌为中心旋转，角色臀部也随之旋转，如图3.2.9所示。角色的姿势看起来并不自然，脚和臀部是同时运动的，使角色的动作看起来很"轻柔"，显得有些"软绵绵"的。

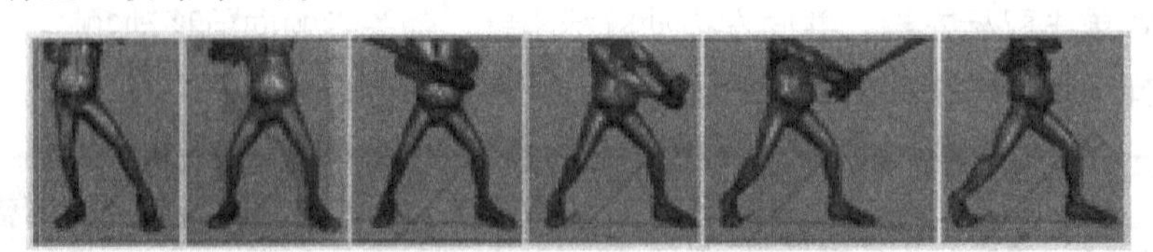

图3.2.9　验证第15~30帧右脚旋转的节奏

可以对运动进行简单的编辑，使运动看起来更自然。为此，使用Dope Sheet评价和修改元素的时序。

STEP01　使用和前面相同的步骤，选择场景中所有的曲线控制对象。

STEP02 选择菜单命令Window → Animation Editors → Dope Sheet（窗口→动画编辑器→关键帧清单），打开Dope Sheet（关键帧清单）窗口。

STEP03 展开Dope Sheet（关键帧清单）窗口，可以看到所有选择的控制对象和关键帧。

在Dope Sheet（关键帧清单）中不仅可以浏览动画中所有的元素和时间，还可以查看对象的所有独立通道。如果想要编辑脚部的控制器，可以使用脚的属性控制脚部的旋转。此外，在其他章节中也会介绍如何在通道盒中使用控制器绘制动画。现在分析Dope Sheet（关键帧清单）中的关键帧。

STEP01 确保已经选择右脚控制器，并且可以将其列在关键帧清单编辑器中。

需要拖动关键帧清单编辑器左窗格的滚动条查找这个控制器对象，控制器的名称为 BBALL02_RIG_BASE_FSP_Foot_R_CTRL。

STEP02 使用鼠标左键单击对象名称旁边的“+”图标，展开动画通道，可以看到通道Roll/Heel Rool/Toe Roll/Heel Pivot/Toe Pivot。

在绘制以脚部为中心的旋转动作时，需要用到的通道是Ball Roll和Toe Roll。为了使动画看起来更自然，要稍微平移一些关键帧，在臀部开始转动之后再旋转脚部。角色臀部引导运动，角色开始转身，驱使脚部以前脚掌和脚趾为中心旋转，这样看起来动作更逼真。通过这种操作为动画增加了自然的“跟进”效果，使动画更真实、自然。

STEP03 仍然选中对象，打开关键帧清单编辑器，从左窗格中选择并高亮显示这两个通道：Ball Roll和 Toe Roll。

使用Ctrl键+鼠标左键可以同时选择两个通道。选择通道后，关键帧清单中的所有关键帧也会被选中，并高亮显示。

STEP04 激活移动工具（按W快捷键），并把关键帧向后移动3帧，使动画的开始时间发生延迟，第17帧变为第 20帧。

现在如果拖动时间滑块，会发现和臀部执行动作的时间相比，脚部的旋转动作发生了延迟，这样便增加了动作的真实性。

在大约第20帧的位置，注意到角色膝盖看起来有些扭曲，和脚部的角度并不匹配，如图3.2.10①所示，这主要是由于没有修改膝盖控制对象的时间。

STEP05 确保右膝盖控制器被选中，并列在关键帧清单编辑器中。

需要拖动关键帧清单编辑器左侧窗格的滚动条查找这个控制器对象，控制器的名称为 BBALL02_RIG_BASE_FSP_Leg_R_Pole。

STEP06 在Dope Sheet（关键帧清单）窗口的左侧窗格中，单击控制器对象名称右侧的"+"图标，展开通道，选择Translate Channel（变换通道）。

STEP07 使用选择工具选中第17~27帧之间的关键帧，这些关键帧高亮显示为黄色。

STEP08 使用移动工具（按W快捷键）将关键帧向后移动2帧，从第17帧开始的运动现在从第19帧开始执行，如图3.2.10②所示。

图3.2.10 Maya关键帧清单编辑器——移动膝盖控制器动画的关键帧

拖动时间滑块，使用播放控制面板提供的Step Forward（向前一帧）按钮逐帧查看动画，并验证动画的时间。

现在，臀部旋转以后膝盖和脚才开始弯曲旋转，角色的动作看起来更自然。臀部和膝盖完全展开后，脚后跟才完全展开。尽管开始转动臀部后才会旋转膝盖，但是膝盖仍然比脚部的转动提前1帧，从而引导脚部的运动。总体来说，由于使用了重叠动作和跟进动作，增强了特定元素的时序效果，使角色的运动时间看起来更真实可信，如图3.2.11所示。

图3.2.11 验证第15～30帧的时间调整，编辑脚部和膝盖的旋转

本章总结

通过对本章的学习，应能够简单地制作Maya动画角色运动走路与跑步动画（根据运动规律、时间和节奏的控制进行制作）；掌握由走路到跑步的基本演变与动画调整；学会简单的角色运动控制器设置与时间掌握。

练习与实践

（1）根据课程内容制作简单角色走路动画（注意：可根据动画运动规律调整）。

（2）根据走路动画制作跑步动画。

第4章

动画编辑——缓入和缓出

✍ 效果欣赏

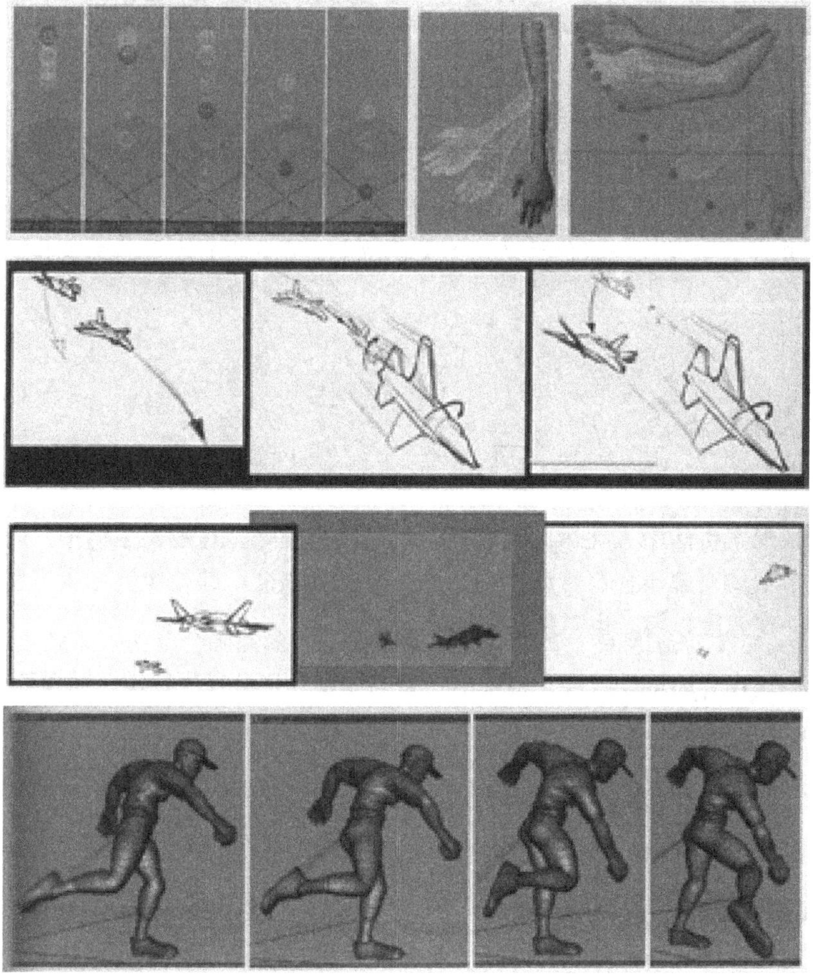

✍ 本章导读

缓入和缓出（Ease In和Ease Out）以前被称为“慢进”和“慢出”（Slow In和Slow Out），它是一种表现现实生活中人类运动和有机运动的动画原则。

除了纯粹的机械对象外，现实生活中的对象不会自然而然地达到一个临界速度。即使像汽车或飞机这样的机械对象，在逐渐达到一定速度以前，也需要一定的动力。

在开始运动或停止运动时，重力和惯性会发生作用，从而减慢物体的运动。

作为一种动画原则，缓入和缓出不仅可以真实地模拟自然力量的效果，而且可以作为一种辅助工具有效地安排节奏和间距，进而设计动作。

在角色的全身运动中，尤其是在夸张的运动或体育运动中，可以看到大量的缓入和缓出效果。

✍ 学习目标

- 掌握缓出和缓入动画规律
- 能够进行Maya动画的缓冲制作
- 对动画曲线进行编辑

✍ 技能要点

- 进行基本的缓出和缓入动画操作
- 根据运动规律进行Maya动画制作
- 学会缓入和缓出动作的修改
- 动画曲线切线编辑

✍ 实训任务

- 制作摆动棒球动画
- 制作头部转动动画

4.1 缓入和缓出——摆动球棒

本节继续使用前面章节介绍的棒球击球手动画，并使用前面介绍的工作流程编辑关键帧的节奏和间距，对整个动画应用缓入和缓出。

（1）就像反向手臂摆动动画一样，再一次利用Maya提供的动作轨迹功能观察运动的节奏和间距，在摆动棒球球棒时有效应用缓入和缓出。

（2）将对角色控制工具选择的元素进行编辑，如手腕的姿势和击球的节奏，修改姿势的间隔将增强击球的缓入和缓出效果。

本节不会介绍整个角色控制平台中动画的整体姿势及所有相关的控制工具，在6.3节将详细介绍这些内容。

在运行本节的示例时，请参阅3.2节中对场景的设置，以及角色控制工具的显示图层。

4.1.1 总体节奏编辑——缓入和缓出

场景文件包含前面章节绘制的棒球击球动画。本节将添加缓入和缓出效果，以进一步完善动画。

STEP01 在Maya用户界面底部的时间范围滑块中，设置播放范围的开始时间和结束时间，在数值输入框中输入下面的内容，如图4.1.1所示。

Start time of the playback range（回放范围的开始时间）=0.00

End time of the playback range（回放范围的结束时间）= 40.00

图4.1.1　设置播放动画的整体时间

STEP02 播放动画（按Alt + V组合键），会发现在原来的动画中添加了 15帧的前期动画（原来的动画从第15帧开始），如图4.1.2所示。

第0～15帧，角色从静止的准备姿势，球棒竖直向上（第0帧，图4.1.2①），变换到一个比较弯曲的准备姿势，球棒移动到肩膀的上方（第15帧，图4.1.2⑤）。

快速挥动球棒之前，在开始阶段额外添加的15帧动画增加了动作的进入效果，这部分进入动作也可以被归为动画的准备动作。动画结束阶段的10帧不能包含任何动画，但是可以确定增加退出动作后动画序列的整体节奏。

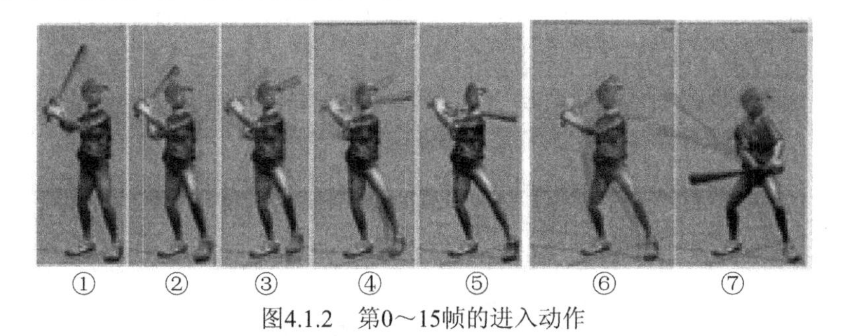

图4.1.2　第0～15帧的进入动作

4.1.2 观察节奏和间距——动作轨迹

打开场景文件，通过菜单命令Window → Outliner（窗口→大纲视图）打开大纲视图，选择motionTrail1Handle（在大纲视图中摄像机的下方）。

选择菜单命令Display → Show → Show Selection（显示→展示→展示选择）。

动作轨迹显示在透视视图中。通过动作轨迹上的帧编号，可以查看挥动球棒的节奏和间距。动作轨迹遵循球棒的运动，如图4.1.3所示。

① ② ③

图4.1.3　通过动作轨迹查看节奏/间距

如果旋转到3/4俯视图（图4.1.3②），可以看到刚开始挥动球棒时（第15～19帧）的节奏间隔几乎是平均的。第20～22帧，动作轨迹上帧与帧的间距变得很小，说明运动的速度变慢。可以使用和第1章手臂摆动动画相似的方法优化该动画的节奏。在挥动球棒的开始阶段，球棒的间距应该比较紧密（速度比较慢），随着球棒积蓄动能后，球棒之间的间距应该逐渐变大，这就为动画添加了自然的“缓入”效果，使动画看起来更自然流畅，更有力度。

下面主要介绍挥动球棒动画的缓入和缓出效果（第15～30帧）。本节不会编辑第0～15帧之间的进入动作，最后将介绍在“动画的运动中画面停格”时，如何强化动画的退出运动（第30～40帧）。

首先设置进入动画的播放帧范围和动作轨迹显示方式。

STEP01　在Maya用户界面底部的时间范围滑块的数值输入框中设置播放范围的开始时间，播放范围的开始时间为15.00。

通过编辑动作轨迹的显示方式，可以设置动作轨迹只显示帧范围，这样在绘制动画时可以简化视图。下面编辑挥动球棒动画的“缓入”效果（第15～24帧）。

STEP02　从透视视图或大纲视图中选择动作轨迹（名为motionTrail1Handle）

STEP03　打开通道盒（按Ctrl + A组合键），在底部的INPUTS部分单击标题motionTrail1，显示设置选项，如图4.1.4所示。

STEP04　双击数值输入框，进行如下设置。

Start time（开始时间）= 15

End time（结束时间）= 24

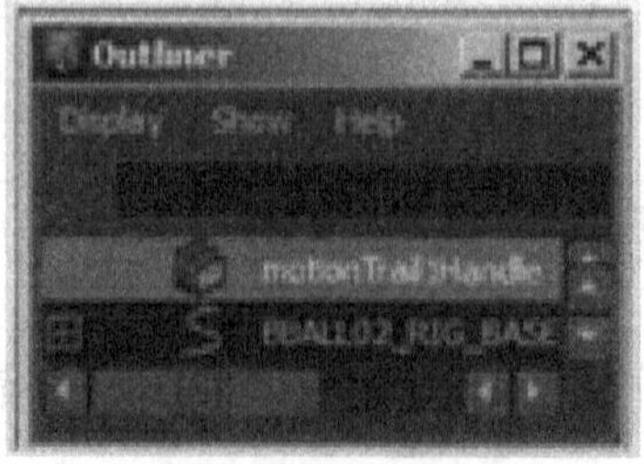

图4.1.4　显示设置选项

4.1.3　编辑节奏和间距——摆动缓入

为了编辑节奏和间距，不仅要对关键帧的节奏进行调整，而且要修改角色的姿势。首先，在开始进入挥动动作的位置添加一个帧。在编辑节奏时，使用和前面章节相同的步骤选择所有动画元素，在时间滑块上修改关键帧。

STEP01　从透视视图中选择所有的线框装备（这些选择的对象高亮显示为白色/绿色）。

在显示层中把网格和骨骼设置为Reference/Template（引用/模板），这些对象因此不能被选择。在当前步骤中还不需要选择动作轨迹曲线。

STEP02　在时间滑块的第17帧处单击鼠标左键，然后按住Shift键，单击并向右拖动鼠标指针，将选择的帧范围扩展到第29帧。

选择的帧范围高亮显示为红色，选择的关键帧显示为黄色，如图4.1.5①所示。

STEP03　在仍然选中帧范围的前提下，在选择范围的<>图标上单击鼠标左键，将帧范围向前拖动1 帧，第17帧的关键帧现在位于第18帧，如图4.1.5②所示。

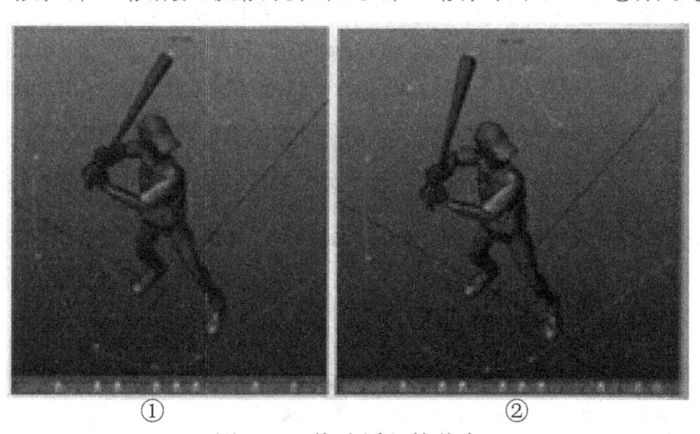

①　②

图4.1.5　修改缓入的节奏

移动关键帧便在开始处增加了1帧。如果观察动作轨迹上的节奏间隔，就会发现第15～18帧挥棒动作变得缓慢，间距变小，这样就减慢了开始阶段的运动，增加了缓入的效果。

如果观察动画前半部分其他范围的节奏间隔，会发现第18～21帧的动作间距看起来非常自然、准确，当球棒加速摆动时间距拉大；但是第21～23帧的间距非常小，在这段时间内角色的姿势没有发生多大变化，这样就在挥棒动作的中点非常不自然地减慢了运动。

通过编辑关键帧时间和姿势可以解决这个问题。

STEP04　在透视视图中选择所有的线框装备（被选中的对象将高亮显示为白色/绿色）。

STEP05 在时间滑块上第23帧处单击鼠标左键，按住Shift键，单击并向右拖动鼠标指针，将选择范围扩展到第31帧。选择的帧范围高亮显示为红色，选择的关键帧显示为黄色，如图4.1.6①所示。

STEP06 在仍然选中帧范围的前提下，在选择范围的<>图标上单击鼠标左键，将帧范围向后拖动1帧，这样位于第23帧处的关键帧现在位于第22帧，如图4.1.6②所示。

通过上面的设置，删除了前面在动作轨迹上可以看到的附加帧。观察动作轨迹上的空间间隔，会发现第21帧和第22帧的动作间距仍然很小，这样就减慢了这一帧的运动。和前面及后面的帧相比，当前帧的间距看起来不太合适。可以修改第22帧球棒的位置解决这个问题。

STEP07 将时间滑块拖动到第22帧。

STEP08 在透视视图或大纲视图中选择左手的蓝色圆形控制对象（名为BBALL02_RIG_BASE_FSP_ Hand_L_CTRL）。

STEP09 启用旋转工具，围绕*y*轴旋转手腕，使球棒稍微向前移动一些距离，如图4.1.6③所示。

如果右臂伸展得太靠外，可以使用移动工具（按W快捷键）向后拉动手腕，使其向身体这一侧靠拢（在*x*轴），如图4.1.6④所示。

旋转透视视图，确保从各个角度观察到的作用线和曲线都是一致的。

STEP10 按Shift + W（变换关键帧）和Shift + E（旋转关键帧）组合键，在第22帧设置关键帧。

一旦设置关键帧，动作轨迹就会更新，以反映动画的变化。反复调整关键帧的姿势，可以解决任何时间和间隔问题。在动画的中点全速挥动球棒，当球棒完全展开时，对间距的任何编辑都可以形成更符合规律的间距。

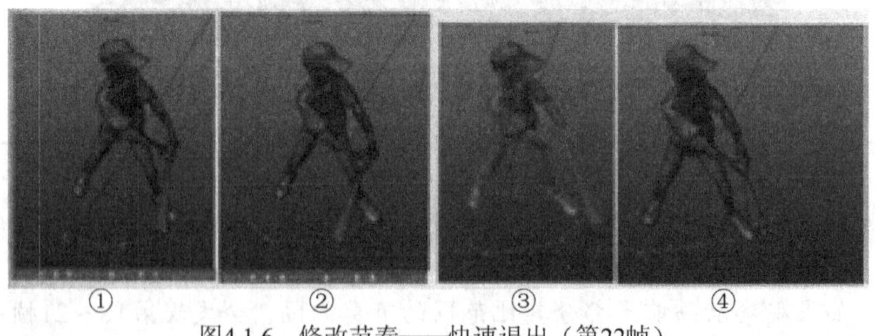

① ② ③ ④

图4.1.6 修改节奏——快速退出（第22帧）

4.1.4 姿势编辑——缓入

下面对挥棒动画开始阶段的姿势进行编辑，以形成更自然的缓入效果。随着球棒的加速摆动，空间间隔会从小变大。间隔的变化应该是平缓的，使动作看起来非常流畅。为了增加姿势的其他缓入效果，可以把球棒稍微向后移动一些，这和前面使球棒加速的设置相反（在第22帧）。

STEP01 将时间滑块拖动到第16帧，旋转视图，从3/4俯视图查看角色，如图4.1.7①所示。

STEP02 在透视视图或大纲视图中，选择左手蓝色的圆形装备（名为BBALL02_RIG_BASE_FSP_Hand_L_ CTRL）。

STEP03 使用旋转工具绕着*x*轴旋转手腕，使球棒摆动的位置稍微向后移动一些，如图4.1.7②所示。

STEP04 按Shift+ E组合键，在第16帧设置旋转通道的关键帧。

由于在当前帧不存在任何关键帧，使用这种方法可以设置中间帧。

设置关键帧后，动作轨迹会自动更新，以反映效果的变化，如图4.1.7③所示。

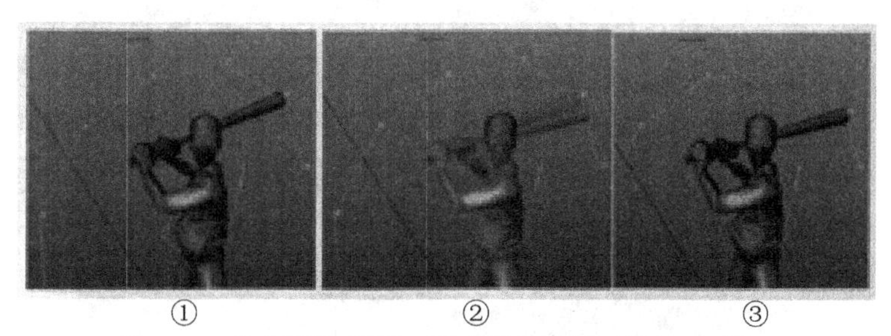

①　　②　　③

图4.1.7　修改姿势/间距，形成缓入效果（第15~16帧）

通过上面的设置，第15～16帧的间距减小了，有效地减慢了开始阶段的运动。可以对开始阶段的其他关键帧和姿势进行反复调整，以减慢这个阶段动画的速度。第16～19帧，还可以稍微向后移动球棒的位置，以形成“淡入”的效果。随着球棒的摆动和加速，每个动作之间的距离应该逐渐拉大。

STEP05 将时间滑块拖动到第17帧，旋转视图，从3/4俯视图观察角色，如图4.1.8①所示。

STEP06 在透视视图或大纲视图中，选择左手蓝色的圆形装备（BBALL02_RIG_BASE_FSP_Hand_L_CTRL）。

STEP07 使用旋转工具围绕*x*轴旋转手腕，使球棒摆动的位置稍微靠后一些，如图4.1.8②所示。

STEP08 使用Shift + E组合键，在第17帧设置旋转通道的关键帧。

STEP09 将时间滑块拖动到第18帧，旋转视图，从3/4俯视图观察角色，如图4.1.8③所示。

STEP10 使用旋转工具围绕*x*轴旋转手腕，使球棒摆动的位置稍微靠后一些，如图4.1.8④所示。

STEP11 使用Shift＋E组合键，在第18帧设置旋转通道的关键帧。

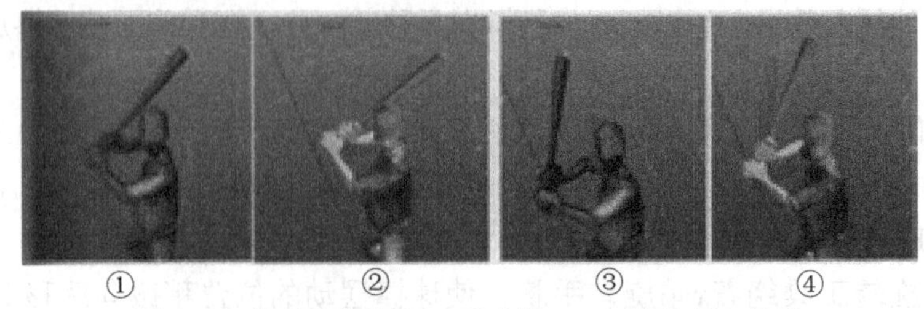

图4.1.8　修改姿势/间距，形成第17～18帧的缓入效果

进一步修改第19～22帧的姿势和关键帧，调整球棒的角度。随着球棒摆动速度的增加，球棒运动的间距应该逐渐增加。

在开始挥动球棒时（第15～18帧），由于运动速度比较慢，球棒的间距比较紧密。接下来，球棒开始加速，如图4.1.9①所示。在动画的中点，球棒的间距应该达到最大值（第20～23帧），如图4.1.9②所示。

在编辑某一帧的姿势和间距时，前面的帧和后面的帧的节奏和间距也会改变。还需要进一步编辑动画，使挥动球棒的动作间距更加自然、真实。

图4.1.9　修改第15～18帧和第20～23帧的姿势/间距，形成缓入效果

在验证挥动球棒动作缓入的节奏和间距时，可以检查动作轨迹，在透视视图中从不同角度观察姿势。此外，要不定时地播放预览动画，查看编辑的效果。

在播放动画时从侧面观察动画，会发现挥动球棒的曲线看起来仍然流畅，曲线的圆弧经过一条对角线，从肩膀的后面移动到身体的前面。此外，还需要进一步编辑手腕的位置和肩膀的旋转角度，以确保每个关键帧的姿势看起来都自然、流畅，如图4.1.10所示。

图4.1.10　验证第15～22帧缓入的姿势和节奏间隔

4.1.5　编辑节奏和间距——摆动缓出

为了设计挥棒动作的缓出效果（第23～30帧），可以使用和前面类似的步骤编辑关键帧的时间和姿势。缓出的时间和间距应该和缓入的时间和间距是相反的，每个帧时间的间距逐渐变小，随着动画的进行，速度逐渐减慢。下面设置动作轨迹的显示方式。

STEP01　在透视视图或大纲视图中选择动作轨迹（名为motionTrail1Handle）。

STEP02　打开通道盒（按Ctrl + A组合键），在底部的INPUTS部分单击标题motionTrail1，显示设置选项。

STEP03　双击数值输入框，进行如下设置。

Start time（开始时间）= 20

End time（结束时间）= 40

从动作轨迹中可以看到，在最后阶段角色姿势之间的间隔已经有些缓出的效果（第25~30帧）了。

第23~24帧，角色动作的间距很宽，速度很快；但是，第26~30帧，运动的速度变慢，这样使时间和间隔看起来有些不一致，如图4.1.11所示。

图4.1.11　观察第23～30帧之间没有编辑节奏和间距时的动作轨迹（缓出）

STEP04　在透视视图中选择所有的线框装备（这些选择的对象将高亮显示为白色/绿色）。

STEP05　在时间滑块第29帧的位置单击鼠标左键，按住Shift键，单击并向右拖动鼠标指针，将选择的关键帧范围扩展到第30帧。

选择的帧范围高亮显示为红色，选择的关键帧高亮显示为黄色，如图4.1.12①所示。

STEP06　在仍然选中帧范围的情况下，单击帧范围中间的<>图标，使用移动工具（按W快捷键）将关键帧范围拖动1帧，使位于第29、30帧的关键帧移动到第30、31帧，如图4.1.12②所示。

通过上面的编辑，为缓出效果添加了1帧。现在需要在第27~31帧之间设置缓出效果，而不是前面设置的第27~30帧之间。这个新增的帧改变了最后阶段的时间，使这些帧之间的姿势或间距更紧密，并增加了缓出效果。尽管现在的间隔看起来比较恰当，但是仍然要像前面一样对姿势进行细微的调整，使缓出效果更流畅。

STEP07 将时间滑块拖动到第30帧，如图4.1.13①所示。

① ②

图4.1.12 修改缓出的整体时间

STEP08 使用旋转工具（按E快捷键）稍微旋转左手腕的控制器（BBALL02_RIG_BASE_FSPJHand_L_CTRL），使球棒的末端更接近第31帧的位置，如图4.1.13②所示。

STEP09 使用Shift＋E组合键设置旋转通道的关键帧。

STEP10 将时间滑块拖动到第29帧，如图4.1.13③所示。

STEP11 使用旋转工具（按E快捷键）稍微旋转左手腕的控制器（BBALL02_RIG_BASE_FSP_Hand_L_CTRL），使球棒的末端更接近30帧的位置，如图4.1.13④所示。

① ② ③ ④

图4.1.13 修改第30帧和第29帧的姿势和间距

STEP12 使用Shift＋E组合键设置旋转通道的关键帧。

使用相同的步骤修改第28帧和第27帧的姿势，如图4.1.14所示。

① ② ③ ④

图4.1.14 修改第28帧和第27帧的姿势和空间间隔

修改手腕控制器的姿势是为了使姿势更“紧密”，使姿势逐渐接近挥棒动作的结束姿势，以增加缓出的效果。像以前一样，从透视视图的不同角度观察角色的姿势，以确保挥动球棒的动作和动作轨迹看起来非常自然、真实。还需要使用相同的步骤修改前面几帧（第22～27帧）的姿势和间距，以形成缓出效果。

在第23帧，沿着动作轨迹向前推动球棒，增加第22帧和第23帧的间距，以增加球棒完全展开时的动量，如图4.1.15①所示。

同样地，在第24帧和第25帧向前推动球棒，拉大和前面的帧之间的距离，减小和后面的帧之间的距离（第25 ～ 26帧），如图4.1.15②所示。

在编辑角色的间隔和时间时，可以通过角色的3/4俯视图验证姿势的变化，也可以拖动时间滑块，定期播放完整的动画。

①　　②

图4.1.15　修改第23～26帧的姿势变换和空间间隔

就像设置动画的缓入效果一样，需要从透视视图的不同角度观察弧线和间距，以验证修改效果。需要对手腕和球棒的姿势进行微调，使动作轨迹的曲线更自然流畅，如图4.1.16所示。

图4.1.16　验证和完成挥动动作的弧线和整体间距

4.1.6　姿势缓出和运动中画面停格

在动画的最后阶段，在本节开始时添加了 15帧（第30～45帧）。现在，角色在这段时间内是静止的，没有设置任何关键帧，增加的关键帧用于从视觉上引导淡出效果。在本节中添加一些表现缓出效果的帧，为动画添加一些“运动中画面停格”姿势，以完成整个动画。

STEP01 将时间滑块拖动到第33帧（击球动画的关键帧第31帧后面的第2帧），如图4.1.17①所示。

STEP02 选择左手腕装备 BBALL02_RIG_BASE_FSP_Hand_L_CTRL。

STEP03 围绕x轴稍微向下旋转手腕，扩展跟进动作和缓出效果，如图4.1.17②所示。

STEP04 使用Shift+ E组合键设置旋转通道的关键帧。

这种方法为动画添加了一些表现缓出效果的帧，球棒放在肩膀上方保持静止状态，如图4.1.17③所示。

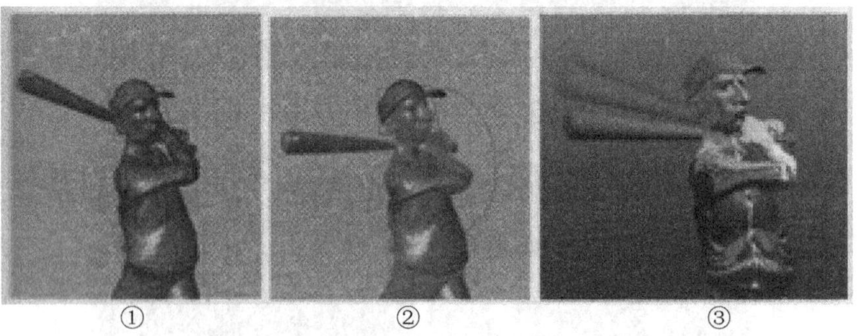

① ② ③

图4.1.17　第31～33帧其他缓出的放松动作

在动画的结束阶段，可以使用一些“运动中画面停格”姿势。“运动中画面停格”是一种关键帧之间没有明显姿势变化的动画。通常情况下，为了和前面的动作进行对比，减少动画的运动，就可以使用“运动中画面停格”。在“运动中画面停格”中，角色的重量或姿势会发生轻微变化。“运动中画面停格”通常被用于创建角色空闲状态的动画，此时角色处于放松姿势，但是看起来仍然是“活动的”。

在“运动中画面停格”中，角色只执行很少的动作。在本例中，为臀部转动和头部旋转添加一些关键帧，使身体的姿势发生轻微变化。“运动中画面停格”表示在动画结束时角色重新达到身体平衡，或过渡到放松状态。项目场景文件包含的最后的动画在第33、36、40和45帧的关键帧出现“运动中画面停格”。动画师可以根据自己的喜好对这些姿势设置关键帧，以及设置不同姿势之间运动的数量。

STEP05 从项目文件中打开设置其他缓出效果和保持姿势。

STEP06 在第33帧（如图4.1.18①所示），稍微向下旋转头部装备，表示击球手确认击球动作（BBALL02_RIG_BASE_FSP_Head_CTRL）。由于身体处于放松姿势，臀部也略微降低（BBALL02_RIG_BASE_FSP_COG_CTRL）。

STEP07 在第36帧（如图4.1.18②所示），身体稍微向上抬起，也抬高了臀部，把头部向上旋转一点点，使身体处于紧张状态。

STEP08 第40～45帧（如图4.1.18③所示），稍微向后旋转手腕，和手腕原来的方向相反，表明角色开始进入放松状态，可能接下来会把球棒放在肩膀上，准备下一次击球。

①　②　③

图4.1.18　第33帧和第36帧的运动中画面定格，以及第40～45帧的姿势变换

在绘制“运动中画面停格”姿势时，要特别注意姿势的变换和间距。如果姿势之间的间距太大，就会变成另外一个动作。

例如，在本例中臀部的姿势变换非常细微，表示臀部的移动距离非常小，也说明角色是处于活动状态的。

第31～45帧，角色头部的轻微转动表示击球手轻微地点头和确认，体现角色的真实性。但是这个动作没有那么明显，没有使角色显得唯唯诺诺。

4.2　缓入和缓出——头部转向

本节使用前面介绍的棒球击球手模型角色进一步完成头部动画的调整；使用前面介绍的动画运动规律编辑头部动画关键帧的节奏和间距，对整个角色的头部进行细节修整，以强化缓入和缓出的应用效果。

4.2.1　装备设置

从项目文件中打开本节的初始场景文件。该场景文件包含角色的头部网格和装备。

网格覆盖在颈部和头部的关节上，如图4.2.1①所示，关节使网格出现变形。可以通过显示图层，或通过菜单命令Panel → Show → Joints（面板→显示→关节）隐藏关节，如图4.2.1②所示。

在绘制颈部和头部姿势时，可以使用红色和黄色的线框装备（Cntrl_Head/Cntrl_Neck），这些装备可以控制关节旋转，如图4.2.1③所示。在绘制动画时，动画的装备可以控制关节，因此，可以从视图中隐藏关节。

此外，场景中还包含控制面部形状的装备，但是为了方便选择头部和颈部的装备，从视图中隐藏了面部装备，如图4.2.1④所示。

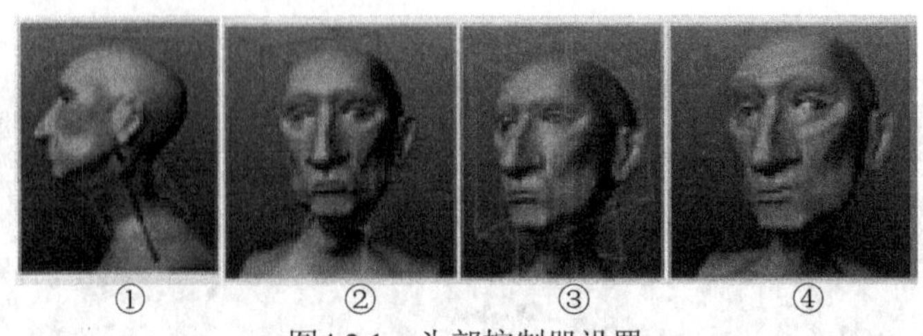

图4.2.1 头部控制器设置

在后面的章节中将介绍如何使用面部动画控制器。本节主要介绍如何使用颈部和头部控制器绘制颈部和头部的姿势。

STEP01 打开场景文件，选择菜单命令Window→Settings/Preference→Preferences（窗口→设置/首选项→首选项）。

STEP02 在Preferences（首选项）窗口中，进行如下设置。

Settings → Animation → Tangents → Weighted Tangents ＝ off（设置→动画→切线→权重切线＝ off）

Settings → Animation → Tangents→Default in tangents ＝ Linear/Default out tangents ＝ Linear（设置→动画→切线→默认入切线＝线性/默认出切线＝线性）

Settings → Time Slider → Playback start ＝ 1.00/Playback End ＝ 30.00（设置→时间滑块→回放开始＝1.00/回放结束＝30.00）

4.2.2 头部回转动画——动画框架设计

STEP01 选择颈部装备（Cntrl_Neck）。

STEP02 将时间滑块拖动到第1帧，使用旋转工具（按E快捷键）在轴的方向稍微转动颈部。通道盒（按Ctrl + A组合键）中的值大约为Rotate Y（旋转Y）＝-27.0，如图4.2.2①所示。在Rotate Y（旋转Y）通道上右击，在弹出的快捷菜单中选择Key Selected命令，以设置关键帧。

STEP03 在第1帧选择头部装备（Cntrl_Head）。使用旋转工具（使用E快捷键）在-*y*轴的方向稍微转动头部，使头部比颈部更向外突出一些。通道盒（按Ctrl + A组合键）中的值大约为Rotate Y（旋转Y）＝ -25.0，如图4.2.2②所示。在Rotate Y通道上右击，在弹出的快捷菜单中选择Key Selected命令，以设置关键帧。

STEP04 将时间滑块拖动到第30帧，向相反的方向（Rotate Y+）同时转动颈部和头部控制器，两个控制器的旋转角度是相同的。和前面一样，头部比颈部更向外突出一些，头部的姿势看起来像是正在向左侧看东西一样。设置每个控制器的姿势后，在Rotate Y（旋转Y）通道上右击，在弹出的快捷菜单中选择Key Selected命令，以设置关键帧，如图4.2.2③所示。

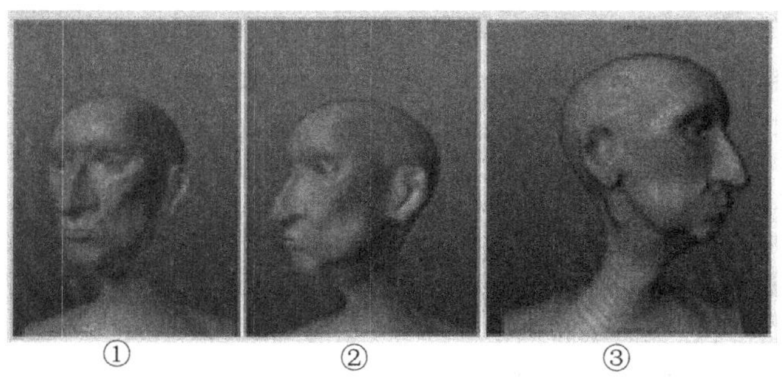

图4.2.2　头部转动——姿势设计

STEP05 只选择颈部装备，使用菜单命令Window → Animation Editors → Graph Editor（窗口→动画编辑器→图形编辑器），打开图形编辑器。

STEP06 观察头部和颈部装备的Rotate Y（旋转Y）曲线，会发现在两个帧之间两个装备的曲线是一条直线，这主要是由于在属性窗口中取消了权重切线（Weighted Tangent）。控制器的直线图形表示对象随着时间匀速转动。

STEP07 按Alt+ V组合键播放预览动画。

动画看起来非常机械，很不自然。在动画播放过程中，头部和颈部的时间和间距是恒定不变的，头部在每一帧转动的角度是一样的，如图4.2.3所示。

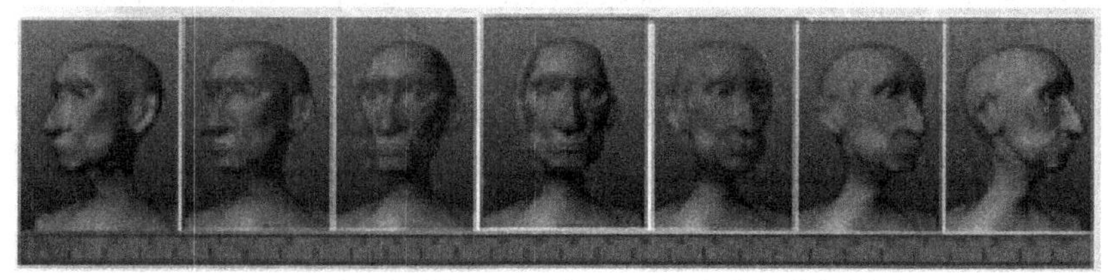

图4.2.3　播放预览间距/时间——匀速进行头部转动

4.2.3　添加中间帧——线性缓入

STEP01 将时间滑块拖动到大约第10帧。

STEP02 选择颈部装备（Cntrl_Neck），从图形编辑器中启用Add Keys Tool（添加关键帧工具），位于图形编辑器左上角的图标。

STEP03 使用选择工具（按Q快捷键）和Add Keys Tool（添加关键帧工具）选择曲线，在第10帧单击鼠标中键。

STEP04 在第10帧选择新的关键帧，启用移动工具（按W快捷键），按住Shift键的同时向下拖动关键帧。

在图形编辑器中移动关键帧时，按住Shift键可以将关键帧的移动方向限制为垂直方向（向上/向下，以改变关键帧的值），或水平方向（向左/向右，以改变关键帧的时间）。

选择关键帧后，可以从顶部的Stats数值输入框中设置数值。

重复上面的步骤，在头部动画的第10帧添加线性缓入关键帧〔与Rotate Y（变换Y）相似的关键帧〕。

播放预览动画（按Alt + V组合键），动画开始阶段的速度变慢了。第10帧的中间帧的数值减小了，说明现在颈部和头部第0～10帧的转动距离变短了，第10～30帧的曲线角度变得尖锐了，进而说明颈部和头部在这个阶段转动的距离变长。

因为曲线仍然使用线性输入和输出关键帧切线，所以头部和颈部的运动还是显得有些呆板。

4.2.4 平滑缓入——加权相切

STEP01 在透视视图中，选择头部装备（Cntrl_Head），按Shift键选择颈部装备（Cntrl_Neck）。

两个对象应该在视口中高亮显示为绿色。

STEP02 选择菜单命令Window → Animation Editors → Graph Editor（窗口→动画编辑器→图形编辑器），打开图形编辑器。

两个对象应该都被列在图形编辑器的左侧窗格中，说明它们已经被选中；两个对象的Rotate Y（旋转Y）曲线显示在图形编辑器的右侧窗格中。

STEP03 在图形编辑器中选择菜单命令Curves → Weighted Tangents（曲线→权重切线）。

STEP04 在图形编辑器中选择菜单命令Keys → Free Tangent Weight（关键帧→任意切线权重）。

也可以使用顶部的Free Tangent Weight（任意切线权重）图标，如图4.2.4所示。

图4.2.4 启用Free Tangent Weight（任意切线权重）

因为在两条曲线上没有选择任何关键帧，所以这些选项被应用到曲线的所有关键帧。使用任意切线（Free Tangents）的曲线使用权重切线。

STEP05 在图形编辑器的右侧窗格中，按Q快捷键选择起始帧（第1帧）的关键帧。

如果同时选择两个对象，两个对象Rotate Y（旋转Y）通道的关键帧都会被选中；否则，选择每个对象，然后重复下面的步骤。

STEP06 选择关键帧后，曲线高亮显示为白色，黄色的关键帧切线手柄也显示出来。

因为选中了Weighted Tangents（权重切线）和Free Tangent Weight（任意切线权重）两个选项，所以可以通过修改关键帧切线手柄的角度和影响因子来调整曲线的形状。

STEP07 选择关键帧右边的黄色关键帧切线手柄，启用移动工具（按W快捷键），向下拉动关键帧手柄，使曲线变得平滑。

STEP08 选择黄色的关键帧切线手柄，向右拉动关键帧切线手柄，增加权重（或影响因子）。

修改切线的角度使曲线的开始部分变得平滑，为动画创建自动的缓入效果。随着时间的推移，颈部和头部装备在Rotate Y（旋转Y）通道的数值逐渐增加，在切线手柄上增加权重就加强了切线影响的效果，即增加了缓入效果。

STEP09 仍然选中两个对象，打开通道盒，选择结束帧（第30帧）。

STEP10 选择关键帧左边的切线手柄，向下拉动手柄，曲线的形状发生改变，曲线就像一条倾斜45°的对角线。

修改结束帧的切线角度可以调整曲线的形状，使动画的结束部分不会出现缓出效果。曲线的角度和前面没有编辑的结束部分的曲线的角度是相似的，因此，在结束部分运动的速度是保持不变的，这就为头部转动动画创建了快速输出效果。

STEP11 在透视视图中，选择菜单命令View→Bookmarks→L_SIDE_3_4（视图→书签→L_SIDE_3_4）。

在1.3节已经介绍了摄像机书签（Camera Bookmark）的设置。在本例中，L_SIDE_3_4书签被用来作为绘制动画的主要摄像机视图。

STEP12 从L_SIDE_3_4书签中播放编辑的动画（按Alt + V组合键）。

摄像机书签从角色的左侧观察头部。在编辑的动画中，头部转向角色的右侧，如图4.2.5 所示。

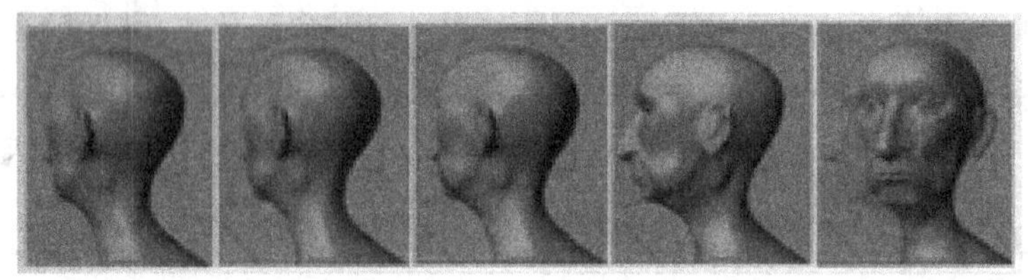

图4.2.5 播放预览〔Bookmark（书签）=L_SIDE_3_4〕——验证头部转动的缓入效果

在开始阶段，因为调整了关键帧切线，所以头部的转动是非常缓慢的，从而形成缓入的效果。一开始角色缓慢转动头部，在接近帧范围的结束阶段时，头部面向摄像机视图（Bookmark = L_ SIDE_3_4），头部转动的速度变快。

4.2.5 平滑缓入——双呈现转向

重新打开使用线性关键帧设置线性缓入的场景文件。

STEP01 选择两个装备（Ctrl_Neck /Ctrl_Head），打开图形编辑器窗口。

STEP02 选择两个对象在第10帧的两个关键帧，在图形编辑器顶部单击Flat Tangents（平滑切线）快捷按钮。

在图形编辑器的Tangents（切线）菜单中可以设置关键帧切线的类型。

为关键帧设置平滑切线可以使切线手柄变得平滑。在动画的开始阶段（第0~10帧），头部转动的速度是均匀的，在头部转动的第二个阶段（第10~30帧），出现缓慢的缓入效果。

STEP03 选择菜单命令Window →Settings/Preferences → Preferences → Settings → Animation（窗口 →设置/首选项→首选项→设置→动画），打开Preferences（首选项）窗口。

STEP04 选择菜单命令Animation Preferences→Tangents（动画首选项→切线），进行如下设置。

Default in tangent = Clamped（默认入切线=夹具）

Default out tangent = Clamped（默认出切线=夹具）

Weighted tangents（权重切线）=关闭

图形编辑器提供了六种切线类型，Spline tangents（曲线切线）按钮是从左数第二个按钮。

在上面的设置中，切线类型的默认设置只适用于新建的关键帧，稍后也可以在图形编辑器中修改切线类型。有些动画师在设计动画时喜欢使用线性切线（本节前面设置的切线类型），在编辑动画时再一帧一帧地调整切线。对新建的关键帧使用非权重切线，表示不能修改新关键帧的切线手柄长度或权重，除非显式地启用free tangent weight（任意切线权重）选项。

STEP05 将时间滑块拖动到第15帧，设置一个中间关键帧，如图4.2.6①所示。

STEP06 依次选择每个装备，在y轴的方向上稍微向后旋转装备，然后设置关键帧。Ctrl_Neck的数值大约为Rotate Y（旋转Y）=-24，Ctrl_Head的数值大约为Rotate Y（旋转Y）=-27。

第10～15帧，头部和颈部向后转动，如图4.2.6②所示。在动画中，角色看起来好像为了响应发生的事情再次转头。第0～10帧，角色好像听到什么动静，把头转过去，然后再完全转过头来，面向摄像机。

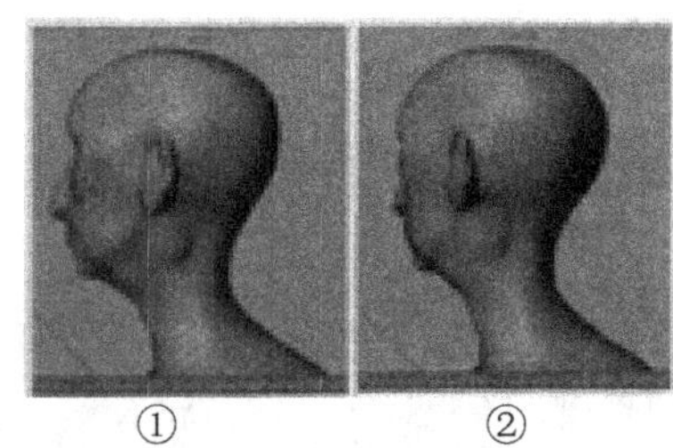

① ②

图4.2.6 为再次转头设置新的Rotate Y（旋转Y）关键帧（第15帧）

添加新的关键帧后，如果现在观察图形编辑器，可以看到新关键帧的关键帧切线是Clamped（夹具），这是前面在属性窗口中设置的默认类型。如果把切线设置为Clamped（夹具）切线类型，切线的手柄就是Clamped（夹具），并自动遵循曲线的角度。

4.2.6 软化缓入——附加编辑

如果现在播放动画，会发现动画中的运动仍然看起来不够自然，这主要是因为在绘制转动头部动画时，只使用了一个通道〔Rotate Y（旋转Y）〕。通常情况下，在初步设计动画时，最好只针对独立的区域或某个动画通道，然后再优化动画效果。在本例的头部转动动画中，如果添加头部在另外两个通道〔Rotate X（旋转X）和Rotate Z（旋转Z）〕的旋转动作，会有助于柔化头部转动的缓入效果，使运动看起来更自然、流畅。

STEP01 使用前面的场景文件，对下面的帧进行编辑。

STEP02 第1帧，围绕z轴稍微向前转动头部和颈部，并设置旋转通道的关键帧（按Shift＋E组合键），使角色的头部稍微向左侧倾斜，如图4.2.7①所示。

STEP03 第1帧，在x轴方向稍微向下旋转头部和颈部，并设置旋转通道的关键帧（按Shift＋E组合键），使角色的头部朝向胸部的方向，稍微向下倾斜，如图4.2.7②所示。

第10帧，头部和颈部仍然稍微向下倾斜〔由于在第1帧设置了Rotate X（旋转X）通道的关键帧〕，如图4.2.7③所示。

STEP04 第10帧，在*x*轴上向后和向上转动头部和颈部，并设置关键帧。在*z*轴上稍微向后转动两个装备，以减少头部的倾斜程度，如图4.2.7④所示。

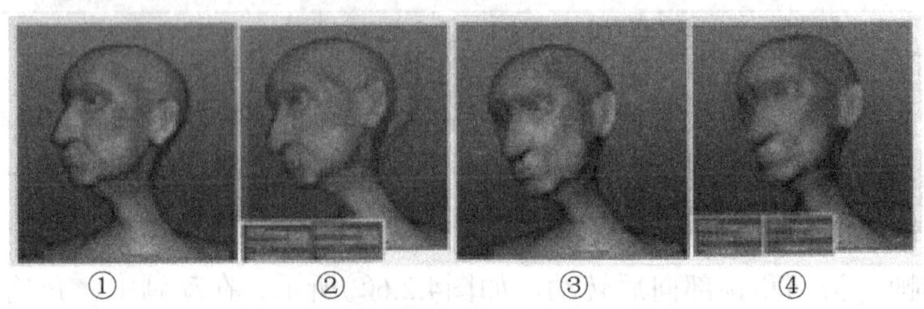

图4.2.7 编辑关键帧（第1～10帧）

STEP05 第15帧，在Rotate X（旋转X）和Rotate Z（旋转Z）通道上进一步编辑两个装备，使头部和颈部更挺直一些，如图4.2.8①、②所示。

STEP06 第30帧，在x轴和y轴方向上进一步转动颈部和头部。在当前帧，角色应该伸长颈部，抬起头部。在转动头部的最后阶段，角色的表现力更强，看起来更平衡，如图4.2.8③、④所示。

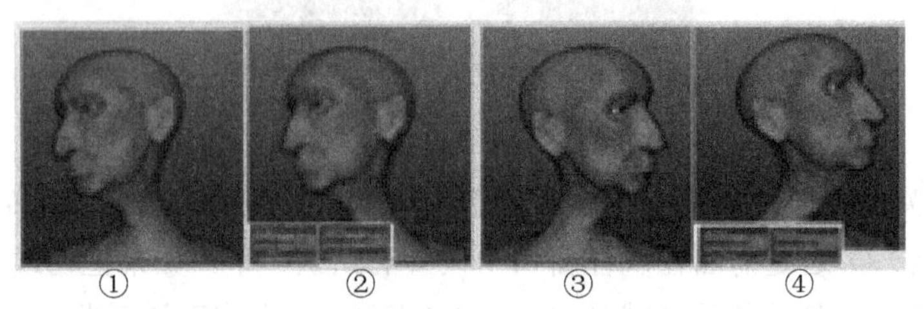

图4.2.8 编辑关键帧（第 15～30帧）

STEP07 在项目场景文件中打开编辑的动画，从L_SIDE_3_4摄像机书签角度播放动画（按Alt+ V组合键）。

因为在其他旋转通道〔Rotate X（旋转X）和Rotate Z（旋转Z）〕对动画进行了细微调整，所以动画更自然、流畅。

从摄像机书签的角度来看，在动画开始的缓入阶段，头部自然地偏向一边，并向下倾斜。随着头部在第15帧附近的两次转头，头部开始向上抬起〔Rotate X（旋转X）〕，如图4.2.9所示。验证头部转动的编辑，如图4.2.10所示。

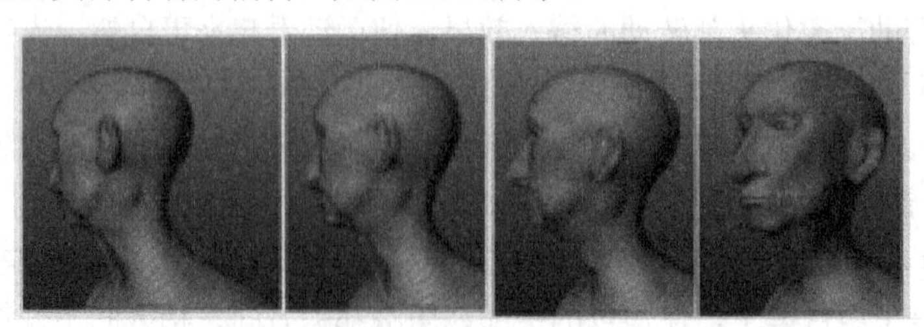

图4.2.9 验证缓入效果的编辑（第1～15帧）

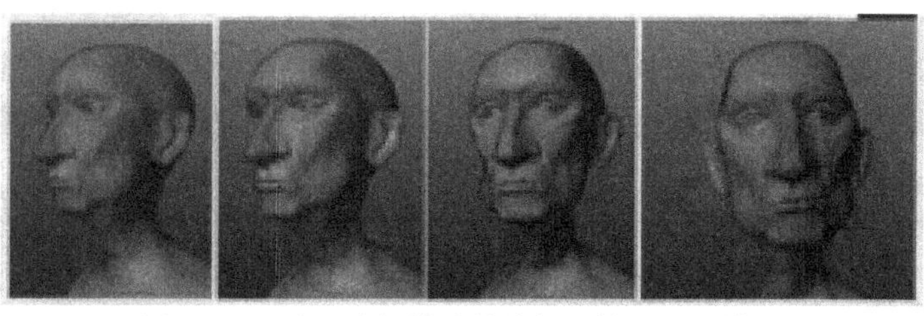

图4.2.10 验证头部转动的编辑（第15～30帧）

4.2.7 重新控制节奏和间距——快速转向

如果播放预览动画，动画看起来仍然有些缓慢。尽管现在的缓入效果非常精确和自然（第1～15帧），但是第15～30帧的头部转动动画有些缓慢。为了吸引观众的注意，缓入动作和主要动作之间的间距应该比较明显。缓入（第1～15帧）和头部转动（第15～30帧）都经过了15帧的时间。

下面将头部转动的时间减半，与缓入的动作形成强烈的对比，使动画的速度更快。

STEP01 打开场景文件，选择两个装备（Ctrl_Neck/Ctrl_ Head），选择菜单命令 Window → Animation Editors → Dope Sheet（窗口→动画编辑器→关键帧清单），打开关键帧清单。

STEP02 第30帧，选择两个装备的关键帧。

STEP03 选择的关键帧高亮显示为黄色，启用移动工具（按W快捷键），按下鼠标中键，将关键帧拖动到第22帧。

STEP04 播放预览动画（按Alt + V组合键），运动的速度看起来加快了。

4.2.8 头部转向缓出

现在，动画在第22帧便停止，还有几帧的时间运行到播放范围的终点第30帧。可以扩展帧范围，使用与创建缓入效果相似的步骤为动画添加缓出效果。

STEP01 打开场景文件，在时间范围滑块右侧的数值输入框中，将播放范围的结束时间设置为45.00。

STEP02 第28帧，依次选择每个装备，扩展在y轴的旋转，颈部和头部随之转动，如图4.2.11所示。因为当前阶段需要的效果是柔和的缓出，所以旋转的角度不能太大。

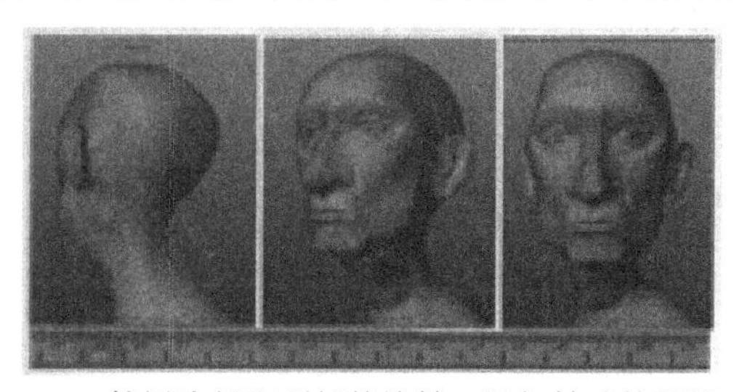

图4.2.11 扩展头部和颈部的旋转，添加转动的跟进动作

> 第22帧的关键帧以前是动画的最后一个关键帧，它将分隔切线手柄（原来的关键帧被设置为线性切线）。选择两个关键帧，单击图形编辑器中的Flat Tangents（平滑切线）按钮，统一切线手柄，使切线更平滑。

STEP03 在图形编辑器中观察两个Rotate Y（旋转Y）曲线的形状，对关键帧和切线进行必要的编辑，以形成一种平滑的缓出效果。

STEP04 角色头部在*y*轴转动的角度要比颈部转动的角度大一些，这样可以使姿势看起来更自然。此外，还需要在第33帧添加一个中间帧，以进一步优化缓出效果。

STEP05 在Rotate X（旋转X）和Rotate Z（旋转Z）通道中，需要对关键帧进行相似的设置，柔化或缓出头部和颈部的转动。

在动画的终点（第45帧）也需要设置关键帧，当前关键帧在Rotate（旋转）通道的数值要比第23帧关键帧的数值大一些。

微调关键帧的数值时添加了动画的间距，从而便于在动画中添加“运动中画面停格”。在头部转动的例子中，这个效果与快速的头部转动和缓出形成了对比，很好地控制了动画的节奏，使角色的运动看起来非常真实。

本章总结

通过对本章的学习，应能够熟练地使用缓出和缓入规律，制作Maya动画的角色缓冲动作，完成手臂摆动和头部转动动画（注意：动画编辑器的曲线编辑可以调整动画曲线的切线样式。观察不同切线下的动画状态，并且理解缓出和缓入对于动画制作的重要性）。

练习与实践

（1）完成球棒摆动动画（使用绑定好的角色进行动画制作）。

（2）完成角色头部转动动画制作（注意：缓出和缓入命令需要进入图形编辑器进行操作）。

第5章

架构——动作定帧和情绪设定

✍ 效果欣赏

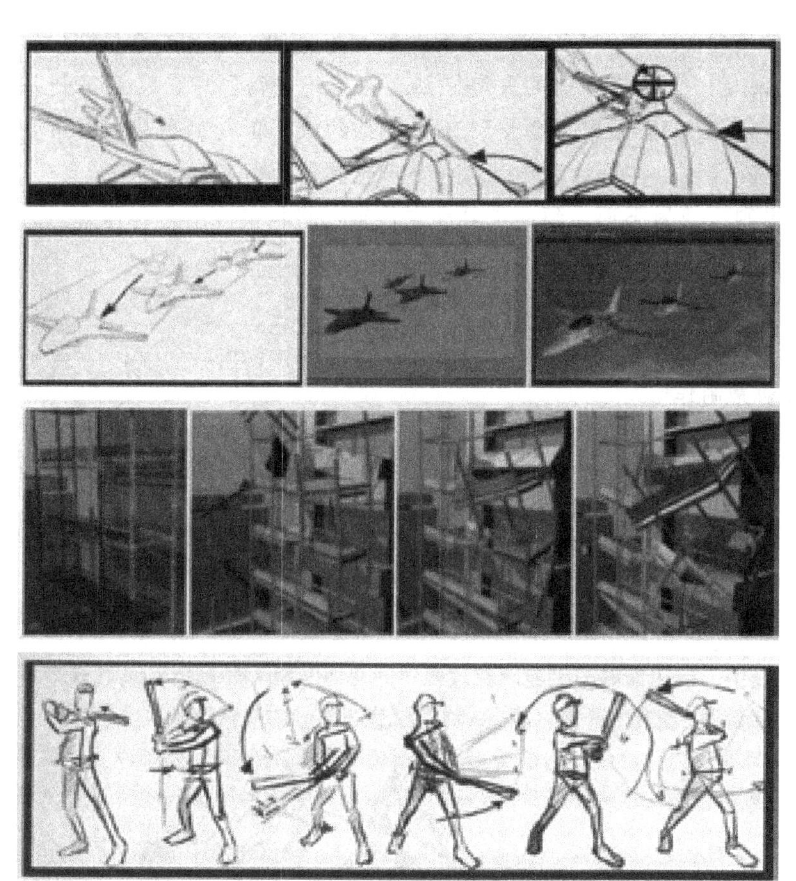

✍ 本章导读

构架是最通用的原则，它覆盖众多领域，而且历史悠久……它可以表现任何领域的动画，是非常完整而清晰的原则。

——《生命的幻象：迪士尼动画造型设计》

在制作3D动画时，构架是一个需要掌握的关键原则。在传统的动画中，动画师是基于2D平面绘制和编辑运动的。在3D动画中不会受到2D平面的约束，但是如果从所有角度观察动作，或绘制镜头的关键区域，在设计动作时可能会产生其他问题。

本章主要介绍构架的原则，使用下面介绍的工具和方法可以将构架应用在制作动画的所有阶段。

✍ 学习目标

- 理解分镜头并进行动画制作
- 了解动画的制作过程
- 理解设定缩略图
- 理解镜头与动画的关系

✍ 技能要点

- 依据分镜头设定制作动画
- 读懂设定缩略图
- 明白架构与动画制作的联系

✍ 实训任务

- 依据分镜头设定制作动画

5.1 缩略图和分镜头台本

在制作动画时，会大量使用缩略图和分镜头台本。这两种工具源于传统的动画和电影动画，可以被用在动画制作的所有阶段，包括前期设计、镜头布局、摄像机取景、动作设计、编辑、镜头调整和运动剪辑等。

5.1.1 缩略图

缩略图是一种快速而简单的示意图，可以创建或设计镜头中的动作。缩略图可以被定义为一种针对动作或取景的小型（只有拇指盖那么小）素描。在绘制缩略图时，可以使用传统的工具（如笔和纸），也可以使用电脑上的绘图板。使用绘图板的优势在于可以利用截图或绘图包提供的覆盖层重新绘制动作，以便快速地修改动画。

下面介绍绘制动画时可以应用缩略图的各种情况。

1. 整体动作规划

可以使用缩略图规划动画中的每个姿势。例如，在后面章节的动画中使用缩略图预览整体姿势和动作。

在跳跃动画中，使用缩略图创建跳跃过程中的总体间距（如图5.1.1①所示），以及动画结尾部分的特定姿势、重量和平衡（如图5.1.1②所示）。

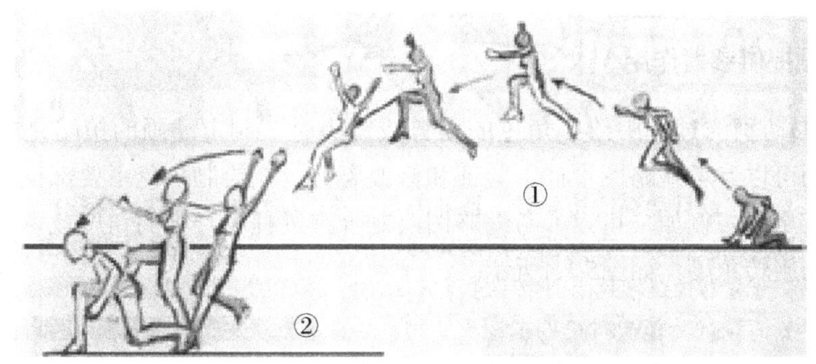

图5.1.1　缩略图——跳跃顺序

在奔跑循环动画的各个阶段都使用了缩略图。在前期设计阶段，使用缩略图设计角色在侧视图中的基本姿势，如图5.1.2所示。随着角色从一种姿势变换到另外一种姿势，使用缩略图可以确定身体的重量转移。在Maya中绘制角色的主要姿势时，可以参考缩略图中的动作。

图5.1.2　缩略图——奔跑循环

在绘制整体动作的缩略图时，可以非常粗略，不需要表现动作的细节。在使用缩略图设计角色动画时，只需要绘制简单的人体形状，或绘制“简图”即可。

2. 角色的姿势——控制平衡和重量

在编辑和优化动画的阶段，也可以使用缩略图。当需要更多的细节时，使用缩略图可以绘制特定帧的姿势。在角色动画中，绘制肩膀和臀部的线条和角度是非常关键的，可以用来规划使角色实现重量转移和平衡的姿势。肩膀和臀部的姿势变换应该符合脚部着地时发生的重量转移。例如，在奔跑循环动画中，当腿和手臂完全展开时，可以使用缩略图绘制主要的落地姿势中的脊椎、臀部及肩膀的线条和旋转角度，如图5.1.3所示。

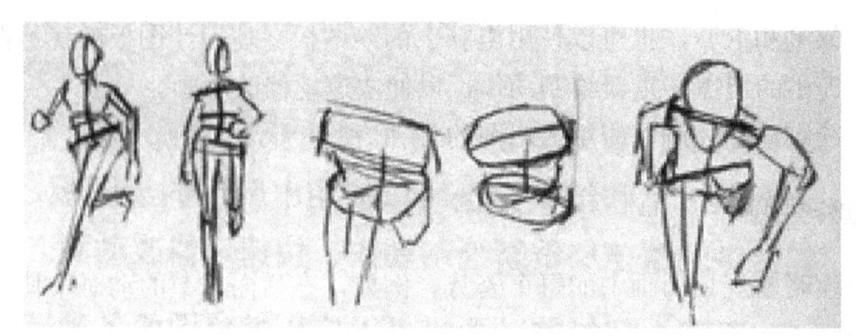

图5.1.3　奔跑循环的缩略图——创建重量感/姿势

总体来说，缩略图可以被看作是动画师创作过程的扩展，它是一种工具，确定需要绘制哪些动作或修改哪些姿势。

3. 为动画提供参考作用

在制作3D动画的过程中绘制角色的姿势或镜头时，制定动画的策略是非常重要的。制作角色动画可以参考缩略图设计、验证和修改姿势。在绘制角色主要部位的姿势时，缩略图是非常有用的。例如，可以参考缩略图绘制奔跑过程中脊椎的角度或弯曲度，以及上半身和臀部的旋转角度，如图5.1.4所示。

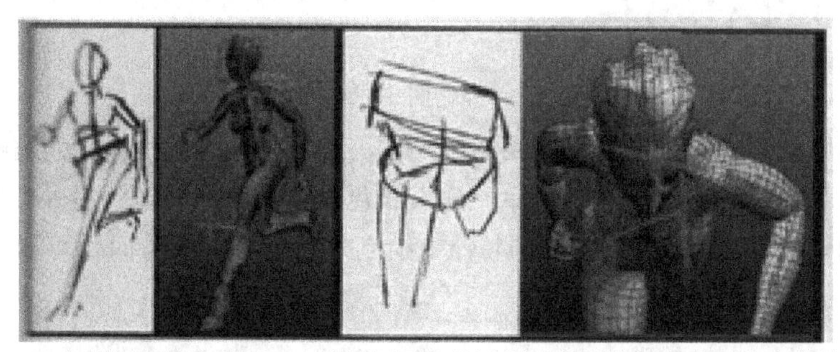

图5.1.4　奔跑循环的缩略图——从侧视图和俯视图观察脊椎的角度和上半身的偏移

在制作动画时，快速地画出缩略图可以帮助动画师绘制特定镜头的姿势或修改姿势。在评估3D动画时粗略地画出角色和控制器的姿势变化，可以快速地进行对比和修正。对动画的细节进行优化时，需要从各种角度观察姿势和缩略图，确保姿势是平衡、稳定的，如图5.1.5所示。

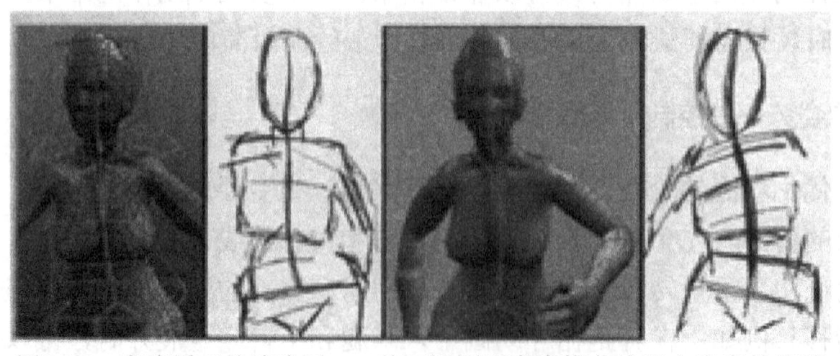

图5.1.5　奔跑循环的缩略图——从正视图观察脊椎曲线和上半身的偏移

4. 人体素描和研究——人物和形态

对于角色动画来说，需要在更多的细节上研究人体解剖学和人体形态，学习人体素描课程。大部分人体素描课程都包含预热阶段，即首先绘制一些简短的素描。通过学习可以提高绘画技术和观察技巧，为制作动画打下良好的基础，如图5.1.6、图5.1.7所示。

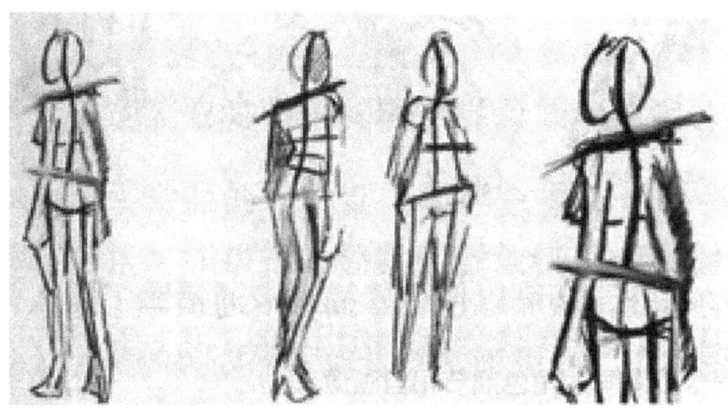

图5.1.6　人体素描——快速入门1

此外，当需要快速草拟角色的姿势时，通过学习人体素描可以提高绘画技巧。可以在没有参考资料的情况下快速绘制缩略图，也可以在Maya中绘制复杂的角色控制对象。

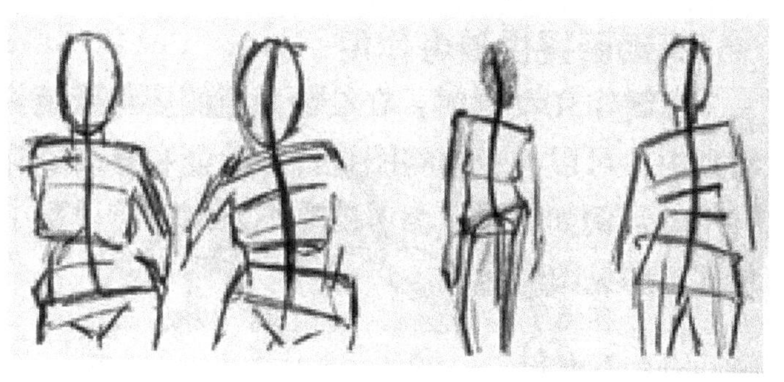

图5.1.7　人体素描——快速入门2

5. 缩略图的视频和照片参考资料

对于动画师来说，希望在绘制动画时拥有足够多的工具或辅助工具，帮助分析和优化运动。尤其对于初学动画和初学电脑动画的新手来说，工具非常重要。

在制作3D动画时，利用电脑软件提供的工具可以快速创建动画——快速地草拟一个镜头，然后使用电脑处理帧与帧之间的关键帧插值。但是，这种方法对定格动画来说并不适用。在制作定格动画时，动画师需要绘制动画中的每个帧。因此，在制作3D动画时，很容易忽略缩略图和制图技术的传统技巧。在某些情况下，3D动画师觉得如果没有传统动画师所做的前期工作——通过缩略图设计镜头或运动，制作作品的速度会更快。

在绘制角色动画的人体素描时，除了使用缩略图和参考角色以外，还可以结合使用视频或照片等参考资料绘制角色运动的主要姿势。

视频或照片对于表现人体运动或极限运动是非常理想的，例如，执行快速动作或运动。在本书很多的示例中，都借助视频和照片绘制缩略图。例如，在棒球动画中，视频和照片可以帮助动画师了解身体的主要姿势和弯曲度，当角色快速运动时，身体处于极限姿势，如图5.1.8所示。

在绘制动画时，需要清楚地了解运动的总体情绪和感觉。丰富的参考资料和缩略图对于极限运动来说是非常关键的，可以使动画师弄清楚重量和平衡的主要变换。

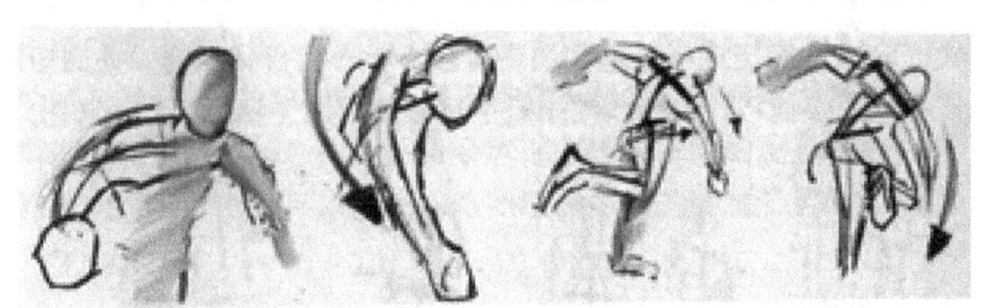

图5.1.8　将视频和照片资料与缩略图结合使用——极限运动

6. 缩略图——卡通漫画、角色细节和自画像

除了使用缩略图了解极端或夸张的身体动作外，还可以使用素描或卡通漫画了解人体运动中更微妙的细节。例如，绘制角色手部的副动作，或更细微地表现手部姿势的类型，如图5.1.9所示。在动画的规划和优化阶段，都可以利用缩略图或卡通漫画快速表现角色的动作。

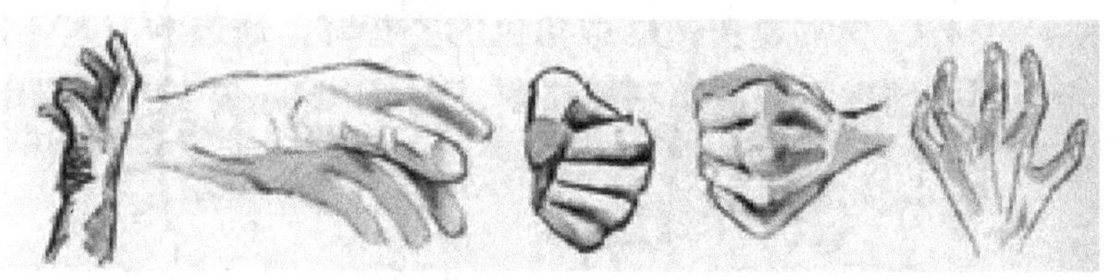

图5.1.9　卡通漫画——动画的手部姿势

对于角色动画的其他部分来说，动画师自己应该把运动表演出来，亲身感受一下身体的动作和运动的范围。在绘制3D空间的角色时，很多动画师都喜欢在附近放置一面落地镜，然后根据需要进行全身运动，并参考镜子中的运动。

对于面部动画来说，很多动画师建议在显示器旁边放一面镜子，在绘制动画时，可以和现实生活中的面部表情进行比较，以确定面部动作的范围。通过镜子研究面部动作时，还可以结合使用缩略图和卡通漫画，为角色的动作范围创建一个参考样本，如图5.1.10所示。

图5.1.10　使用卡通漫画绘制整个面部的表情

对于全身运动来说，卡通漫画或缩略图可以用来绘制面部动画中细节部位的具体形状，例如，眼睛、眉毛和脸颊，如图5.1.11所示。

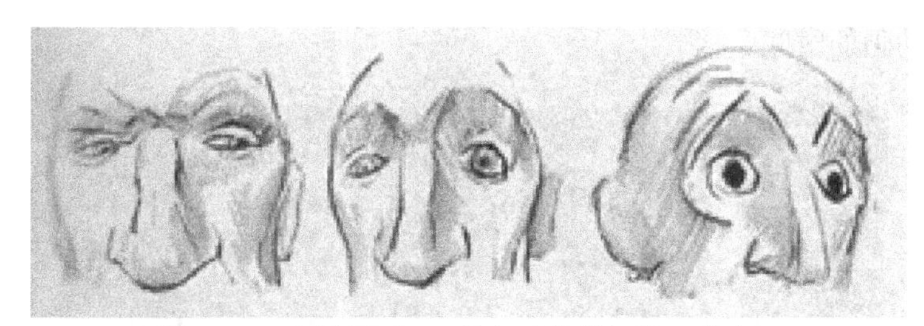

图5.1.11　卡通漫画——脸部动作的细节（眼睛）

当创建和优化面部动画的混合形状时，可以利用卡通漫画或缩略图设计角色运动的范围。正如前面所提到的，在动画制作的每个阶段都需要制定对应的策略，明确每个阶段的目标，以帮助动画师了解当前的工作和努力的方向。例如，角色的表情是古怪的、惊讶的、震惊的还是生气的；在镜子面前模仿这些表情，还是使用缩略图更有帮助。

7. 骨骼和控制器设计

在动画制作过程中的其他领域，例如，在规划和创建角色骨骼或控制器工具时，也可以使用缩略图，而这些领域往往被很多人忽视。实际上，可以使用缩略图进行任何控制器设计或控制器设置，确定需要哪些控制器，以及如何放置这些控制器。

对于骨骼的控制器来说，重要的是要明白在哪个位置创建骨骼的关节，以符合角色模型的比例和形状。如果把骨骼的位置放错了或放偏了，在绘制动画时角色的身体形状就会发生变形。

可以使用缩略图绘制在Maya中从不同角度观察角色模型的图像或截图。使用Photoshop 等图像编辑软件可以在图层上编辑图形。可以使用缩略图针对角色的比例设计关节的位置，然后再参考缩略图在Maya中创建骨骼控制器，如图5.1.12所示。

可以使用相似的步骤为角色设计有效的控制对象。例如，为了方便地选择和管理角色，可以快速地利用缩略图确定控制器的位置，如图5.1.13所示。

在绘制骨骼和控制器的细节部分时，可以使用缩略图确定这些细节部分的外观和功能。

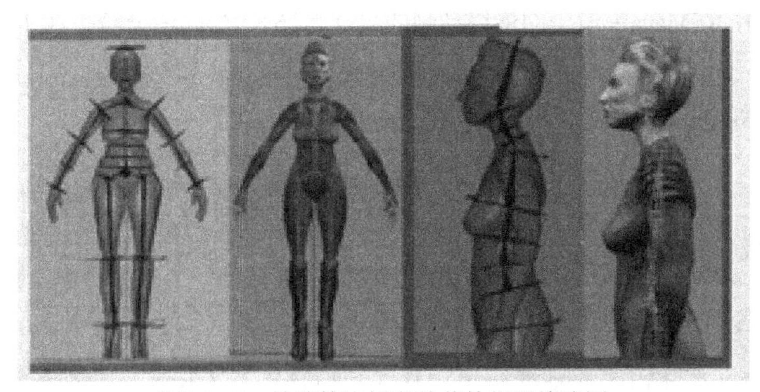

图5.1.12　骨骼的比例和关节的位置缩略图

正如前面所提到的，利用缩略图有助于动画的设计和修改。首先要确定控制工具的外观和功能，这样在Maya中实际创建工具和装备时，可以更有效地对这些装备进行设置，也节省了修改动画的时间。

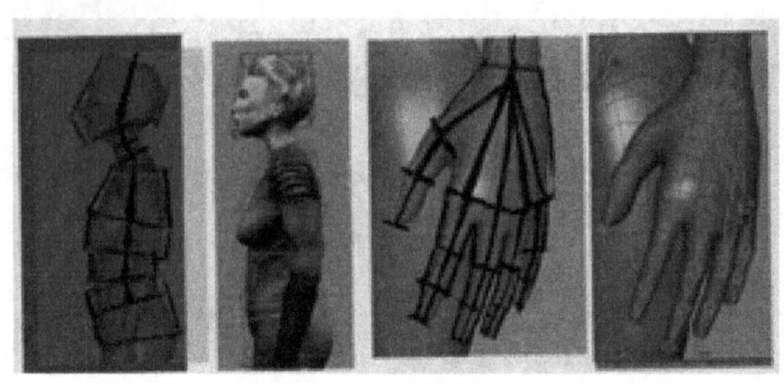

图5.1.13　利用缩略图绘制装备和手指关节的位置

5.1.2　分镜头台本

分镜头台本可以被看作是缩略图的扩展。利用分镜头台本，可以使用和缩略图相似的步骤绘制动画的镜头和动作。

分镜头台本是一种常用的工具，尤其是在绘制较长的动画序列时，经常会用到分镜头台本，例如，视频游戏中的镜头或序列。一般情况下，分镜头台本类似于连环画，通过连续的帧展示一系列动作和摄像机镜头，如图5.1.14所示。

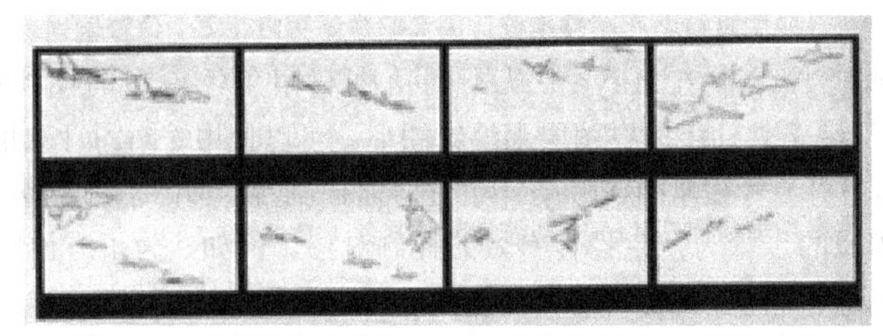

图5.1.14　分镜头台本布局——F16战斗机动画——引入动画

使用分镜头台本时，最好使用通用框架尺寸的模板，框架尺寸要和Maya中动画的宽高比大致相同。例如，在Maya中渲染的最终动画的尺寸是16×9全高清分辨率（1 920×1 080），那么分镜头台本中每个镜头的框架尺寸要与Maya动画的尺寸大致相同，只有这样，分镜头台本的摄像机取景才能符合Maya中的设置。

可以创建一定宽高比的模板，使其适用于项目中所有的分镜头台本。如果目前使用的是传统介质，可以打印或影印模板。如果使用Photoshop等图像编辑软件绘制分镜头台本，可以把模板保存为图像文件。

1. 分镜头台本——镜头和动作注释

当使用分镜头台本时，需要为模板添加注释以说明每个镜头诠释的含义。分镜头台本的注释分为以下几种类型。

（1）镜头编号/摄像机编号——简要说明，如视野点（POV）镜头/推拉镜头/远景镜头。

（2）摄像机注释——是否使用摄像机视野边界（FOV）/动感模糊？是否调整了焦距或镜头？

（3）时间注释——镜头要使用多少帧或多少秒？

（4）动作注释——在镜头中会移动哪些元素？是通过作用线，还是对应的文字注释或图形表示元素的移动？

注释可以被添加到每个面板的底部，如果一个镜头要用多个面板表示动作和框架，注释可能需要覆盖整个镜头，如图5.1.15所示。

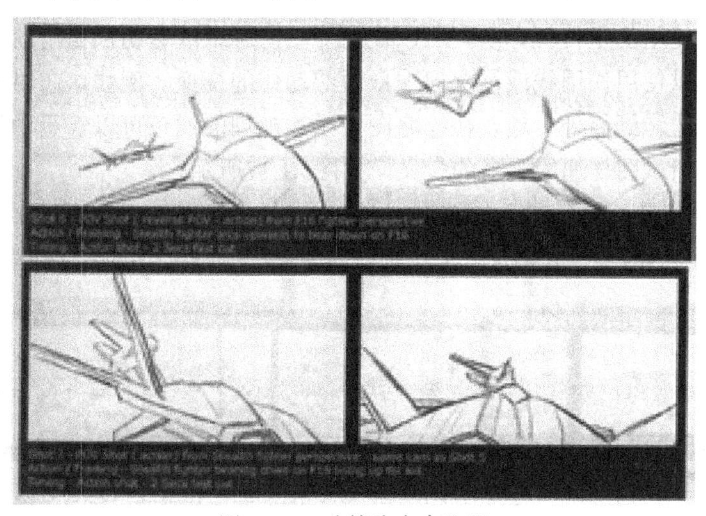

图5.1.15　分镜头台本注释

为分镜头台本添加注释，可以方便地表述每个镜头要表达的含义。如果是团队合作制作动画，分镜头台本的注释更加重要，因为分镜头台本要传给其他绘制场景布局的动画师，使他们清晰地了解分镜头台本的含义。

2. 分镜头台本——资源和项目规划

分镜头台本不仅能够反映动画的整体时间和框架，还有助于管理项目。例如，仔细分解每个镜头的长度，可以确定整个动画所需要的时间。在项目的资源创建阶段，或者最终效果的渲染阶段，如果进一步分解场景中的多个元素或效果，镜头就会变得更复杂。

可以把分镜头台本看作是项目的整体框架，它适用于团队协作制作动画的情况，可以说明动画的整体目标和工作任务的分解。

3. 分镜头台本——作用线和缩略图

分镜头台本的主要目的是说明特定场景或动画序列的整体镜头和动作框架。如果有需要，可以进一步分解分镜头台本，以表达更详尽的细节。

例如，如果某个镜头非常复杂，或者动画的动作不太清晰，或者动画的含义模糊，就需要添加其他缩略图或分镜头台本。

使用缩略图时，可以在面板中添加作用线，以更好地表达动作曲线和运动。在前期设计阶段，可以进一步分解框架，使动画师方便地进行构架或绘制初期动画。对于整个分镜头台本来说，通过缩略图进行动作的分解是非常有用的，可以在团队中清晰地传达动画的思路或动作，如图5.1.16所示。

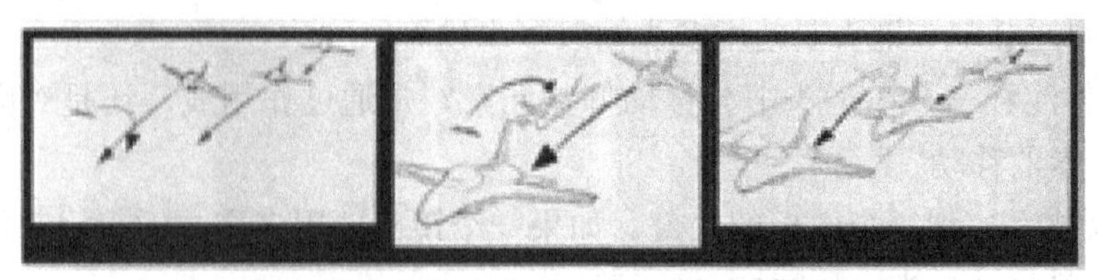

图5.1.16　分镜头台本分解（缩略图）——明确动作

如果动画师使用的是传统介质，可以使用缩略图画纸或透明板粗略地绘制元素在每一帧的位置，也可以使用作用线或箭头向观众说明动作的变换。例如，在对象向前移动的同时，是不是从一边转到另外一边？在缩略图中添加模糊的线条可以表示动作，并向同项目的其他动画师说明试图传递给观众的含义，如图5.1.17所示。

使用缩略图绘制n颗粒特效，如烟雾、火焰或镜头动感模糊，也有助于表达镜头的气氛和基调，设计动画的效果，并确定在渲染阶段需要使用哪种类型的摄像机特效或滤波器。

图5.1.17　分镜头台本分解（缩略图）——作用线和运动

5.1.3　分镜头台本和过滤镜头——F16战斗机序列

本章下面几节将介绍样片布局，以及Maya中的摄像机设置和镜头顺序。在介绍这些内容时，将参考后面提供的分镜头台本布局。

分镜头台本使用前面概述的技巧，以及在前面介绍缩略图时讨论的方法。在项目场景文件中包含分镜头台本和分解镜头。

1. F16战斗机动画，分镜头台本样片1——创建动作

分镜头台本样片1——创建动作，如图5.1.18所示。

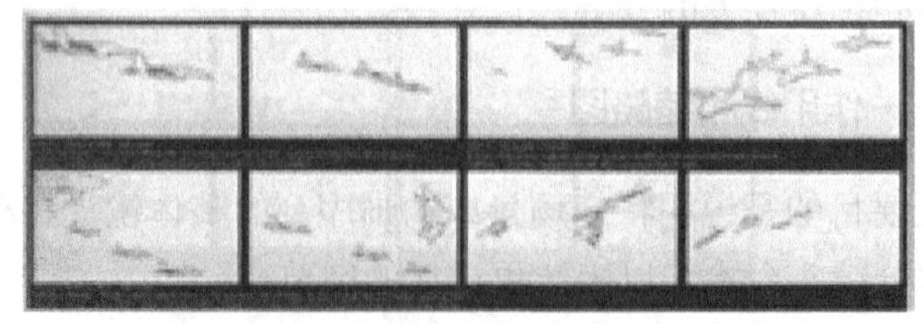

图5.1.18　分镜头台本样片1——创建动作

第一个分镜头台本样片主要介绍创建动画的动作。

（1）在镜头2中，摄像机的角度从标准的侧面跟踪拍摄变成更动态的成角度拍摄。

（2）前面几个镜头的整体速度很慢，使动作具有缓入的效果。

（3）敌人潜伏的隐形战斗机从镜头2开始进入画面，其他的F16战斗机并没有察觉，通过镜头3和镜头4的一系列广角推拉镜头创建了预备动作，敌军的战斗机急速穿过时，便开始了混战。

（4）在分镜头台本的结尾阶段，两架F16战斗机逐渐从镜头中消失，隐形战斗机把目标对准了前面的F16战斗机。

2. F16战斗机动画，分镜头台本样片2——过滤镜头

分镜头台本样片2——过滤镜头，如图5.1.19所示。

图5.1.19　分镜头台本样片2——过滤镜头

在镜头2中，可以看到隐形战斗机从远处沿着弧线快速地飞过来，对准前面的F16战斗机。

3. F16战斗机动画，分镜头台本样片3——过滤镜头

分镜头台本样片3——过滤镜头，如图5.1.20所示。

图5.1.20　分镜头台本样片3——过滤镜头

在镜头3中，隐形战斗机不断接近摄像机镜头，在追踪F16战斗机时倾斜机身。摄像机从侧面拍摄，清晰地展示了战斗机从左到右的飞行动作。在画面结束阶段，摄像机跟踪战斗机的尾部，表明由于隐形战斗机的追赶，F16战斗机逐渐消失到地平线。

4. F16战斗机动画，分镜头台本样片2——混战运动

分镜头台本样片2——混战运动，如图5.1.21所示。

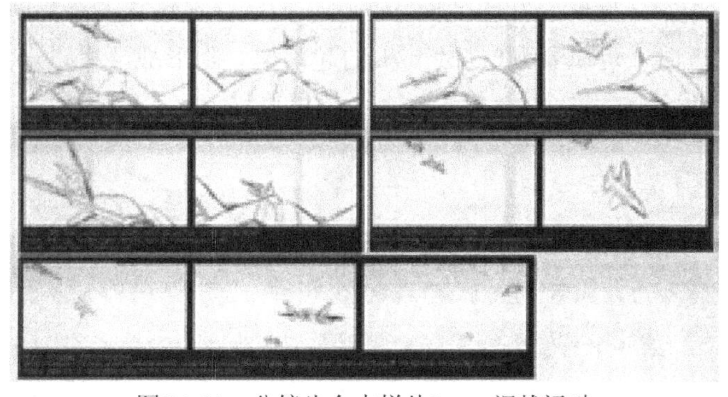

图5.1.21　分镜头台本样片2——混战运动

第二个分镜头台本介绍了飞机混战的场景。在追赶的隐形战斗机和F16战斗机之间发生了1vs1的混战运动。

（1）时间——其他F16战斗机从画面中消失，镜头推近快速切换到两架战斗机的混战动作。

（2）摄像机取景——主要动作的镜头所使用的摄像机取景是从战斗机的角度进行POV取景。

（3）移动——在战斗期间，两架战斗机都倾斜机身，并向下俯冲。F16战斗机达到顶点后，后面的敌机对准F16战斗机进行射杀。

（4）缓出——在动画序列的最后两个镜头中，F16战斗机向地面猛冲（镜头8），隐形战斗机消失在画面的远方。最后一个镜头的速度比较慢，强调了镜头的缓出效果。

5. F16战斗机动画，分镜头台本镜头7——过滤镜头

镜头7——过滤镜头，如图5.1.22所示。

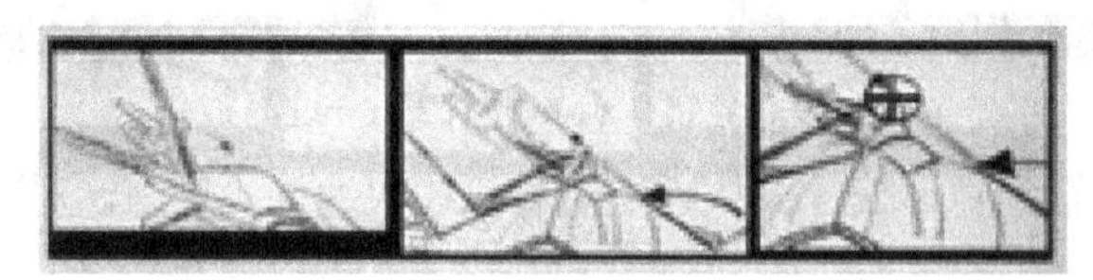

图5.1.22 分镜头台本镜头7——过滤镜头

在镜头7中，摄像机镜头切换到隐形战斗机的后面，从隐形战斗机的角度使用POV镜头。 在这个镜头中，隐形战斗机在F16战斗机的上面，逼近F16战斗机进行射杀。隐形战斗机从右侧向左侧转动，调整自己的角度进行发射，使F16战斗机位于它的视线范围内。

6. F16战斗机动画，分镜头台本镜头8——过滤镜头

镜头8——过滤镜头，如图5.1.23所示。

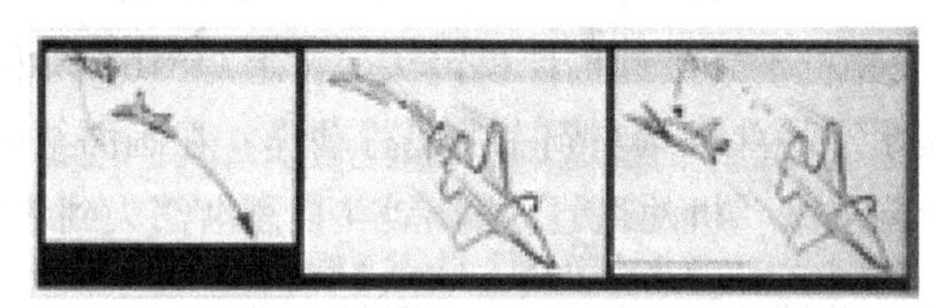

图5.1.23 分镜头台本镜头8——过滤镜头

在镜头8中，摄像机跟踪两架战斗机的运动，从侧面清晰地显示运动过程。F16战斗机在上一个镜头中被击中，旋转着冲向地面，失去了控制。在镜头的最后阶段，当F16战斗机冲到摄像机镜头附近时，可以看到F16战斗机的起落架。隐形战斗机以一定的角度从画面的左侧消失，终止行动。

5.2 摄像机——高级设定

在前面的章节中，已经介绍了Maya摄像机的基本选项，了解了如何使用不同的摄像

机类型，包括自由摄像机、摄像机的目标及如何控制场景中的摄像机适当地设计镜头中的运动；此外，还介绍了如何使用Maya提供的属性编辑器（Attribute Editor）对摄像机进行基本的设置，并通过各种选项切换面板显示和取景。

本节将介绍关于Maya摄像机的其他控制选项，并通过选项设置在Maya中预览摄像机的效果，这些效果近似于最终的渲染质量（Viewport 2.0）。

5.2.1 摄像机属性

摄像机的焦距和景深等属性可以在很大程度上影响最终作品的气氛或外观。本小节将介绍如何在属性编辑器中修改这些属性，以及如何在Viewport 2.0和Mental Ray/Maya软件中预览景深，主要涉及到的知识点有剪裁平面、焦距/视角、景深（DOF）。

5.2.2 Viewport 2.0硬件渲染

下面介绍Maya Viewport 2.0硬件渲染器实现的其他预览效果，主要涉及到的知识点有环境光遮蔽/抗锯齿、动感模糊、硬件渲染（离线）和mental ray/Maya软件渲染器。Maya Viewport 2.0渲染器允许用户实时预览最终作品的特效，极大地提高了编辑和检查的速度。

Maya Viewport 2.0渲染器需要系统视频卡的支持。如果系统视频卡不能满足Maya Viewport2.0渲染器的要求，那么打开本节中的示例场景时系统会提示错误。

5.2.3 剪裁平面

可以从Maya的摄像机视图中看到剪裁平面装备，但可能无法看到超过剪裁平面的范围或远离剪裁平面的对象，这些对象也有可能被剪裁掉一部分。

STEP01 打开本例使用的起始场景文件。

STEP02 选择菜单命令Panels→Perspective→camera1（面板→透视视图→camera1），从摄像机的角度显示当前的面板。

场景文件包含初期动画中的三个F16战斗机镜头，如图5.2.1①所示。

STEP03 在大纲视图中展开camera1_group，选择camera1。

STEP04 打开属性编辑器（按Ctrl+ A组合键），在cameraShape1选项卡中展开Camera Attributes（摄像机属性）菜单，查看剪裁平面的设置。场景中的摄像机使用以下默认的剪裁平面数值。

near clip plane（近剪裁面）= 0.100

far clip plane（远剪裁面）＝10000.000

在默认情况下，近剪裁面被设置为比较小的数值（0.1场景单位），表示超过0.1场景单位的对象是可见的。可以把剪裁平面看作是摄像机视图前面虚拟的平面。

STEP05 修改摄像机的剪裁平面，效果如图5.2.1②所示。

near clip plane（近剪裁面）＝15.000

① ②

图5.2.1　设置近剪裁面

从摄像机的角度来看，0.0到15场景单位的对象都是可见的。从画面中看，F16战斗机的机头被剪切了。

（1）修改近剪裁面的场景文件包含在项目场景文件中。

（2）修改远剪裁面正好与近剪裁面相反。超过远剪裁面的对象将不会显示在摄像机视图中。从摄像机中可以看到的对象的位置是介于近剪裁面和远剪裁面之间的。场景中远剪裁面的默认设置为10000.000场景单位——表示从摄像机的视图（camera1）中可以看到远处的所有对象，包括天空对象，如图5.2.2①所示。

STEP06 在大纲视图中展开camera1_group，选择camera1。

STEP07 打开属性编辑器（按Ctrl + A组合键），在cameraShape1选项卡中展开Camera Attributes（摄像机属性）菜单，设置远剪裁平面。

far clip plane（远剪裁面）＝500.000

背景中的天空对象将不再显示，因为它超过了远剪裁面的范围（500场景单位），如图5.2.2②所示。修改远剪裁面的场景文件包含在项目场景文件中。

far clip plane（远剪裁面）＝75.000

背景中的天空对象超过远剪裁面的范围（500场景单位），摄像机视图中不再显示天空对象。除此之外，视图右上角的F16战斗机后身也被剪切掉，如图5.2.2③所示，这主要是因为在摄像机视图中战斗机后部被放置在60～70场景单位之间（远剪裁面＝75.000）。可以把近剪裁面和远剪裁面设置为极限值，那么就只有小范围的元素才能显示，不会从视图中剪切掉。

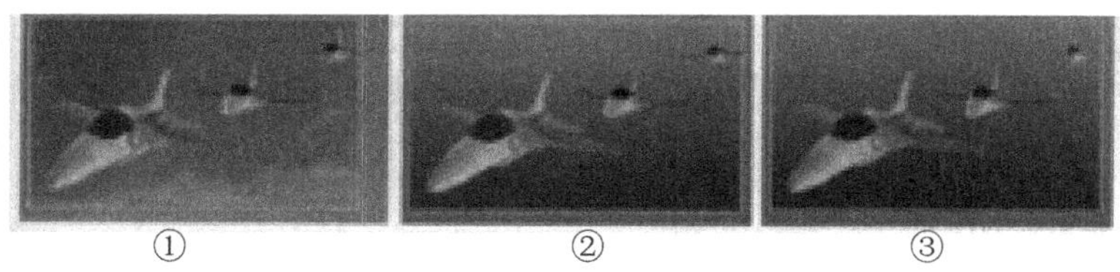

图5.2.2 设置远剪裁面

STEP08 在大纲视图中，展开camera1_group，选择camer1。

STEP09 打开属性编辑器（按Ctrl + A快捷键），在cameraShape1选项卡中展开Camera Attributes（摄像机属性）菜单，设置远剪裁面。

far clip plane（远剪裁面）=55.000

在摄像机视图中，超过第二架F16战斗机中点的所有元素都被剪切掉，如图5.2.3①所示。

far clip plane（远剪裁面）=55.000

near clip plane（近剪裁面）=35.000

现在，场景中显示的元素为35（近剪裁面）～55场景单位（远剪裁面）之间的元素。离镜头最近的F16战斗机的尾部是可见的，第二架F16战斗机的机头也是可见的，如图5.2.3②所示。

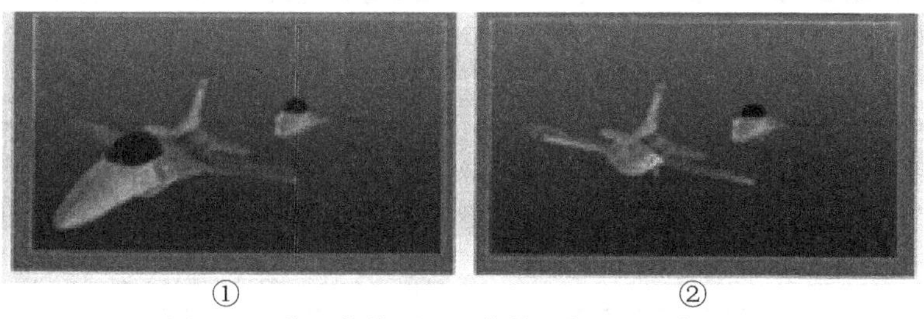

图5.2.3 将近剪裁面和远剪裁面都设置成极限值

5.2.4 焦距/视角

Maya中的摄像机焦距属性类似于现实生活中的摄像机镜头的角度。广角镜头相当于短焦距，伸缩镜头相当于长焦距。下面介绍如何修改焦距属性调整场景效果。

场景文件的设置和前面的文件是相同的，摄像机视图中关于三架战斗机的剪裁平面和焦距都使用默认设置。

STEP01 在大纲视图中展开camera1_group，选择camera1。

STEP02 打开属性编辑器（按Ctrl + A组合键），在cameraShape1选项卡中展开Camera Attributes（摄像机属性）菜单，查看焦距/视角属性。默认设置如下。

Focal length（焦距）=37.000

Angle of view（视角）=51.88

当摄像机在场景中的位置与F16战斗机保持适当距离时，焦距的设置会产生非常自然的摄像效果，如图5.2.4①、②所示。

STEP03 在透视视图中选择摄像机，使用移动工具（按W快捷键）拉近摄像机和战斗机的距离，使摄像机离最近的F16战斗机的机头非常近，如图5.2.4③所示。

STEP04 将焦距修改为下面的数值。

Focal length（焦距）=20.000

视角和焦距属性是相互关联的，减小焦距会增加视角。

STEP05 当视角属性增加到大约84.00场景单位时，从摄像机的侧面可以看到更多的对象；当摄像机靠近对象时，可视的场景范围变大。

STEP06 当摄像机逐渐拉近，镜头完全打开时，可以使用更宽的广角镜头捕获相似的取景效果，如图5.2.4④所示。

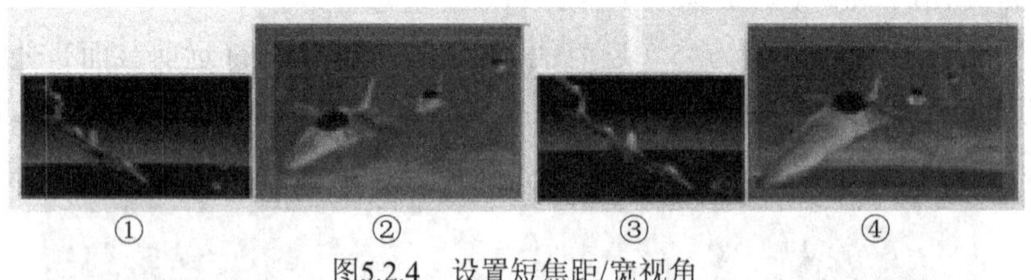

①　②　③　④

图5.2.4　设置短焦距/宽视角

增加视角（或减小焦距）会形成更夸张的摄像机角度。如果视角太大，就会使对象看起来比较扭曲，或者过度扩展。在本例中，离摄像机最近的F16战斗机的机头就被拉伸得太细长了。

在现实生活中，摄像机的鱼眼镜头相当于Maya中的最短焦距。如果在Maya的透视视图或正视图中查看摄像机的对象，当修改焦距或视角属性时，摄像机的镜头形状会发生变化，从视觉上反映摄像机镜头的设置。减少焦距会加宽摄像机镜头的前部；增加焦距会拉伸摄像机的形状，好像摄像机连接了一个长焦镜头一样。增加摄像机的焦距或减少视角会产生和前面的场景文件的示例相反的效果。

使用短焦距/宽视角设置镜头的场景文件包含在项目场景文件中。

对镜头进行设置，增加焦距/减少视角的操作步骤如下。

STEP01 打开本例的初始场景文件，使用默认的焦距设置。

STEP02 在透视视图中选择摄像机，使用移动工具（按W快捷键）向后拉动摄像机，使其远离战斗机，如图5.2.5①所示。

STEP03 在大纲视图中展开camera1_ group，选择camera 1。

STEP04 打开属性编辑器（按Ctrl + A组合键），在cameraShape1选项卡中展开Camera Attributes（摄像机属性）菜单，修改焦距/视角属性。

Focal length（焦距）=55.000

Angle of view（视角）=36.24

通过上面对焦距的设置，形成了更平滑的透视效果，如图5.2.5②所示。减小的视角类似于现实生活中摄像机的变焦镜头，是适合场景的镜头。

对镜头进行设置，增加焦距/减小视角的场景文件包含在项目场景文件中。

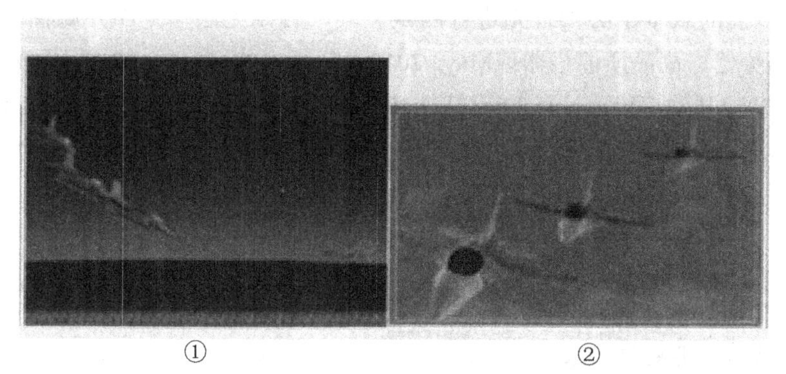

① ②

图5.2.5 增加焦距/减小视角

可以进一步增加焦距，使摄像机的透视效果更平滑，形成的效果类似于使用变焦镜头的效果。现在长焦距进行测试效果，在场景文件中将焦距设置为120.000，这时需要把摄像机往后拉才能得到相似的场景，如图5.2.6所示。

图5.2.6 增加焦距/非常窄的视角，使透视视图变得扁平

如果焦距设置得过长，会使摄像机的拍摄效果非常不自然。从根本上说，Maya的摄像机正视图等同于一个使用长焦距或无限焦距的标准摄像机。不断地增加焦距会缩小摄像机远景的外观，镜头中的对象会变得非常扁平，但不会进一步减小摄像机拍摄取景的比例。

将焦距加大到120.0的场景文件包含在项目场景文件中。

5.2.5 景深

Maya摄像机的景深（DOF）属性也是对真实摄像机效果的模拟。景深可以控制基于焦点距离的属性，应该把焦点对准场景中的哪些对象。DOF属性和剪裁平面属性是相似的，基于对象和摄像机对象之间的距离进行设置。

在Maya以前的版本中必须首先进行测试渲染，否则无法预览DOF属性的效果。默认的 Viewport渲染器、高品质渲染器或Maya 2012以前版本的Viewport 2.0都不支持DOF。

从Maya 2012开始，Viewport 2.0支持DOF。也就是说，可以在Viewport 2.0中实时调整DOF，快速地在视口中修改效果，然后再进行最后的渲染。不需要手动测量距离视口的焦点距离，然后进行测试渲染，再不断地调整DOF。

需要安装Maya 2012或更高的版本，以支持Viewport 2.0的功能，运行本节的示例。如果使用的是Maya以前的版本，就仍然需要调整DOF的属性，然后再通过离线渲染器验证效果。

下面介绍如何在场景中使用DOF属性。

STEP01 打开本例的场景文件。

场景文件的设置和前面的文件是相同的，摄像机视图使用Default Quality Rendering（默认质量渲染）方式显示场景元素。

STEP02 设置面板布局的外观（使用Space键），选择菜单命令Panels → Perspective → camera1（面板→透视视图→camera1），设置当前的面板视图显示camera1视图，如图5.2.7①所示。

如果场景中显示NURBS装备（黄色的圆形/红色星形），可以通过面板菜单命令Show→NURBS Curves（显示→NURBS曲线）隐藏这些对象。

STEP03 选择菜单命令Renderer → Viewport 2.0（渲染器 → Viewport 2.0），打开Viewport 2.0。

STEP04 在大纲视图中展开camera1_group，选择camera1。

STEP05 在属性编辑器中（按Ctrl +A组合键），选择camemShape1选项卡，拖动滚动条找到DOF菜单，展开菜单，启用Depth of Field。

摄像机启用DOF后，如果使用默认设置，镜头中所有的F16战斗机会很模糊，没有对准焦点，如图5.2.7②所示。

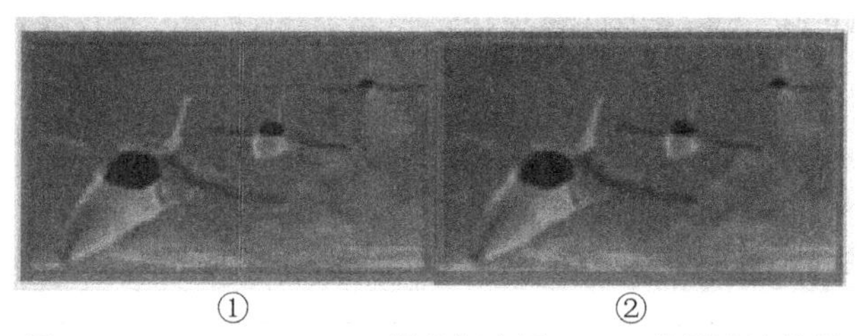

①　②

图5.2.7　Viewport 2.0——摄像机启用DOF，使用默认设置

由于DOF的属性设置问题，使所有的场景元素没有对准焦点。Focus Distance（焦点距离）= 5.00，这个属性控制距离摄像机一定场景单位范围内的对象是否可以对准焦点。所有的F16战斗机和摄像机的距离都大于5.00，因此，它们是模糊的，没有对准焦点。通过修改DOF属性，可以控制哪些对象是对准焦点的，以及如何表现效果。

STEP06　在大纲视图中展开camera1_ group，选择camera 1。

STEP07　在属性编辑器中（按Ctrl + A组合键），选择camemShape1选项卡，拖动滚动条找到DOF菜单，展开菜单，进行如下设置。

focus distance（焦点距离）=20.00

F Stop（ F挡）=10.000

焦点距离为20.00，说明焦点距离摄像机为20个场景单位，大致位于最前面的F16战斗机的驾驶员座舱处，如图5.2.8①所示。

将F Stop（F挡）设置为10.00，减少了模糊的影响，使场景的模糊效果减轻了。如果把该数值减少到5.000，聚焦的区域和背景中焦点没有对准的区域之间的对比会更强烈。如果把该数值增加到30.000，扩大了场景中聚焦的区域，效果就没有那么明显了。

调整DOF设置可以柔滑图像的其他部分，使观众的注意力集中到聚焦的部分，如图5.2.8②所示。

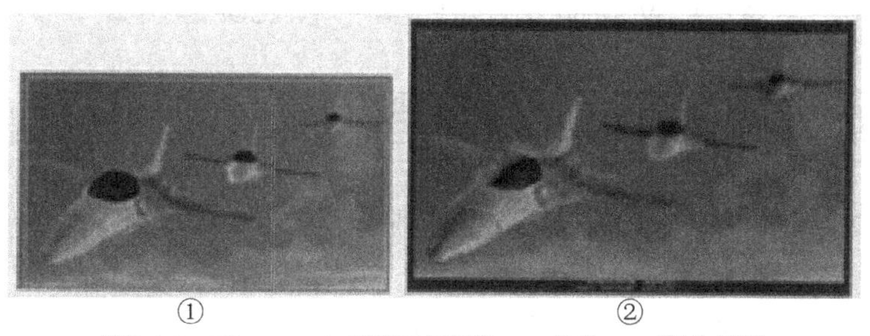

①　②

图5.2.8　Viewport 2.0和离线渲染——修改DOF聚焦近景

在Viewport 2.0（Maya 2012）中，可以快速地编辑DOF的属性，生成和优化场景效果。

通过Viewport对场景进行的编辑和优化与最终渲染的结果是完全一致的。当最终生成作品时，最好使用离线渲染器进行测试，以确保最终效果满足动画师的要求。

STEP08 选择渲染菜单设置（按F6快捷键）。

STEP09 选择菜单命令Render → Render current frame（渲染→渲染当前帧）。

修改DOF聚焦近景的场景文件包含在项目场景文件中。

可以修改DOF的属性，把焦点对准场景的中景或背景中的对象。

STEP10 在大纲视图中展开camera1_group，选择camera1。

STEP11 在属性编辑器中（按Ctrl + A组合键），选择camemShape1选项卡，拖动滚动条找到DOF菜单，展开菜单，进行如下设置。

Focus distance（焦点距离）=55.00

F Stop（F挡）= 5.000

F Stop（F挡）值为5.000，增强了效果，使场景中没有在焦点区域的对象更模糊。在前面的例子中，F Stop（F挡）=10.000。

Focus distance（焦点距离）= 55.00，说明焦点范围大致为场景的中景区域，中间的F16战斗机位于焦点范围内，如图5.2.9①所示。

当F Stop（F挡）值或焦点区域比例值减小时，场景的模糊程度会更明显。在本例中应该进行离线测试渲染，以确保最终效果的正确性，如图5.2.9②所示。

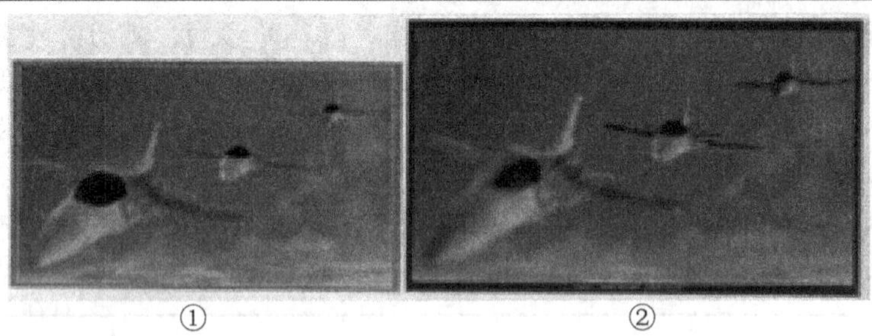

① ②

图5.2.9 Viewport 2.0和离线渲染——修改DOF聚焦中景

5.2.6 附加Viewport 2.0品质设定——环境光遮蔽/抗锯齿

Maya 2012及其新版本包含Viewport 2.0的新功能，如屏幕空间的环境光遮蔽和视口多样本抗锯齿。

STEP01 在活动的视口中，选择菜单命令Renderer → Viewport 2.0□（渲染器→Viewport

2.0 □），打开Viewport 2.0 选项窗口。

STEP02 在Hardware renderer 2.0 Setting（硬件渲染器2.0设置）窗口中，展开Screen Space Ambient Occlusion（屏幕空间环境光遮蔽）菜单，进行如下设置。

Enabled（启用）

Amount（数量）= 0.515

Radius（半径）= 17

Filter Radius（过滤器半径）= 20

Samples（样本）= 32

- Amount（数量）：定义了效果的整体强度。
- Radius（半径）：定义了样本区域。
- Samples（样本）：控制闭合样本的数量，以提高效果的质量。
- Ambient Occlusion（环境光遮蔽）：一种控制场景中元素整体阴影的效果。场景中消退的区域或“封闭的”元素比那些有棱角的对象或模型中突出的部分更暗一些。对于那些边界清晰、棱角分明的对象来说，这种效果更加明显。环境光遮蔽通常用于渲染时或者为模型添加纹理时，可以增加阴影效果。通常情况下，模型的“A0贴图”被认为是“污垢贴图”，因为这种贴图使模型更暗，使消退的部分显得更脏。屏幕空间的环境光遮蔽是Maya中Viewport 2.0实现的视口效果，在Viewport中基于屏幕空间复制环境光遮蔽的效果，在Viewport中增加整体质量和模型的阴影。在前面的例子中，屏幕空间的环境光遮蔽在场景的背景周围产生了明显的阴暗效果，如图5.2.10①所示。这种效果在模型的发光区域产生了轻微的光亮，柔化了图像，添加了精细的效果。在本例的场景中，模型的机身部分没有包含太多的细节，整体阴影的效果并不明显，如图5.2.10②所示。
- 多样本抗锯齿：在Maya 2012中，Viewport 2.0包含多样本抗锯齿功能。多样本抗锯齿功能提高了视口图像的整体质量，类似于离线渲染的抗锯齿功能。当查看模型坚硬的边缘时，抗锯齿功能可以减少锯齿或边缘。

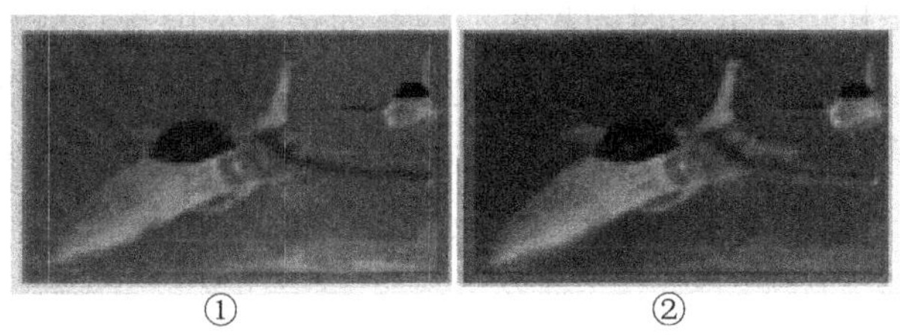

① ②

图5.2.10 Viewport 2.0启用屏幕空间的环境光遮蔽

STEP03 在活动视口中，选择菜单命令Renderer→Viewport2.0□（渲染器→Viewport 2.0 □），打开Viewport 2.0 选项窗口。

STEP04 在Hardware renderer 2.0 Setting（硬件渲染器2.0设置）窗口中，展开Multisample Anti-Aliasing（多样本抗锯齿）菜单，进行如下设置。

Enabled（启用）

Sample count（样本数量）= 8.0

增加样本数量可以改善图像的效果，但是如果在非常复杂的场景中增加样本数量，可能会降低视口的性能。样本数量的最大值为16.0，视口的性能取决于视频卡的性能和系统的驱动程序。

在Viewport中使用抗锯齿功能可以改善模型中最明显的边缘的质量，例如，窗口边缘和F16战斗机的机头，如图5.2.11①所示。如果没有抗锯齿功能，模型的边缘就会显得参差不齐。Viewport提供的抗锯齿功能可以使边缘变得平滑，使模型的质量非常接近渲染器启用抗锯齿功能的渲染质量，如图5.2.11②所示。

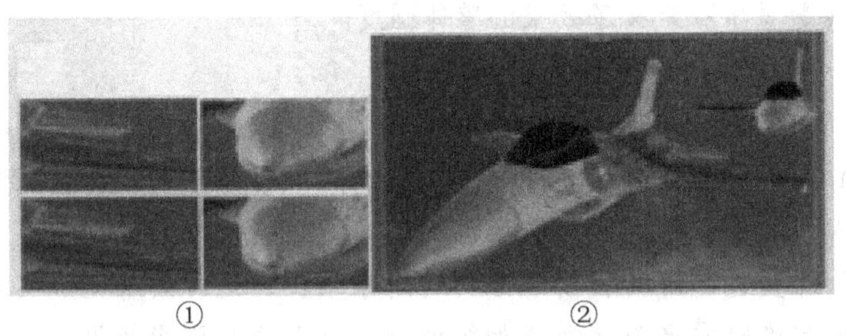

①　　②

图5.2.11　Viewport 2.0——启用多样本抗锯齿功能

在Viewport 2.0中启用屏幕空间环境光遮蔽和多样本抗锯齿功能的场景文件包含在项目场景文件。

5.2.7　动感模糊

当物体在摄像机前面快速移动时，使用动感模糊功能可以从摄像机的角度模拟这种渲染效果。在现实生活中，摄像机捕获对象位置的变化，以形成动感模糊效果。在摄影技术中，这种效果更明显。

在进行摄影时，快门打开的时间越长，捕获的运动范围就会越大，从而可以创建非常模糊的影像。在Maya中，可以在Viewport 2.0（Maya 2015）中模拟摄像机的动感模糊效果，但其设置动感模糊效果的选项非常少，这些选项可以提供动感模糊的近似值，在最终渲染之前验证场景中的效果和运动。下面基于示例中的场景设置，介绍如何使用Viewport 2.0中的动感模糊功能。

STEP01　从项目文件目录中打开示例场景文件。

在场景文件中已经制作了关于F16战斗机的几帧动画——F16战斗机飞过两个摄像机镜头，用于验证动感模糊效果，如图5.2.12①所示。

STEP02　选择菜单命令Panels → perspective → camera1（面板→透视视图→camera1），将视图设置为camera 1。

STEP03 选择菜单命令Renderer →Viewport 2.0□（渲染器→Viewport 2.0□），打开Viewport 2.0选项窗口。

STEP04 展开动感模糊菜单，进行如下设置。

Enabled（启用）

Shutter open fraction（快门打开）= 1.000

Sample count（样本数量）= 8

将时间滑块从第1帧拖动到第40帧，模型会出现非常明显的模糊效果，很多细节都丢失了，尤其是在模型的边缘，动感模糊的效果非常明显，如图5.2.12②所示。

如果向前移动摄像机，使其接近模型，就会发现Viewport中的动感模糊效果添加了一些波纹阴影，在模型中出现了明显的彩色线条，看起来很混乱，如图5.2.12③所示。在选项窗口中，增加样本个数可以解决这个问题。

STEP05 打开Viewport 2.0 选项窗口。

STEP06 展开动感模糊菜单，进行如下设置。

Shutter open fraction（快门打开）= 0.5

Sample count（样本数量）= 32

增加动感模糊的样本数量，增加每个点运动向量的样本数量。样本数量的增加可以改善图像的质量，减少彩色条纹，如图5.2.12④所示。

快门打开属性可以控制打开摄像机快门帧时间的百分比。当这个数值为0.5时，表示快门打开的时间占总时间的50%，而不是默认的1.0（100%），这样可以有效地减少效果的强度，类似于增加快门速度或减少真正的摄像机的曝光度。

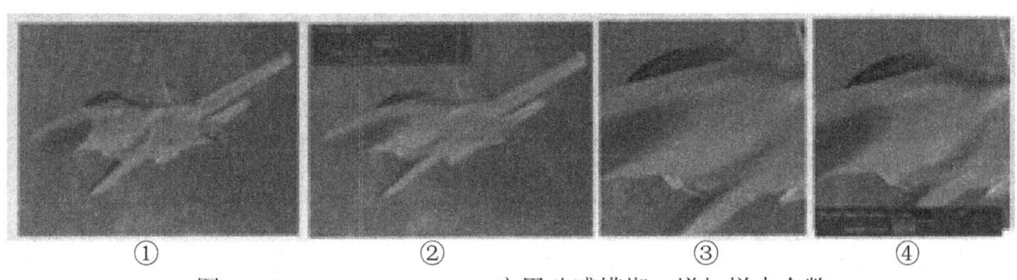

图5.2.12　Viewport 2.0——启用动感模糊，增加样本个数

利用场景中的其他摄像机测试效果。

STEP07 选择菜单命令Panels → Perspective → camera2（面板→透视视图→camera2），将视图设置为camera2。

STEP08 在Viewport 2.0选项窗口中关闭动感模糊，将时间滑块从第1帧拖动到大约第49帧的位置，如图5.2.13①所示。

STEP09 打开动感模糊菜单，进行如下设置。

Enabled（启用）

Shutter open fraction（快门打开）＝ 1.000

Sample count（样本数量）＝ 8

可能需要重新拖动时间滑块，以查看更新的效果。

经过上面的设置，效果更加明显。动感模糊效果极度夸张，从摄像机观察运动，会发现帧与帧之间产生了更多的运动，如图5.2.13②所示。下面要减少动感模糊效果，以提高图像的质量。

Shutter open fraction（快门打开）＝ 0.150

Sample count（样本数量）＝ 32

经过上面的设置，模糊效果有所改善，提高了模型的图像质量，如图5.2.13③所示。

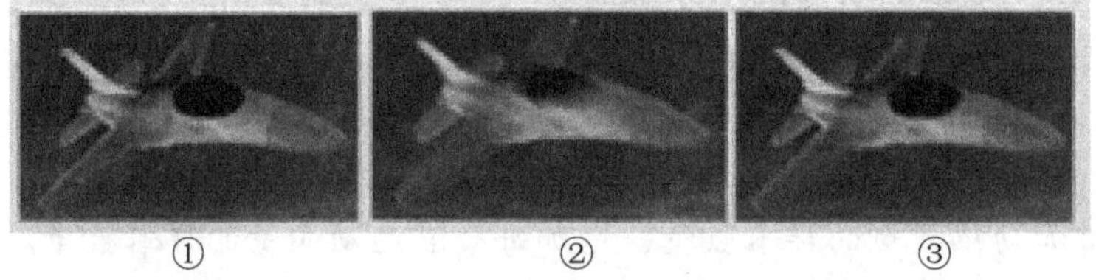

① ② ③

图5.2.13 Viewport 2.0——减少快速移动对象的效果

在Viewport 2.0中，使用动感模糊会对Viewport的性能造成负面影响。对于抗锯齿功能和环境光遮蔽来说，动感模糊使用的样本数量可以在很大程度上改善图像的质量。但是如果启用动感模糊，会增加视频卡的负荷。必须清楚的是，模型的图像质量也依赖于系统硬件和视频卡，以及场景和几何体的复杂度。

5.2.8 Maya软件/mental ray动感模糊

当设置场景进行验证时，Viewport 2.0的动感模糊和摄像机的动感模糊是非常类似的。在最后渲染时，Maya可以在标准的Maya软件和mental ray渲染器中对动感模糊进行设置。下面进行具体讲解。

STEP01 选择菜单命令Window → Rendering editors → Render settings（窗口→渲染编辑器→渲染设置），打开渲染设置窗口。

STEP02 为Maya软件设置渲染器，设置Render using ＝ Maya software（渲染使用＝Maya

软件）。

STEP03 选择Maya software（Maya软件）选项卡，向下拖动滚动条，展开动感模糊菜单。

对于Maya软件渲染器来说，默认情况下Use Shutter Open/Close（使用快门打开/关闭）选项处于禁用状态。当启用这个选项时，可以指定摄像机快门打开的帧时间长度。快门打开的时间越长，影片曝光越多，效果就越明显。

Maya软件渲染器使用动感模糊作为渲染后期的效果。与mental ray动感模糊相比，这个效果不太精确。

如果将渲染器设置为mental ray，就可以对动感模糊进行其他设置，从而提供更多的灵活性和质量控制。

除了可以修改Shutter Open/Close（快门打开/关闭）属性外，还可以把动感模糊从No Deformation（无变形）方式切换到Full（完整）方式。如果采用"完整"方式，可以计算模型每个顶点的模糊程度，最好对模型进行变形，如蒙皮的角色网格；如果采用"无变形"方式，模型是固定的，不会发生变形。

在Quality（质量）菜单中可以进行其他选项的设置，如Displace Motion Factor（转移动作系数）、帧范围和样本的数量。参阅Maya中mental ray的相关文档，可以详细了解这些选项的内容。

如果使用动感模糊进行渲染，要意识到质量设置和场景的复杂度会在很大程度上影响渲染时间。当使用mental ray应用动感模糊时，可以通过菜单命令Render Settings→Features→Rendering Features→Primary Renderer＝Rasterizer（Rapid Motion）〔渲染设置→功能→渲染功能→主要渲染器＝光栅器（快速动作）〕，将主渲染器设置为Rasterizer（Rapid Motion）〔光栅器（快速动作）〕，这样可以极大地减少动感模糊的渲染时间。

5.2.9　使用Viewport 2.0进行渲染

在Maya中对焦距和剪裁平面等选项的设置是相似的，无论使用视口中默认的渲染器、Viewport 2.0，还是离线渲染器。

在Maya 2012及最新的版本中，可以在Viewport 2.0中预览DOF和动感模糊等效果，以更方便地预览和验证场景设置，场景的质量非常接近使用Maya软件或 mental ray渲染器进行最终渲染的质量。

在Maya中可以使用Viewport 2.0渲染器离线渲染动画序列。使用Viewport 2.0进行渲染时，渲染器使用视频卡捕获动画，所以渲染速度非常快，这个过程被称为"硬件渲染"，主要是利用视频卡硬件，而不是使用独立的软件渲染器（如Maya软件或mental ray等软件渲染器）。软件渲染器使用系统的处理器进行渲染，当需要验证场景动画和设置时，

Maya Viewport 2.0是非常实用的。

STEP01 使用菜单命令Window→Rendering Editors→Render Settings（窗口→渲染编辑器→渲染设置），打开渲染设置窗口。

STEP02 通过设置Render Using（渲染使用）=Maya Hardware 2.0，将渲染器设置为Maya Hardware 2.0。

在渲染设置窗口中的Maya Hardware 2.0选项设置和Viewport 2.0选项窗口中的设置是同步的，所以渲染效果也和Viewport中的场景是完全相同的。

本章总结

通过对本章的学习，应能够熟练地控制Maya镜头与摄像机设置（包括焦距、景深、动态模糊等）；掌握分镜头台本与动画制作镜头的关系，并对渲染值进行设置，从而掌握动画实际制作工作流程所需要的镜头制作技能。

练习与实践

（1）完成本章第一节的分镜头台本，进行Maya动画文件制作（注意：动画制作中所需的模型可自行制作完成，重点在镜头的完成状态而不是模型的相似度）。

（2）学会控制Maya镜头的属性调节，并能够设置简单镜头渲染。

第6章 跟随动作和重叠动作

效果欣赏

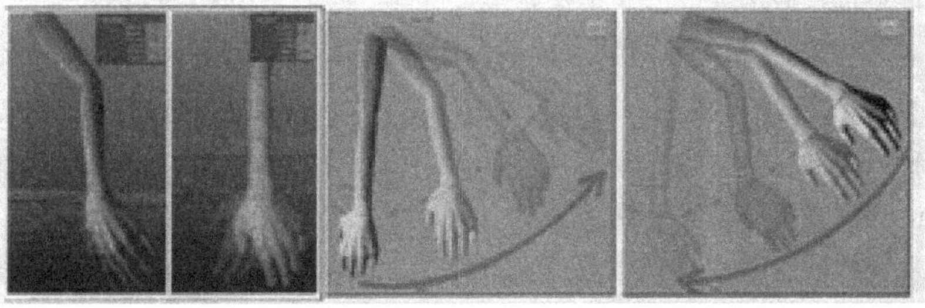

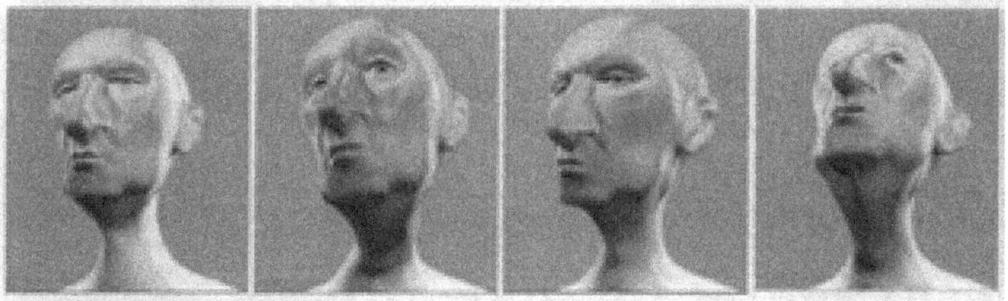

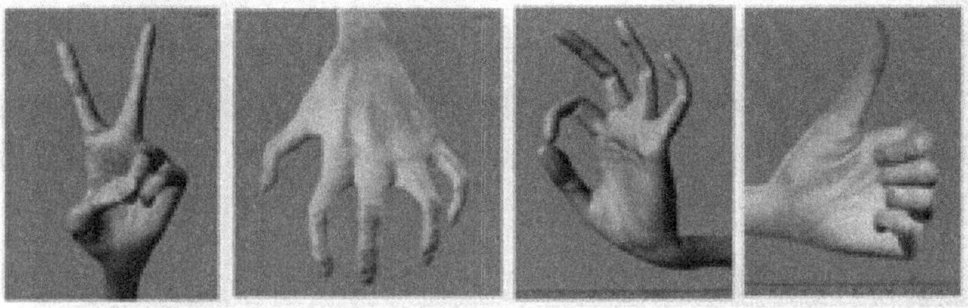

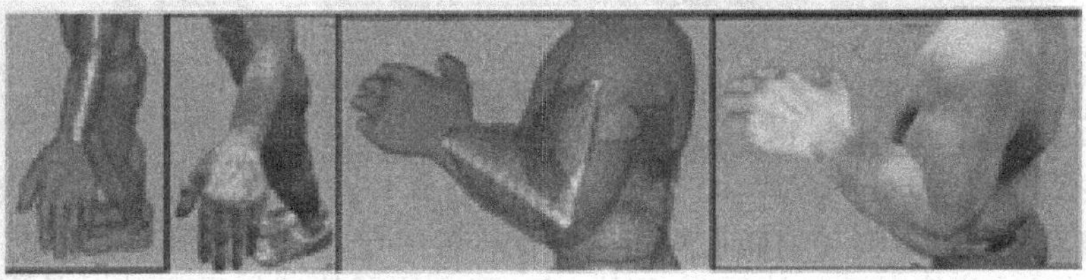

✍ 本章导读

事物的发展不会一步到位，它们总是分步骤完成的。

——《生命的幻象：迪士尼动画造型设计》

在任何动画中，跟随和重叠动作都是为初始主要运动创建支持和增强运动的关键原则。尽管在动画中跟随和重叠动作更常用于模仿现实世界中的物体移动效果，但是这两个原则都可以作为戏剧性设计被应用于动画序列。

跟随和重叠动作在人物器官运动中表现得最清晰。在这种环境中，分支、附肢（绒毛状的覆盖物）和肉（如腹部脂肪）都会以不同的状态（如重叠动作）移动，以及同时在不同的位置停顿（如跟随动作）。

本节介绍将跟随和重叠动作应用于人物运动的方法，以及在Maya中模拟衣服的方法。

✍ 学习目标

- 掌握简单跟随动作的制作
- 能够制作角色动画跟随物体的运动
- 能够进行附属物体的跟随动画制作
- 明确重叠动画的制作方式

✍ 技能要点

- 进行角色动画肢体的跟随运动
- 进行附属物体衣物的跟随动画制作
- 制作角色的重叠动画

✍ 实训任务

- 修改投球动画
- 制作衣物的跟随动画

6.1 棒球投手投球——跟随动作

本教程的初始场景与2.1节使用的初始场景相同。2.1节介绍了棒球投手投球时的姿势，将该姿势分解后，可以了解到主要的预备动作，即投手在投球前要将手放到背后。本节继续介绍投球姿势和动画的跟随运动阶段，如图6.1.1所示。

图6.1.1　姿势2至姿势5——摆动跟随动作

6.1.1　姿势动画框架设计

为创建投球跟随动作动画的主要姿势，在此使用了缩略图。这些缩略图显示在动画插图的旁边，当处理教程练习时可以作为参考。

下面介绍投球跟随动作的主要阶段和姿势。

（1）姿势1：利用抬腿姿势（通过脚部引导）使左腿向前迈步，当左脚进行引导时，臂部开始按逆时针方向卷绕或旋转，躯干沿这个卷绕方向更加缓慢地旋转，如图6.1.2所示。

图6.1.2　姿势0至姿势1

（2）姿势2：将左脚放平（通过左脚引导）并使右脚在后方仍旧保持放平状态，臂部以垂直于运动的方向卷绕（或旋转）一整圈，臂部将重量均匀地分布在左脚和右脚上，臂部的重量落向地面——上半部分躯干仍旧在后面跟随，如图6.1.3所示。

图6.1.3　姿势1至姿势2

（3）姿势3：左脚完全放平，当躯干和右臂向前摆动时，重量开始向左脚转移，如图6.1.4所示。

图6.1.4　姿势2至姿势3

（4）姿势4：当臂部向前移动时，右脚抬起离开地面，重量完全转移到平放的左脚上；当球被投出时，上半部分躯干跟随右臂卷绕，如图6.1.5所示。

图6.1.5　姿势3至姿势4

（5）姿势5：放松，右脚抬起，跟随投球的轨迹，臀部放松而且躯干以某种角度向前，如图 6.1.6所示。

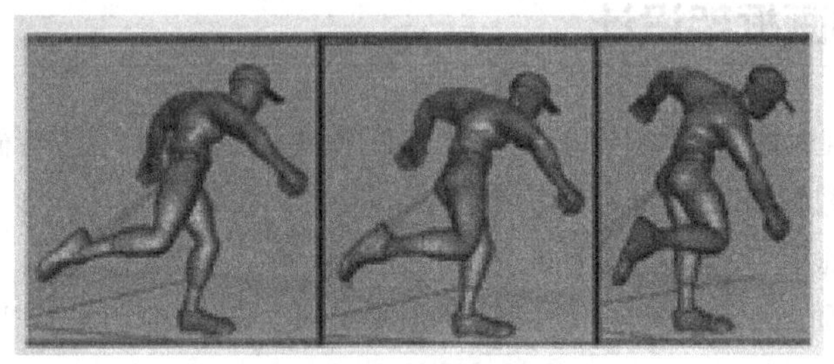

图6.1.6　姿势4至姿势5

在该姿势中，臀部抬高了。对于投球和跟随动作来说，要继续通过第15帧动画框架设计这些姿势。现在该场景的播放结尾被设置为第24帧，将其设置为第48帧，这样场景中就可以含有足够的帧数表现将重点介绍的新姿势。

STEP01 选择菜单命令Window→Settings/Preferences→Preferences（窗口→设置/首选项→首选项），打开Preferences（首选项）窗口。

STEP02 在Preferences（首选项）窗口的左侧窗格中选择Time Slider Category（时间滑块类别），然后将Playback start/end（回放开始/结束）设置为1.00 / 48.00，这样可以将动画长度设置为48帧，等于24fps速率的两秒播放时间，适合该序列动作的长度。

6.1.2　动画框架设计（一）

第一个主要姿势是人物向前迈步的姿势。为了形成该姿势，左脚会使臀部跟随运动，然后躯干会跟随运动。

STEP01 将时间滑块调整到第22帧并围绕透视视图的视点旋转，直到人物从前面显示出来为止，如图6.1.7①所示。

STEP02 选中HipsEffector，启用移动工具（按W快捷键），然后沿全局坐标的x轴方向将臀部向前拖动，最后在全局坐标的y轴方向将臀部稍微向下拖动，确保左腿后部没有过分扩展，如图6.1.7②所示。按Ctrl+F组合键，可以在第22帧为该姿势设置完整身体IK关键帧。

STEP03 选中LeftAnkleEffector，启用移动工具（按W快捷键），然后沿全局坐标的x轴方向向前拖动脚部，并沿全局坐标的y轴方向向下拖动脚部，从而形成迈步的准备姿势，如图6.1.7③所示。

STEP04 选择LeftAnkleEffector，启用旋转工具（按E快捷键），然后沿局部坐标的z轴方向将脚部向上旋转，这样脚底就会面向地面，从而形成脚后跟落地的准备姿势，如图6.1.7④所示。

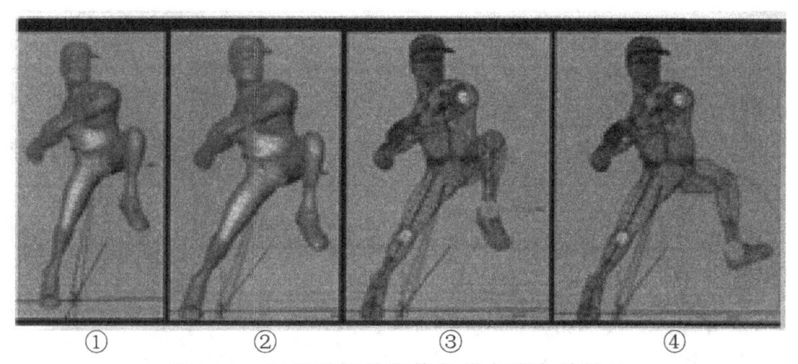

图6.1.7　调整臀部的姿势并将左脚向前移动

按S快捷键可以为该姿势和旋转姿势在第22帧上设置一个关键帧。

可以继续对该姿势进行定稿处理，首先处理臀部的旋转动作。如前所述，臀部会随运动的方向旋转，因此，当左脚向前迈步时，臀部也应该按逆时针方向旋转。

ChestEndEffector当前启用了固定旋转功能，这意味着当旋转其他效应器时，其位置会被锁定。在此不需要锁定它的位置，只要使ChestEndEffector（或者上半部分躯干）跟随臀部旋转，就可以进行任意手动调整了。

STEP05　选择ChestEndEffector，在视口中右击，在弹出的快捷菜单中选择Unpin（取消锁定）命令。

STEP06　选择HipsEffector并启用旋转工具（按E快捷键），如图6.1.8①所示。

STEP07　围绕x轴旋转臀部模型，左脚和其他身体效应器应随之旋转，因为它们没有被锁定；仍旧为平放状态的右脚应该保持固定，因为它被锁定了。按Ctrl+F组合键，可以在第21帧上为臀部的位置和旋转动作设置一个关键帧，如图6.1.8②所示。

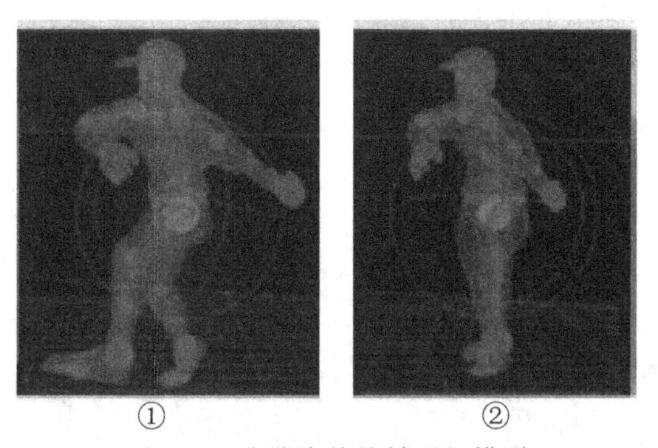

图6.1.8　为该姿势旋转臀部模型

ChestEndEffector应跟随该运动稍微旋转。

STEP08 选择ChestEndEffector，如图6.1.9①所示。

STEP09 启用旋转工具并围绕x轴稍微旋转该效应器，以便跟随臂部运动。按Ctrl+F组合键，可以为该旋转动作在第22帧上设置一个关键帧，如图6.1.9②所示。

在调整姿势时，为了保持稳定和平衡，并使该姿势拥有强力和动态的感觉，需要进行额外的调整。旋转头部模型，这样可以挺直身体保持平衡。

STEP10 将ChestEndEffector稍微向后拖动（在临时锁定臂部模型的情况下），可以为该姿势创建额外的动态效果，如图6.1.9③所示。

① ② ③

图6.1.9 为运动调整ChestEndEffector的姿势

6.1.3 动画框架设计（二）

下一个主要姿势是通过左脚实现的站立姿势。

STEP01 将时间滑块调整到第27帧。

STEP02 选中HipsEffector，旋转到人物的侧面。

STEP03 启用移动工具（按W快捷键），并沿全局坐标的x轴将人物向前拖动，然后沿全局坐标的y轴将人物向下拖动（人物的右脚应该保持平放的状态，因为它启用了锁定功能），如图6.1.10①所示。该姿势应该将左脚解放出来，从而开始以脚后跟接触地面，如图6.1.10②所示。

STEP04 按Ctrl+F组合键，可以为该转换在第27帧上设置一个关键帧。

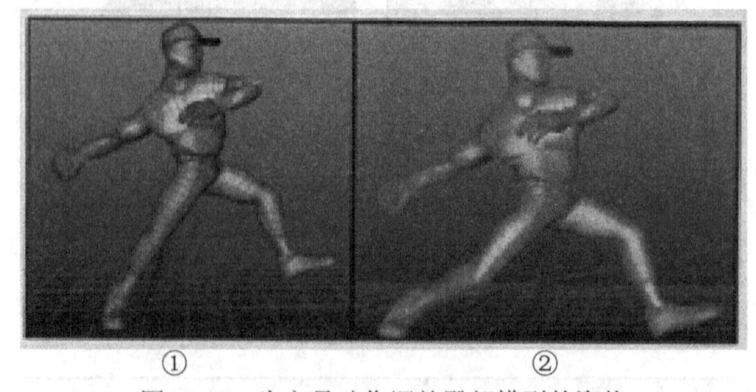

① ②

图6.1.10 为立足动作调整臂部模型的姿势

为了创建左脚的立足动作，还可以使人物模型在做投球动作时稍微向侧面伸展，从而为该姿势增加更多动态效果，如图6.1.11①所示。

STEP05 选择HipsEffector，在前视图中旋转人物模型，然后将臀部模型向侧面拖动。

STEP06 选择左侧的FootEffector并同样将其向侧面拖动。按Ctrl+F组合键，可以将这个控制配置设定为关键帧，如图6.1.11②所示。

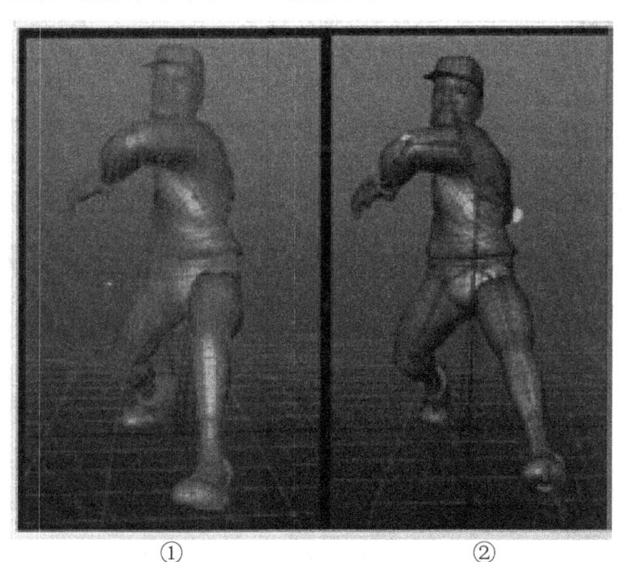

① ②

图6.1.11 调整臀部姿势和立足动作

调整姿势

在制作动画时通常会发现，通过一个编辑操作在一个元素上获得了正确的姿势，往往会影响到其他元素并使该姿势变得不自然。为了解决这个问题，通常需要将编辑操作的数量降至最少。例如，在为了使左脚获得立足姿势将臀部模型向前和向下拖动的操作中，在锁定效应器的情况下右脚（被拖动得）会扭曲；膝部也会不自然地扭曲，如图6.1.12①、③所示。要解决这个问题，可选中踝部和膝部的效应器并作所有必要的调整，如图6.1.12②、④所示。

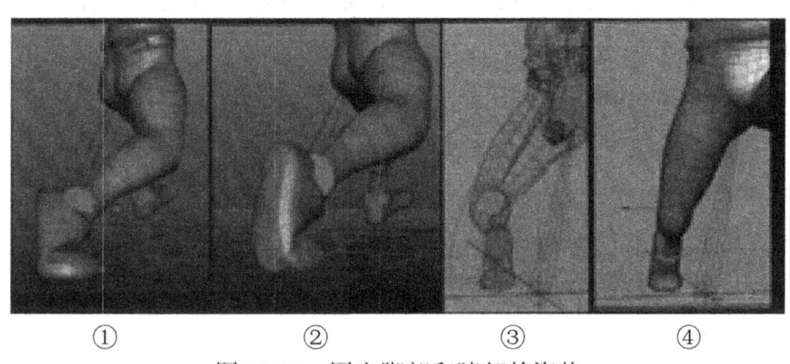

① ② ③ ④

图6.1.12 固定脚部和膝部的姿势

要创建肩部的姿势，可以通过旋转TorsoEffector。对于投球动作，如果观看了创建棒球投手模型的参考视频，就会发现在脚部固定前，肩部的旋转运动和手臂的投球动作通常都会延迟。要创建该动作，只需复制肩部旋转准备动作的调整。

STEP07 选择TorsoEffector-ChestEndEffector，然后启用旋转工具（按E快捷键），如图6.1.13①所示。

STEP08 围绕局部坐标的*x*轴稍微旋转，以便跟随投球的运动，如图6.1.13②所示。

STEP09 通过选中HeadEffector并围绕局部坐标的*x*轴稍微向后旋转，调整头部模型的姿势，这样就可以获得一条更加自然的连通脊椎、颈部和头部的线条，如图6.1.13③所示。

STEP10 选中HeadEffector，按Ctrl+F组合键，可以在第27帧上设置关键帧。

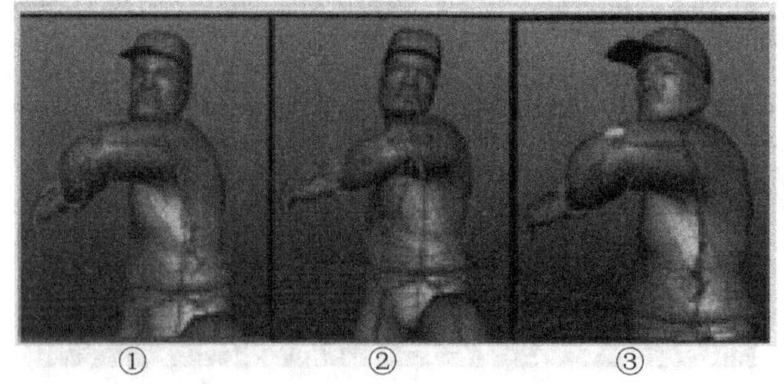

①　②　③

图6.1.13　调整躯干和头部的姿势

6.1.4　重新控制动作时间

在利用动画框架设计姿势时，应该使用时间滑块检查姿势之间的过渡是否自然和流畅。如果播放已经将第21帧和第27帧设置为关键帧的动画，就会发现从原始预备动画到立足姿势的运动有些慢。要轻松地确定该动作的新节奏，可以使用Dope Sheet（关键帧清单）、Curve Window（曲线窗口），也可以直接在Time Slider（时间滑块）上编辑关键帧节奏。

当前节奏是从第15帧（预备姿势末端）到第21帧（预备迈步），再到第27帧（立足动作）。总体而言，该运动的长度为12帧，其播放时间为24fps速率的两秒，从预备姿势到立足姿势之间的节奏应该接近6帧的长度或者1/4秒。

STEP01 选择菜单命令Window→Outliner（窗口→大纲视图），打开大纲视图。

STEP02 在大纲视图中，选中完整身体IK配置的脚部，其名称为Character_Ctrl:Reference。

STEP03 选择菜单命令Edit→Select Hierarchy（编辑→选择层级）。

STEP04 在大纲视图中，选择Character_Ctrl:Reference目录中的所有子物体。

需要将所有元素都选中，以便能够编辑关键帧。

STEP05　在时间滑块中单击第18帧，然后按住Shift键不放，使用鼠标左键向第30帧拖动，这样可以选中第18～30帧之间的所有关键帧，在该范围中的帧会以红色突出显示。

STEP06　将该范围选中后，选中该范围末尾第30帧上的小箭头图标>>，将其拖回到第25帧，这样可以调整第21～27帧之间的节奏。将该时间缩短一半左右，这样两个关键帧之间就有三个帧了。

STEP07　在仍旧选中该范围的情况下，在该范围的中间区域（<>图标）单击并将选中的区域稍微向后拖动，这样第一个关键帧的位置就大约为第17帧或第18帧。

可以通过单击并拖动中间图标<>来移动选中范围的区域。<或>图标位于红色选择框的末端，它们指示用于通过单击并拖动调整关键帧位置的区域。

6.1.5　重心转移

第15～21帧的主要姿势是，将左脚从抬起的准备姿势转换为立足姿势。重心转移与迈步动作类似，都是通过腰部（或HipsEffector）引导重量的转移。对于投球动作来说，身体会继续向左脚运动，而且臀部的重量会放在左脚上；该动作也会使右腿抬起离开地面，因为它会跟随在重心转移的后面。

要创建该姿势，可以使用锁定的效应器和IK，将锁定状态从右脚切换到左脚。

STEP01　将时间滑块调整到第26帧，以便处理新姿势。

STEP02　选择左脚的 LeftAnkleEffector。

STEP03　在视口中右击并在弹出的快捷菜单中选择Pin Both命令，以便打开效应器的锁定功能。

STEP04　选择右脚模型的RightFootEffector。

STEP05　在视口中右击并在弹出的快捷菜单中选择Unpin命令，关闭效应器的锁定功能。

将锁定状态从右脚切换到左脚后，当操作HipsEffector时，右脚会保持立足姿势，但是右脚会从地面上升以便跟随臀部的移动。这就是迈步动作所需的姿势，而且该处理流程与用于创建人物模型的行走或跑步循环动作的处理流程类似。

STEP06　选择HipsEffector并启用移动工具（按W快捷键），如图6.1.14①所示。

STEP07　启用移动工具（按W快捷键）后，在全局坐标的x轴中将臀部模型向前拖动，并在全局坐标的y轴中将臀部模型稍微向上拖动，如图6.1.14②所示。按Ctrl+F组合键，在第26帧上设置关键帧。

右脚模型（被拖动的）仍旧保持着与立足动作一样的脚尖卷曲姿势。因为现在脚部抬起了，所以这个姿势显得不自然。

STEP08　选择ToeEffector，调整旋转角度〔使用E Rotate（E旋转）工具〕，然后调整

AnkleEffector的旋转角度，这样在脚尖和腿部之间就可以形成更为自然的线条了，如图6.1.14③所示。

图6.1.14　将臂部姿势转移到左腿并调整右腿和右脚的姿势

如前所述，调整身体模型的一个部分会影响身体模型的其他部分。在制作动画时，要点是从多个不同的角度观察人物模型的配置，以便检查其姿势是否自然。例如，拖动的腿部的KneeEffector可能需要进行较小的调整。为了解决这个问题并保持脚部的位置不动，可启用脚部模型的锁定功能，然后调整KneeEffector的位置，如图6.1.15①所示。

要创建最后一个姿势，被拖动的右腿模型应该处于更直的姿势，该姿势的动态效果更自然并在姿势中创建了更多运动效果，如图6.1.15②所示。对于该姿势来说，肩部和右臂模型应该也为形成投球动作开始扭转。

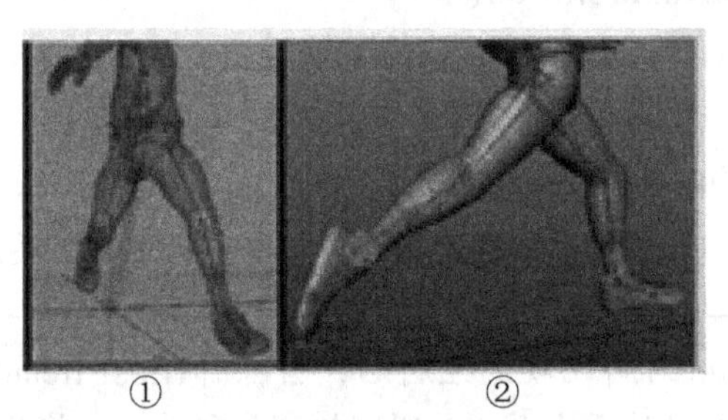

图6.1.15　调整右腿的姿势

STEP09 仍旧选择在第26帧，在透视视图中，围绕人物模型旋转到前面。

STEP10 选中HeadEfector并通过右键菜单打开Pin Rotate（锁定旋转）功能，如图6.1.16①所示。

STEP11 选中ChestEndEffector并在局部坐标的*x*轴中将其向逆时针方向旋转，以便将上半部分躯干旋转为投球姿势。

手臂也应该随之移动，但是头部保持锁定状态，因为上一步骤启用了该模型的锁定功能，如图6.1.16②所示。

STEP12 通过将HeadEffector向后旋转，对头部模型作任意必要的调整，如图6.1.16③所示。按Ctrl+F组合键，可以将第26帧上的姿势设置为关键帧。

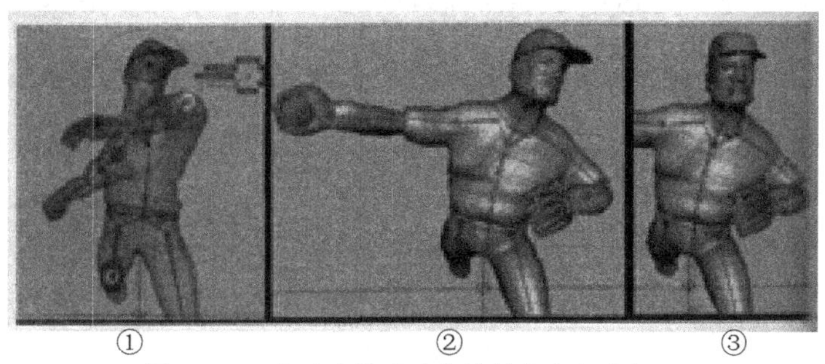

①　②　③

图6.1.16　为形成投球动作旋转上半部分躯干

6.1.6　投球姿势（一）

第26帧的姿势将重心转移到了左脚上，而且上半部分躯干和右臂也开始旋转。这个旋转运动就是一个跟随动作的好例子。为了形成投球动作，左脚上方的臀部随躯干几乎伸展到了最大范围；下一个姿势会更加极端，在该情况下身体的旋转角度会非常大，但是又没有完全伸展开。

STEP01　处理已经打开的场景文件。

STEP02　将时间滑块调整到第30帧，以便处理新姿势。

STEP03　选择HipsEffector并启用移动工具（按W快捷键），如图6.1.17①所示。

STEP04　在全局坐标的x轴中将臀部模型向前拖动，并在全局坐标的y轴中将臀部模型稍微向上拖动，这样就在左腿保持非常直的状态下将臀部模型的重量完全转移到了左脚，如图6.1.17②所示。

STEP05　选择右侧的FootEffector，然后在全局坐标的x轴中将其拖动一段距离，以便使其稍微弯曲，如图6.1.17③所示。

STEP06　在仍旧选择该效应器的情况下，按Ctrl+F组合键可以设置一个关键帧，以便将来精确臀部模型的位置、旋转角度及脚部姿势。

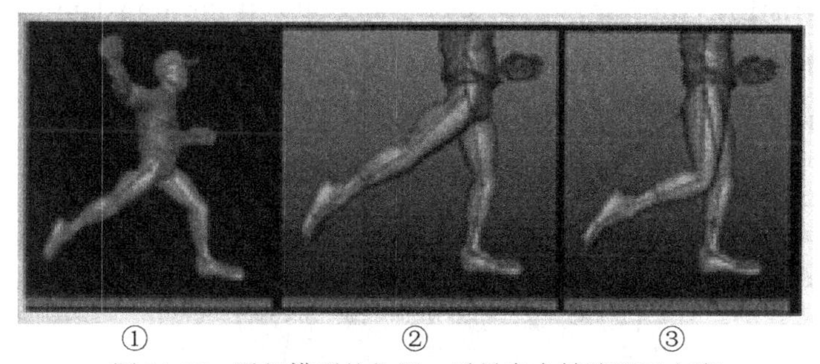

①　②　③

图6.1.17　臀部模型的位置，重量完全转移到了左脚

将注意力转移到躯干旋转和手臂姿势调整上。躯干模型应该为投球动作而旋转，而右臂模型也应该开始跟随。

仍旧保持HeadEffector旋转功能的锁定状态，这样可以保证在修改上半部分躯干的姿势时，头部模型也会跟随旋转相同的角度。

STEP07 在透视视图中，围绕人物模型旋转到前面，然后选中模型上半身的ChestEndEffector，如图6.1.18①所示。

STEP08 在仍旧选中该效应器的情况下，在局部坐标的*x*轴中水平旋转上半部分躯干，并在局部坐标的*z*轴中将其向下旋转，这样躯干模型就会向下旋转并向人物模型立足姿势的左脚交叉，如图6.1.18②、③所示。

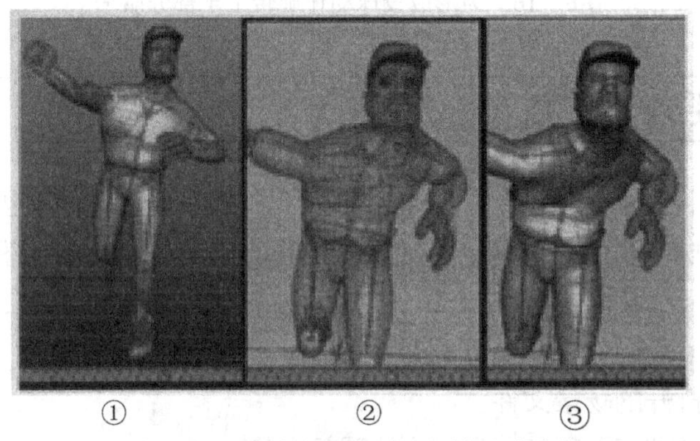

① ② ③

图6.1.18 旋转胸部模型，扭转跟随动作

此时的手臂姿势显得怪异，上半部分躯干旋转至与身体垂直，但是手臂模型仍旧保持原来的姿势。

STEP09 在第30帧上选中RightWristEffector，如图6.1.19①所示。

STEP10 启用移动工具（按W快捷键），并在*y*轴中将手腕模型向下拖动，然后在*x*轴中将手腕模型向身体的方向拖动。

STEP11 手臂的角度应该与身体的运动幅度相匹配。要解决该问题，可在仍旧选中RightWristEffector的情况下，通过右键菜单启用Pin translate（锁定变换）功能（以便保持位置），然后选择RightElbowEffector，在*y*轴中将其向上拖动以便获得正确的角度，如图6.1.19②所示。

① ②

图6.1.19 手臂模型的姿势和角度

当肩部模型在水平方向上旋转时，对于向前投球的动作来说，左臂模型应该相对于右臂模型向后摆。

STEP12 选择LeftWristEffector，如图6.1.20①所示。

STEP13 启用移动工具（按W快捷键），在全局坐标的x轴中将手部模型向后拖动，如图6.1.20②所示。

STEP14 使用不同的角度预览该姿势，以便进行最终调整，按Ctrl+F组合键可以设置关键帧，如图6.1.20③所示。

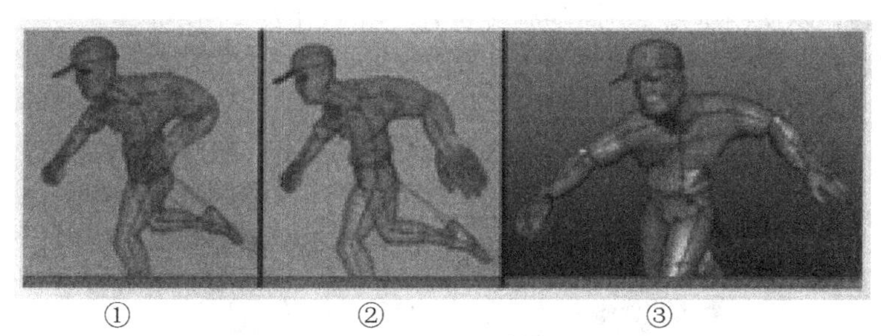

①　②　③

图6.1.20　在投球时左臂模型向后摆

如果从人物模型的前面预览该姿势，会发现腿部和臂部模型仍旧像上一个姿势那样非常直。要解决该问题，应该稍微旋转臂部模型，以便在该姿势中创建更多运动效果。

STEP15 这里想要保持左腿模型的立足位置，因此，选择KneeEffector并通过右击启用Pin Both（锁定两个）功能，启用位移和锁定旋转功能。

STEP16 在锁定KneeEffector的情况下，选择HipsEffector并在局部坐标的x轴中垂直于身体模型稍微旋转，如图6.1.21①所示。

STEP17 此时右腿模型的姿势显得不自然，而且不符合躯干模型交叉的线条，膝部模型需要调整，选中RightAnkleEffector并启用Pin Translate（锁定变换）功能。

STEP18 选中KneeEffector并将其朝身体模型的外侧稍微拖动，这样人物就会显得拥有较少的拘束感，如图6.1.21②所示。

STEP19 像检查其他处理效果一样，旋转人物模型检查它的姿势并进行必要的最后润色，如图6.1.21③所示。

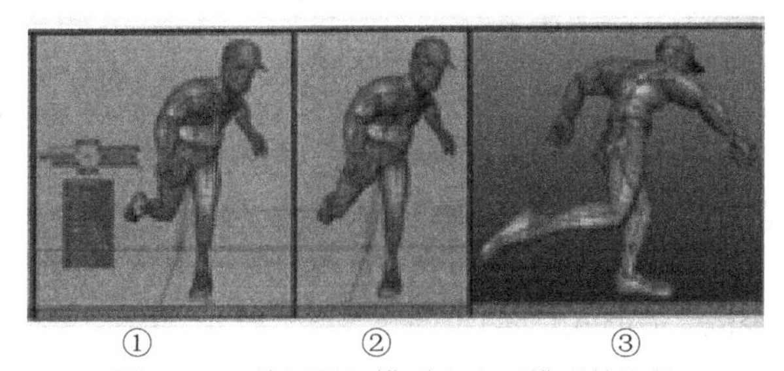

①　②　③

图6.1.21　精调臂部模型和右腿模型的姿势

6.1.7 投球姿势（二）

对于肩部模型和手臂模型，仅完成了被设定为关键帧的第30帧投球旋转姿势的跟随动作的一半。需要在这个姿势的后面添加几个表现最后姿势的帧，以便为肩部模型和手臂模型创建完全旋转的伸展和跟随动作。

STEP01 将时间滑块调整到最后一个姿势后面的几个帧上，该位置约为第33帧。

STEP02 选中ChestEndEffector，如图6.1.22①所示。

STEP03 启用旋转工具（按E快捷键），并在局部坐标*x*轴的水平方向上将上半部分躯干进一步旋转，以便创建完整的跟随旋转姿势，如图6.1.22②所示。

STEP04 按S快捷键，可以将该姿势设置为关键帧。

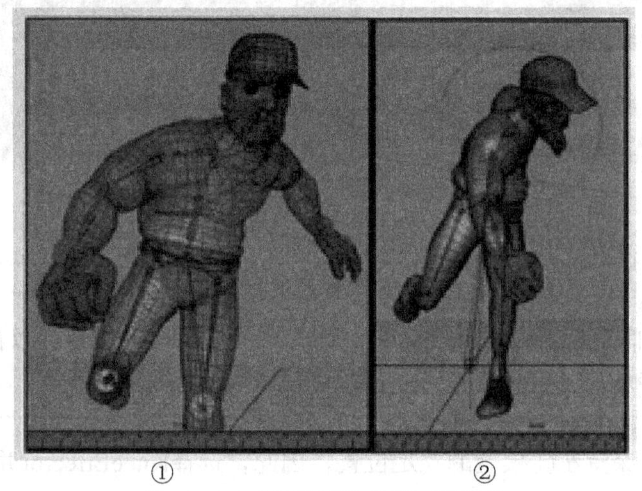

① ②

图6.1.22 肩部模型的完整跟随姿势

如果观看了棒球投手的参考视频，就会发现被拖动的腿部（右腿）模型为了跟随投球动作，在躯干模型在水平方向上摆动后还向外侧摆动了。下面为腿部模型向外侧抬起并继续向前稍微移动的臀部模型添加重量效果。

STEP05 选择RightAnkleEffector，如图6.1.23①所示。

STEP06 使用移动工具（按W快捷键），将脚部模型向外侧拖动，如图6.1.23②所示。

STEP07 使用旋转工具（按E快捷键）对该姿势进行必要的调整，确保在设置关键帧（按S快捷键）前，在视口中使用不同的角度检查该姿势，如图6.1.23③所示。按S快捷键，可以在第33帧上将该姿势设置为关键帧。

对于臀部模型来说，需要稍微向前拖动才能获得完整的伸展姿势，这样做可以添加重量感，因为上半部分躯干也会向前倾。

STEP08 选中HipsEffector，如图6.1.24①所示。

STEP09 使用移动工具（按W快捷键）将臀部模型向前拖动，使其位于立足姿势的左脚稍微前面的位置，如图6.1.24②、③所示。按Ctrl+F组合键，可以将该姿势设置为关键帧。

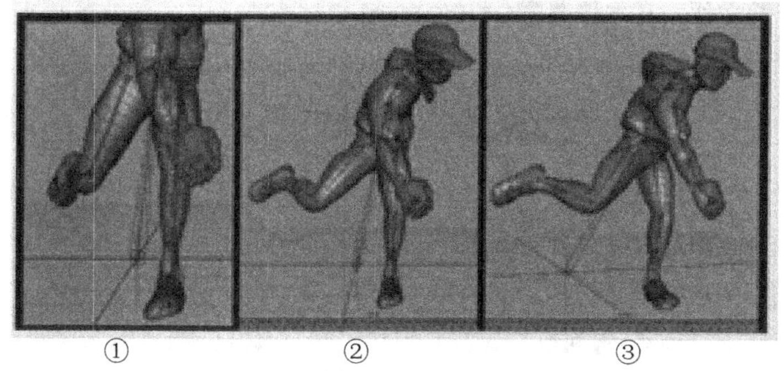

图6.1.23　跟随投球动作的腿部摆动姿势

图6.1.24　臂部模型伸展跟随动作

6.2 n服装——披风跟随运动

Maya中的动态模拟是创建动画中自然和真实跟随运动效果的好方法。

在现实世界中，当人物带有附加物或与身体连接的次要元素进行运动时，可以很容易地看到跟随运动。例如，当研究带有马尾辫的人物、穿宽松衣服或披风的人物的运动时，就可以观察到跟随运动，这些元素会跟随人物的自然运动而运动；如果这些元素非常大或者非常宽松，它们会在人物的每个动作之后作幅度更大的跟随或伸展运动。可以想象一个穿长袍的人物，当人物的身体在水平方向上摆动时，长袍的运动会跟随在人物的运动之后，当人物身体的运动突然停止时，长袍会继续跟随运动。

为这些元素制作成功的动画有助于增加人物连贯运动的真实感。在使用传统动画处理过程时，可以通过手动方式为这些元素创建跟随运动效果，如使用关节配置，而对于衣服和头发之类的动画元素可以使用蒙皮方法。实际上，一些游戏动画经常使用这种工作流程。

然而，在Maya中通过手动方式设定关键帧以创建次要跟随动画会非常费力。在使用这种方法时，如果不进行大量的艰苦工作，投人大量的时间和精力，便难以在重量、体积和节奏方面获得具有真实感的最终效果。

幸运的是，Maya中包含一个功能强大的动态系统——n服装系统。使用n服装系统，可以真实地模拟人物模型的衣服与身体相互作用的效果，以及现实世界中自然力量应用于人物衣服所产生的效果。

本节将介绍n服装系统的设置方法。下面处理一个跑步循环动画中的人物模型，为人物模型设置一个n服装披风，从而为人物模型和跑步循环动画创建真实的相互作用效果，如图6.2.1所示。

图6.2.1　n服装披风模拟效果

本节需要使用以下技术。

（1）内核解算器和属性（重力）。

（2）n服装属性和预设——创建、修改和润饰效果。

（3）nRigid被动撞击——为衣服创建撞击物体。

（4）nConstraints——将n服装连接到人物模型上。

（5）几何体缓存——为播放烘培模拟效果。

6.2.1　n服装建模

在该场景文件中包含以默认姿势站立在全局坐标原点（0,0,0）的人物模型。该人物模型是一个静态网格，不带有任何控制配置设置、绑定皮肤或动画。在本例中将使用几何体缓存方法加载一个跑步循环动画，与n服装模拟效果一起进行处理。在第一个处理部分中，将使用Maya中基本的多边形建模工具，为n服装模拟效果创建披风模型。

如果想要跳过这个部分，直接学习n服装基础部分的内容，可以通过项目目录打开已经创建完披风模型的项目场景文件。

STEP01 在Maya用户界面顶部选择菜单命令Create→Polygon Primitives→Plane（创建→多边形基本模型→平面）。

STEP02 在透视视图的原点处进行拖动，以创建出一个新的平面物体。

STEP03 调整该物体的比例，以使它的高度大致为人物模型从肩部到踝部的距离。

STEP04 通过通道盒（按Ctrl+A组合键），设置如下，效果如图6.2.2①所示。

INPUTS＝Subdivisions Width（细分宽度）＝16

Height（高度）＝15

STEP05 通过大纲视图将该物体命名为Mesh_Cape。

STEP06 激活移动工具（按W快捷键），在全局坐标的*y*轴中将Mesh_Cape向上拖动，然后在全局坐标的*z*轴中将Mesh_Cape向后拖动，这样该物体就可以位于人物模型颈部的中间点上了，如图6.2.2②所示。

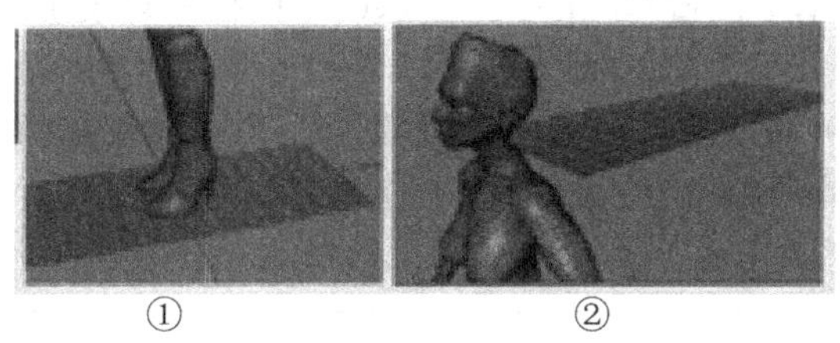

图6.2.2 在人物模型的肩部位置进行细分和定位的多边形基本体平面

STEP07 启用CV骨体模式（按F9快捷键），然后双击工具箱中的缩放工具，可以打开工具选项。

STEP08 在缩放工具选项中启用Soft Selection（软选择）功能，然后通过对网格进行选择和缩放操作调整披风的形状，这样该形状就会从模型的颈部到脚部形成锥形（即张开），如图6.2.3所示。

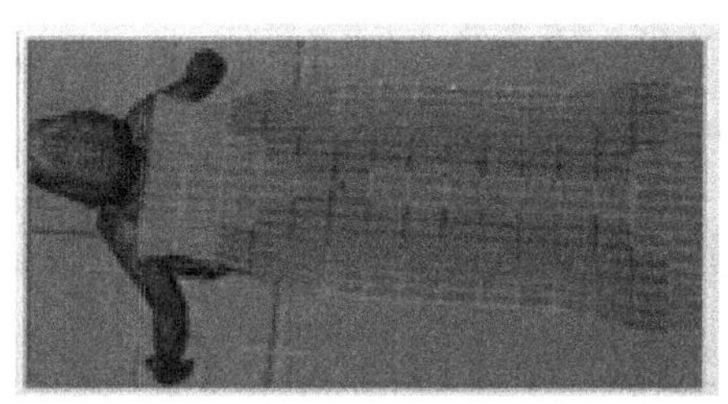

图6.2.3 使用CV选择和渐变的缩放操作调整披风的形状

继续精确调整模型的形状，以便在披风的长度范围内平滑地应用渐变效果，并将披风的形状调整得适合于围绕人物模型的颈部和肩部。

STEP09 为了使用变形工具，将Soft Selection（软选择）功能关闭，选中披风边缘周围的CV分组，使用移动工具（按W快捷键）和缩放工具（按R快捷键）将这些分组调整得接近人物网格的颈部，如图6.2.4①、②所示。

STEP10 当获得了满意的形状后，可以通过选择菜单命令Modify→Freeze Transforms（修改→冻结变形）将网格变形固定，还可以通过选择菜单命令Edit→Delete By Type→History（编辑→按类型删除→历史）删除历史记录，通道盒会显示所有归零的通道。

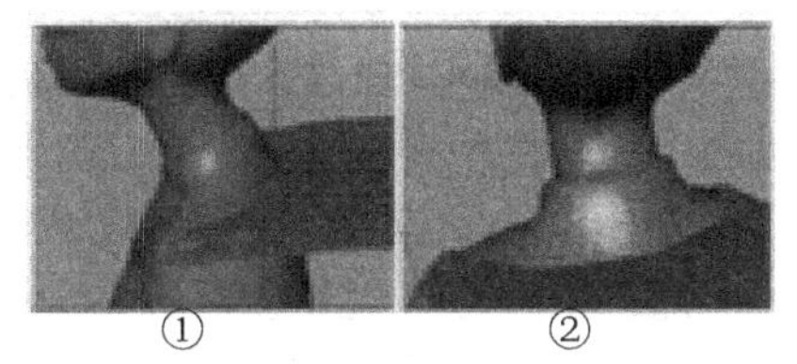

图6.2.4 精确调整模型肩部和颈部周围区域的披风网格

n服装——基本设置和Nucleus Solver（内核解算器）

当处理n服装设置时，将Playback speed（回放速度）设置为Play every frame（播放每一帧）非常重要。完成该设置后，在运行模拟操作时会评估每个播放的帧。使用播放的Real-time（实时）选项可以强制Maya尝试以实时方式播放模拟效果，这会导致有些帧被跳过并且无法正确评估模拟效果。

STEP11 单击Maya用户界面右下角的Animation Preferences（动画首选项）按钮，或者选择菜单命令Window →Settings/Preferences → Preferences → Settings → Time Slider（窗口→设置/首选项→首选项→设置→时间滑块），打开Preferences（首选项）窗口，设置以下选项。

Playback start/end（回放开始/结束）= 1.00/100.00

Animation start/end（动画开始/结束）= 1.00/100.00

STEP12 在Preferences（首选项）窗口的Playback（回放）区域中，将Playback speed（回放速度）设置为Play every frame（播放每一帧）。

用于设置新建nMesh（n服装）物体的选项位于Maya的nDynamics菜单中。下面介绍将披风网格模型转换为n服装物体的方法。

STEP13 通过大纲视图或场景视图选中披风网格模型（Mesh_Cape）。

STEP14 通过Maya用户界面顶部的状态栏启用nDynamics菜单。

STEP15 在仍旧选中披风网格的情况下，切换到Maya用户界面顶部，然后选择菜单命令nMesh→Create nCloth□（nMesh→创建n服装□）。

用于在场景中创建新的n服装物体的选项包括一个用于选择解算器的下拉菜单。

此时，由于场景中没有解算器，可以将该菜单保持为默认的Create New Solver（创建新的解算器）选项，然后单击Create Cloth（创建服装）按钮，将设置局部空间输出的其他选项保持为默认值。

如果观察大纲视图，会发现已经创建了一个新的nCloth1节点，双击该节点并将其重命名为nCloth_Cape，以便能够容易地选中它。

下面列出了一些有助于选择和处理nCloth节点和属性的知识。

（1）在透视视图中，当选中该节点显示Mesh_Cape模型已经拥有来自n服装的输入连接时，该网格会以紫色方式突出显示。场景视图中还会显示一个较小的圆形图标，以便能够容易地选中n服装节点，如图6.2.5所示。

（2）当n服装节点（nCloth_Cape）或源网格（nCloth_Cape）在大纲视图或场景视图中被选中时，属性编辑器会自动显示形状节点选项卡，将处理的披风模型命名为nCloth_CapeShape。

（3）在编辑设置时，nCloth_CapeShape选项卡会显示所有n服装属性。

（4）在属性编辑器中，nCloth_CapeShape选项卡的右侧显示有nucleus1选项卡。在该选项卡中，在内核解算器的属性中评估的n服装是可以修改的，其中包括场景重力和解算器品质的基础属性。

图6.2.5　属性编辑器中显示的n服装场景节点

如果播放场景中的动画，默认设置不会生成许多效果，新建的n服装对象会在空间中非常缓慢地落下（按Alt+Shift+V组合键，可以切换到第1帧；按Alt+V组合键，可以播放第0～100帧的内容）。

在Preferences（首选项）窗口中，将动画终点帧设置为第500帧。

通过播放完整范围的动画（第0～500帧），可以更清楚地观察模拟效果和场景中衣服受力的效果。当披风飘向地面时，披风会落下并展开。

尽管n服装披风会根据内核解算器中的默认重力设置产生效果，但是它不会受人物网格或地面的影响而产生效果。它飘过了这两个事物，如图6.2.6所示。

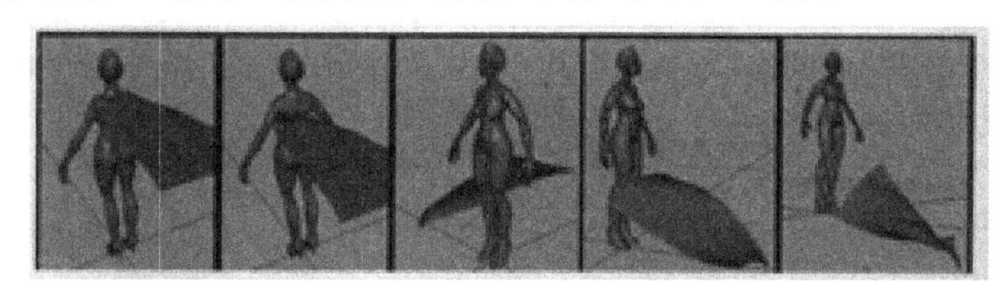

图6.2.6　n服装披风根据内核解算器上设置的重力产生的效果

6.2.2　原子间距缩放特征

n服装披风显示缓慢漂浮效果的原因是场景单位的缩放比例。内核解算器将所有Maya场景单位视为现实世界中的1米。如果场景物体没有使用这种缩放比例建模，那么n服装物体就不会对场景中的内核力产生适当的反作用效果。

幸运的是，内核解算器中有一个Scale Attribute（缩放属性），设置该属性可以解决这个问题。

STEP01　在大纲视图或场景视图中选中n服装节点（nCloth_Cape），打开属性编辑器并切换到nucleus1选项卡。

STEP02 展开Ground Plane（地平面）区域并启用Use Plane（使用平面）功能，这样可以设置内核解算器将地面（在Y＝0的位置）作为模拟效果的组成部分进行评估。n动力学系统物体会与地面相互作用，就像将其视为场景（n刚体）中的刚性物体一样。

STEP03 展开Scale Attributes（缩放属性）区域并设置Space Scale（空间缩放）＝0.100。

STEP04 使用播放控件切换到播放范围的起点（按Shift+Alt+V组合键），然后开始播放模拟效果（按Alt+V组合键）。由于内核重力的作用，该服装会以较真实的速率下落。由于适当设置了Space Scale，该服装还会与地面相互作用，在大约第100帧的位置在地面上。

6.2.3 n刚体

对于创建的服装模拟效果来说，要想使n服装披风与人物网格模型相互作用，当披风网格模型与人物网格模型碰撞时，应该变形并作出反应。在n动力学系统设置中，可以将物体设置为内核解算器中的nRigid（n刚体）物体。只要n刚体物体被评估为同一内核解算器组成部分的n服装物体，那么模拟效果就会按照设想运行。下面介绍场景中的设置。

STEP01 通过场景视图或大纲视图选中人物网格模型（Mesh_Space_Heroine）。该模型应该在透视视图中以绿色突出显示。

STEP02 在选中人物网格模型的情况下，确保nDynamics菜单被激活，然后在Maya用户界面顶部选择菜单命令nMesh→Create Passive Collider □（n网格→创建被动碰撞体□），并确保将这个新建的n刚体物体添加到与场景中的n服装使用的相同的解算器（nucleus1）中。

因为场景中只有一个内核解算器，所以在默认情况下这个新建的n刚体物体会被添加到该内核解算器（nucleus1）中。

STEP03 按Make Collide（进行碰撞）按钮，可以通过选中的人物网格模型创建新的n刚体节点。

当新建的n刚体物体被添加到场景中时，一个新的nRigid1节点会在大纲视图中出现。与处理n服装节点一样，可以通过大纲视图选中它，也可以通过场景视图选中它（位于网格中心的较小球体与人物网格模型的臂部相交）。

STEP04 通过大纲视图选中新建的nRigidl节点，并将其重命名为nRigid_Space_Heroine，以便为选择操作提供帮助。

像处理n服装节点一样，当选中原始网格模型或者n刚体节点时，默认情况下新建的n刚体节点的属性会在属性编辑器的nRigid_Space_HeroineShape属性选项卡中显示。

用于进行编辑的主要属性包括是否启用n刚体功能和碰撞厚度。使用默认属性就可以为模拟提供很好的效果，本书不会对其作进一步的介绍，请参阅Maya的相关文档，以便详细了解n刚体的内容。

通过切换到起始帧（按Shift+Alt+V组合键）然后播放（按Alt+V组合键）预览模拟效果。

n服装披风会滑过人物模型的肩部并落向地面。在模拟效果中，n服装与人物的n刚体网格进行了正确的相互作用，如图6.2.7所示。

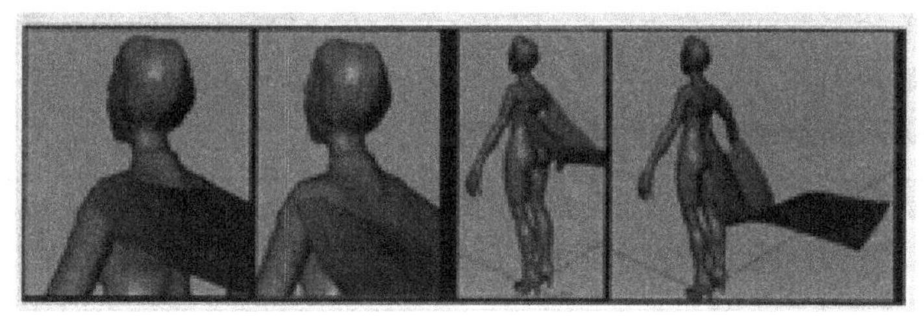

图6.2.7　预览模拟效果，n服装与n刚体的相互作用

6.2.4　n约束

对于n服装设置来说，可以将服装披风连接到人物网格模型上，以便模拟披风织物与人物服装的连接效果。如前所述，n服装对重力产生了正确的反应并与人物网格模型（n刚体）形成了正确的交互作用。

Maya中的n动力学系统包含一个约束系统，使用该系统可以将nMesh上的组件连接起来，从而模拟这类效果。

在进行设置时，可以将n服装披风边缘的CV连接到人物网格模型的肩部，这样可以使n服装以真实的方式覆盖人物模型的后背，以便形成n服装模拟的其余姿势。

STEP01　确保激活了物体选择模式（按F8/Q快捷键），然后通过场景视图或大纲视图选中披风网格模型（Mesh_Cape）。

STEP02　选中披风网格模型后，右击并从弹出的快捷菜单中选择Vertex（顶点）命令。

尽管激活了物体选择模式，但是在该模式中仍然会选中顶点子组件，这样就可以在下一个步骤中将人物网格模型添加到选中的物体中了。

STEP03　在透视视图中，选中披风与人物网格模型相交位置的开口边缘附近的CV。

切换到线框显示模式（按4快捷键）有助于选择封闭的顶点。

STEP04　按住Shift键不放，在场景视图中选中人物网格模型（Mesh_Space_Heroine）。

披风模型上的原始CV应该仍处于选中状态，而以绿色突出显示的人物网格模型表示它也处于选中状态。

对于n约束来说，会在最后选中根据需要约束的物体（Mesh_Space_Heroine）。

STEP05 确保nDynamics菜单仍旧处于激活状态，然后在Maya用户界面顶部选择菜单命令nConstraint→Point to Surface（n约束→点到面）。

使用该命令可以在披风模型上的CV和人物网格模型之间创建一个新的动态约束。该约束会在大纲视图中显示出来，其名称为dynamicConstraint1。该约束在场景视图中会显示为点和面之间的绿色虚线。

STEP06 通过大纲视图将该约束重命名为dynamicConstraint_Cape。

6.2.5 预览模拟效果

返回动画的第1帧并播放动画（按Alt+V组合键）预览n服装的模拟效果。

（1）在第1帧中，披风模型处于其原始的默认形状，如图6.2.8①所示。

（2）在播放模拟效果时，通过n约束与肩部模型相连的n服装会落向地面，如图6.2.8②～⑤所示。

（3）当服装落下时，它会通过n刚体设置与人物网格模型相互作用，产生展开、反弹和真实的皱褶效果。

（4）从第1帧播放n服装模拟效果，接近第100帧时该服装会到达展开的状态，如图6.2.8⑥所示。

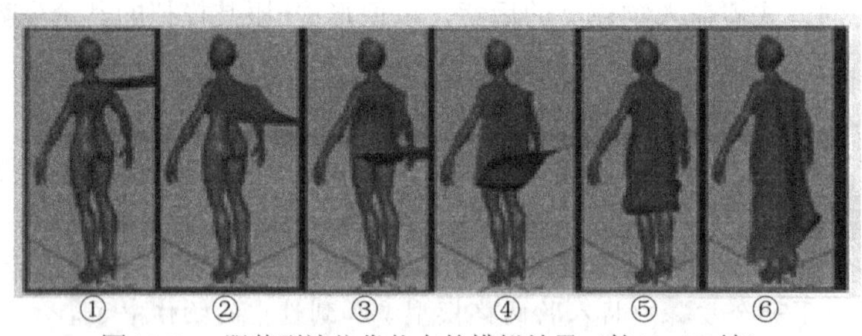

图6.2.8 n服装到达依靠状态的模拟效果（第1～100帧）

当处理n服装时，n服装通常会通过预先的卷起动画模拟效果，直到n服装到达展开状态为止。

服装的依靠姿势是根据内核解算器中服装网格模型的原始位置和重力创建的。

因为披风网格模型是以平面姿势建模的，所以服装需要花几秒钟时间才能落下，并在人物网格模型的背部展开。如果使用已经展开的姿势为披风网格模型建模，那么用于表现到达依靠姿势的帧的数量就会减少。

应该在服装已经到达依靠姿势时向n服装上的动作添加动态力量。对于创建的模拟效果来说，人物动画应该在第100帧之后，因为这是服装完全受到引力作用而到达展开状态的时候。

6.2.6　碰撞厚度属性

在预览模拟效果时，可以看到在第38帧附近n服装披风和n刚体人物网格之间存在互相贯通的问题。这种情况出现在肩部模型和人物网格的颈部背面，如图6.2.9①所示。

出现该问题的部分原因是模型上的细节数量，还有部分原因是n服装和内核解算器的碰撞和品质设置。后面章节将详细介绍n服装的属性和内核解算器，现在通过修改n服装的碰撞厚度属性，快速解决相互贯通的问题。

STEP01　在选中n服装披风的情况下，打开属性编辑器（按Ctrl+A组合键），以便通过显示nCloth_ CapeShape选项卡查看这些属性。

STEP02　在Collisions（碰撞）区域中，启用Solver Display＝Collision Thickness（解算器显示＝碰撞厚度）功能，这样可以在透视视图中显示Collision Thickness（碰撞厚度），如图6.2.9②所示。

通过Display Color（显示颜色）设置可以更改解算器的显示颜色，其默认颜色是黄色。碰撞厚度会显示在网格附近。

STEP03　在进行初始设置时，可以使用滑块增加厚度属性的值，约为Thickness（厚度）＝0.17。该属性滑块的修改效果可以在视口中显示的黄色厚度效果中更新，如图6.2.9③所示。

从第1帧重新播放该模拟效果，可以看到相互贯通的问题已经解决了，如图6.2.9④所示。

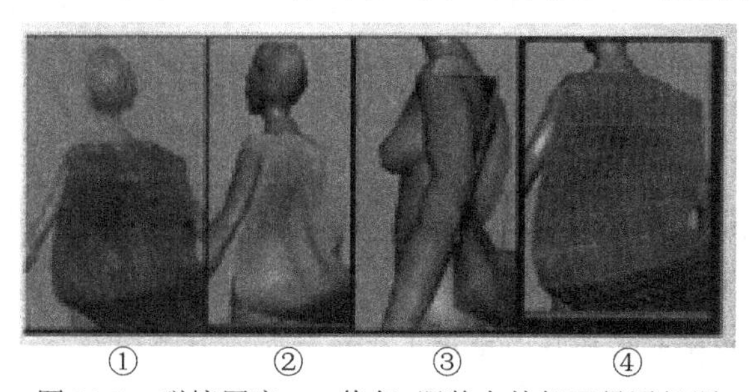

①　②　③　④

图6.2.9　碰撞厚度——修复n服装上的相互贯通问题

保存这个处理阶段的场景文件，这样就可以进行下一个阶段的设置了，而且可以在后面的阶段中加载这个设置文件。

6.2.7　几何体缓存

下面介绍如何添加人物动画，以便与已经设置的服装模拟效果相互作用的方法。

该场景文件包含与已经处理的n服装设置相同的人物网格模型。该场景文件中人物网格模型的主要特点如下。

（1）使用Maya的平滑绑定功能绑定了骨骼。

（2）控制配置设置和已经创建的动画。

下面介绍人物跑步循环动画。

跑步循环的范围是第0～128帧（第0～16帧为一个循环），而且已经创建了预先动画，其范围为空闲姿势的第-100帧到跑步起点姿势的第0帧。

静止姿势的预先动画（100帧）已经创建完成，在开头需要为初始的n服装模拟效果处理卷入状态，因为在跑步循环开始前服装处于依靠姿势。该动画在控制配置上已经应用了关键帧。

要将这个动画放入n服装设置场景中，而且不带有任何无关的场景元素，如控制配置和骨骼。在创建n服装模拟效果时创建了较简单的场景设置，可以较快速地编辑和预览n服装。

幸运的是，Maya包含的几何体缓存功能能够保存用于存储网格顶点位置的缓存文件，而且可以将该文件加载到其他场景。使用该功能可以为已经蒙皮的人物模型保存基础顶点动画，然后将其加载到创建的n服装设置场景中。下面是具体设置方法。

STEP01 打开场景文件，通过大纲视图选中人物网格模型（Mesh_Space_Heroine）。

STEP02 通过状态栏的下拉菜单（按F2快捷键）切换到Maya的动画菜单组。

STEP03 在动画菜单组中，可以在Maya用户界面的顶部看到要使用的Geometry Cache（几何体缓存）菜单。

STEP04 在仍旧选中网格的情况下，选择菜单命令Geometry Cache→Create New Cache□（几何体缓存→创建新缓存□）命令。

STEP05 在Create Geometry Cache Options（创建几何体缓存选项）窗口中，进行下列设置。

- Cache Directory（缓存目录）：在默认情况下，应该将该目录设置为当前的Maya项目目录，即Data文件夹。如果已经正确地设置了这个目录，可以不修改这一项。在加载时在Attribute Editor中会显示缓存文件的路径。
- Cache Name（缓存名称）：建议为缓存文件起有意义的名称，如Mesh_Space_HeroineShape。
- File Distribution（文件分布）：将该选项设置为One file（一个文件），这样就可以将几何体缓存保存为一个单独的文件，而不是将动画的每个帧保存为独立的文件。
- Cache Time Range（缓存时间范围）：将该选项设置为时间滑块，这样就可以根据当前时间滑块上的设置生成缓存文件。在本例中这是一个第-100～128帧的完整动画范围。
- Create（缓存）：Maya会运行动画并在指定的缓存目录中生成缓存文件。

缓存文件创建完成后，可以重新加载n服装设置场景，并使用缓存文件为人物模型创建动画。

STEP06 再次打开处理的上一个n服装设置场景。

STEP07 通过大纲视图或场景视图选中人物模型网格Mesh_Space_Heroine。

在选中人物模型网格的情况下，应确保激活了动画菜单组（按F2快捷键）并进行下列操作。

STEP08 选择菜单命令Geometry Cache→Import Cache（几何体缓存→导入缓存）。

STEP09 在Import Cache File（导入缓存文件）对话框中，选择Files of Type＝All Files（文件类型＝所有文件）选项，然后找到前面步骤设定的保存.me缓存文件的目录。

如果将缓存文件保存到默认的Project File→Data目录中，那么Import Cache File（导入缓存文件）对话框就会自动指向正确的目录。

缓存文件可以包含到项目中，如Mesh_Space_HeroineShape.xml。

STEP10 按Open（打开）按钮，可以打开缓存文件并将其加载到人物网格上。

加载了几何体缓存文件后，可能会注意到n服装的模拟效果与人物的跑步循环不同步，如图 6.2.10①所示。

将时间滑块设置为场景中第1～100帧的跑步动画。在这个帧范围中，人物模型已经处于跑步循环之中，而n服装模拟效果仍旧在执行预先评估，以便获得依靠姿势。

通过设置播放帧范围和内核解算器的起点帧实现同步，可以解决该问题。

STEP11 使用Maya用户界面右下角的快捷按钮，或者选择菜单命令Window→Settings/Preferences→Preferences→Settings→Time Slider（窗口→设置增选项→首选项→设置→时间滑块），打开Preferences（首选项）窗口。

STEP12 将播放起点/终点帧和动画起点/终点帧设置为第-100（负100帧）～128帧（正128帧）。

STEP13 在Playback（回放）区域中，确保将Playback（回放）设置为Playback Speed（回放速度），这样就可以在播放时正确评估n服装模拟效果了。

STEP14 通过大纲视图或场景视图，选中n服装网格（Mesh_Cape）或者n服装节点（nCloth_Cape）。

STEP15 在选中n服装节点的情况下打开属性编辑器，然后在顶部切换到nucleus1选项卡，以便查看内核解算器的属性。

STEP16 向下滚动内容并展开属性编辑器中的Time Attributes（时间属性）区域，然后将Start Frame（开始帧）设置为-100（负100）。

STEP17 切换到起点帧（按Shift+Alt+V组合键），当前的起点帧为第-100帧，然后按Play

（播放）按钮（按Alt+V组合键）播放动画。

现在可以正确地评估n服装了，而且也与人物动画同步了，如图6.2.10②、③、④所示）。

STEP18 n服装的评估起始于第-100帧（负100帧），大约在第0帧（经过100个帧）到达依靠姿势。在这个阶段中，人物网格动画处于跑步之前的站立姿势。

STEP19 在第0~128帧，人物模型会进入跑步循环，而且服装会与跑步动作进行交互作用，从第0帧的依靠姿势开始，在动画过程中人物模型身体的运动作出折叠和反作用力效果反应（图6.2.10③、④）。

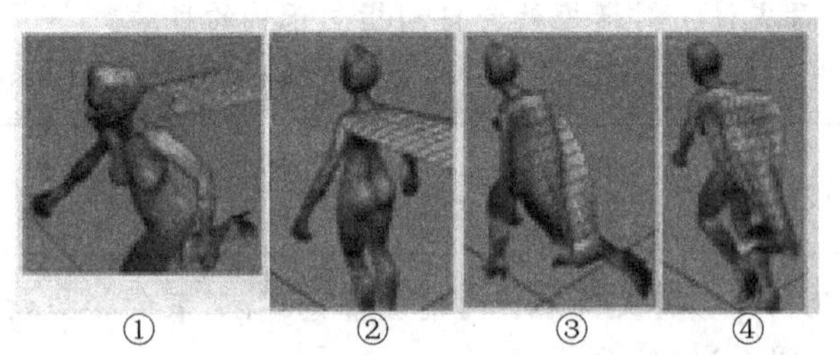

①　②　③　④

图6.2.10　设置n服装场景，使其与缓存动画同步

6.2.8 预调（一）

在播放n服装模拟效果时，服装显得非常轻并呈现出许多运动。服装网格模型的组成部分显得粘连而且相互贯通。这与场景中n服装和内核解算器的属性设置有关，下面将进行详细介绍。

n服装属性预设提供了非常好的设置起点，而且在处理过程中能够尝试不同的效果，如图6.2.11所示。

图6.2.11　n服装——thickLeather（厚皮革）预设

STEP01 在选中n服装的情况下，在属性编辑器中切换到内核选项卡。

STEP02 展开空间缩放比例属性并将Space Scale（空间缩放）设置为0.03，该缩放比例设置适用于处理场景缩放比例预设和属性预设。

STEP03 在选中n服装的情况下，在属性编辑器中切换到nCloth _CapeShape选项卡，以便处理n服装的属性。

在nCloth_CapeShape选项卡的右上角有一个Presets（预设）按钮。单击该按钮并按住不放，可以查看n服装的属性预设。在该菜单中向下滚动并选择thickLeather预设，然后选择Replace（替换）选项，可以使用这个thickLeather预设替换当前的n服装预设。

如果滚动到 nCloth_CapeShape节点的属性编辑器窗口的底部，就会看到一些可供参考的预设选项。

切换到起点帧后播放该模拟效果，预览n服装使用thickLeather预设的效果。将其与之前使用的默认设置进行比较，可以看到n服装的反作用效果有很大差异，该服装显得更厚、更重，而且在人物网格模型进行跑步循环时生成的反作用运动也较少，这是因为已经应用的预设对n服装属性的作用。选中n服装并在属性编辑器中检查nCloth_CapeShape选项卡中的设置。下面列出了影响模拟效果的主要设置。

动态属性

- Stretch Resistance/Compression Resistance/Bend Resistance（拉伸阻力/压缩阻力/弯曲阻力）——这些属性在该预设中被设置得非常高（50/50/30）。这意味着在模拟过程中作反作用反应时，服装会拥有较少的运动、压缩和弯曲。
- Mass（质量）——该属性也被设置得较高（3.0）。服装的质量可以为服装赋予较重的感觉。
- Damp（阻尼）——该属性用于控制运动的阻尼系数，是表现服装重量感的理想参数（也被设置得较高，即8.0）。

n缓存

在播放模拟效果的过程中，n服装会被解算器以实时方式进行评估。在这一过程中，计算机的性能会受到模拟效果中细节数量的影响，而且由于这个原因使其难以验证该效果。像处理人物网格模型动画一样，可以使用缓存文件保存n服装的顶点动画，从而提高在场景上进行播放的性能。

STEP04 通过大纲视图或场景视图（Mesh_Cape）选中n服装网格模型。

STEP05 通过Maya状态栏左上角的下拉菜单选中n动力学系统菜单组，这样做可以更改Maya用户界面顶部的菜单项目，从而显示nCache菜单。

STEP06 选择菜单命令nCache→Create New Cache□（n缓存→创建新缓存□）。

Create nCache Options（创建nCache选项）窗口中的选项与先前介绍过的Create Geometry Cache Options（创建几何体缓存选项）窗口中的选项相同。应将这些选项设置为通过时间滑块（第100～128帧之间的帧）生成缓存文件，确保使用合法的目录保存缓存文件并为缓存文件设置具有意义的名称。

一旦生成缓存文件后，缓存文件会被自动加载到网格模型上。时间滑块可以擦除，而动画会正确播放。当n服装模拟效果已经在顶点等级上被烘培到网格模型上时，内核解算器会被禁用。

在选中网格模型的情况下，通过nCloth_CapeShapeCache1选项卡可以更改缓存文件和目录的设置。要打开该选项卡，可选中披风网格模型，然后向右滚动或者使用向右的箭头键，以到达该节点连接。可以在此处重新加载缓存文件，也可以通过nCache菜单删除缓存文件连接或者替换缓存文件（这样做会为n服装重新创建模拟效果）。

现在的动画在播放时速度可能会过快，这是因为n服装已经不再在播放时进行评估，而且Playback Speed（回放速度）仍旧被设置为Play every frame（播放每一帧）。使用Play every frame（播放每一帧）选项时，播放动画的速度取决于场景的复杂程度和计算机系统的处理能力。在Preferences（首选项）窗口中，将播放速度设置为Real-time（实时）（24 fps），可以强制系统使播放速度与动画的帧速率匹配。

6.2.9 预调（二）

之前设置的使用thickLeather预设的n服装模拟效果可以真实地表现非常厚重的皮革披风。这不是这里想要在披风上创建的效果，这里想要创建的披风效果更自然、更轻、更柔顺。

在披风拥有较多运动的情况下，跟随动画会拥有更多动态和真实的效果。可以使用另一种n服装预设，将其作为对模拟效果进行精炼和最终润饰的一个起点。

重新加载在上面步骤的处理中为n服装生成缓存文件前的场景文件。

确保正确地加载了人物网格动画的缓存文件后进行播放，这里需要引用正确的目录，具体做法是：选中模型（Mesh_Space_Heroine），然后检查属性编辑器中的Mesh_Space_HeroineShapeCache1选项卡。

STEP01 通过大纲视图或场景视图选中n服装披风（nCloth_Cape）。

STEP02 通过属性编辑器中的nCloth_CapeShape选项卡，单击Presets（预设）按钮并选择Tshirt→Replace（T恤→替换）命令，使用Tshirt cloth预设替换场景中当前使用的thickLeather预设。

STEP03 切换到起点帧，然后播放应用了新的Tshirt预设的模拟效果。应用了该预设的n服装模拟效果显得非常不同，服装拥有了更多的运动，而且在跑步循环过程中与n

刚体人物网格模型有了更多反作用力效果。该效果中的差异是由预设中的属性设置产生的。

1. 碰撞

- Friction（摩擦力）——使用Tshirt预设时n服装的摩擦力属性被设置为0.3。该值是使用thickLeather预设（0.6）时摩擦力属性值的一半。

2. 动态属性

- Stretch Resistance/Compression Resistance/Bend Resistance（拉伸阻力/压缩阻力/弯曲阻力）——这些属性在Tshirt预设中设置的值比在thickLeather预设中设置的值低许多（Tshirt=35/10/0.1，thickLeather=50/50/30）。这意味着服装会拥有更高的柔顺度和伸展性，而且变形也会比应用了上一个预设的服装大。
- Mass（质量）——该属性被设置为3.0，是thickLeather预设所用值的一半。
- Damp（阻尼）——该属性被设置为0.8，是thickLeather预设所用值（8.0）的1/10。服装运动的肌力大幅度减小了。

n服装的预设为创建真实的模拟效果提供了良好的起点。花一些时间深入研究预设，比较不同预设的属性设置是非常值得的。这些预设表明n服装可以实现非常多的效果。许多可以实现的效果，可能与设想的服装模拟系统可以实现的基础模拟效果不同。Maya中包含了许多服装的范例设置，以供用户参考。可以使用n动力学系统菜单组，通过选择nMesh→Get nCloth Example（n网格→获取n服装示例）命令，访问这些n服装的范例设置。

6.2.10 n服装属性

尽管在上一节中设置的Tshirt预设更适于创建披风的服装效果，但是仍旧可以进一步精确设置该模拟效果以提高其品质。

该服装本身有相互贯通的问题，多边形相互交叉的情况非常明显。该网格模型可能没有足够的细节来创建模拟效果，而且该网格模型无法平滑地变形，这也导致了服装上碰撞和相互贯通的问题。下面介绍一些用于解决这个问题的设置。

1. n服装品质设置

STEP01 选中n服装披风，通过属性编辑器中的nCloth_CapeShape选项卡查看n服装的属性。

STEP02 在Quality Settings（质量设置）的下方进行下列设置。

Max Iterations（最大迭代次数）=12000

Max Self-Collide Iterations（最大自身碰撞迭代次数）=8.0

使用下列设置可以提高服装的品质。

- Max Iterations（最大迭代次数）——当内核解算器评估每个n服装动态属性（例如，拉伸阻力/压缩阻力）时，每个模拟步骤的迭代次数。
- Max Self-Collide Iterations（最大自身碰撞迭代次数）——在内核解算器中计算n服装的每个自身碰撞时，每个模拟步骤的迭代次数。

增大这些值不仅会提高服装模拟效果的品质，还会增加计算时间。

启用Trapped Check（捕获检查）和Self-Trapped Check（自身捕获检查）功能。

这两个选项都会在模拟过程中寻找碰撞情况，并解决表面网格粘连到一起时的相互贯通问题。在创建的模拟效果中，使用这种设置可以改进自碰撞穿刺问题。

2. n服装碰撞

展开Collisions（碰撞）区域，并将Self Collision Flag（自身碰撞标志）设置为Full Surface（整个表面）。

使用该选项可以控制当n服装出现自碰撞的情况时，会评估n服装的哪个组成部分。使用 Full Surface（整个表面）选项，会在模拟效果出现碰撞时评估网格的顶点、边缘和面。

3. 内核解算器的属性

内核解算器中含有一些控制其整体品质的属性。

STEP01 在选中nClothShape节点的情况下，切换到属性编辑器的nucleus1选项卡，该选项卡位于属性编辑器顶部的nCloth_CapeShape选项卡的右侧。

STEP02 展开Solver Attributes（解算器属性）区域并进行下列设置。

Substeps（子步数）=8

Max Collision Iterations（最大碰撞迭代次数）=12

使用Substeps（子步数）属性可以设置解算器计算每个帧的次数。默认值3.0对于快速移动的物体来说可能会过低。将该属性设置为较高的值（8.0），可以提高模拟效果的品质。

使用Max Collision Iterations（最大碰撞迭代次数）属性，可以设置在每个模拟步骤中计算碰撞的次数。当与其他设置一起使用时，增加该属性的值不仅可以提高解算器的整体品质，还可以增加计算时间。

播放模拟效果可以检查这些更改。由于提高了nCloth节点的设置，内核解算器的品质大幅度提高。

模拟效果的播放性能会受到额外所需计算的影响。可以通过选择nCache→Create New Cache（n缓存→创建新缓存）命令，然后将播放模式切换为Real-time（实时）（24 fps），来实时方式观看动画。

如果已经在正在处理的场景中创建了nCache文件，就需要禁用该缓存文件以便查看任何属性更改所产生的效果，或者为该服装重新生成一个nCache文件。对属性应用迭代更改时，一种常用的工作流程是进行编辑，然后通过n动力学系统菜单组选择nCache→Replace Cache（替换缓存）命令，覆盖上一个缓存文件。

6.2.11 修改

尽管由于增加了解算器的n服装和内核品质的设置值，模拟效果的品质有了大幅度的提高，但是n服装网格变形的外观仍然非常粗糙，这种情况是由创建n服装时所用的输入网格的基础分辨率造成的。网格上的细节越少，服装变形的平滑度就会越低。

STEP01 在激活n动力学系统菜单组的情况下，在透视视图中选中披风模型，然后选择nMesh→nMesh（n网格→n网格）命令。

这样做可以在场景视图中显示源网格，例如，没有应用n服装效果的原始披风网格模型。

STEP02 激活Maya的多边形菜单组（使用状态栏的下拉菜单或者按F3快捷键）。

STEP03 在选中网格的情况下，在Maya用户界面顶部选择菜单命令Mesh→Smooth（网格→平滑）。

STEP04 切换回n动力学系统菜单组，选择nMesh→Current Mesh（n网格→当前网格）命令。

n网格（n服装）的显示效果会像在视口中的显示效果一样平滑，网格上边缘环的数量会接近原来的两倍。

在替换了n缓存文件后播放模拟效果，n服装上变形效果的品质大幅度提高。

在模拟效果的某些阶段中，n服装和人物网格模型之间可能会出现相互贯通的现象。在大约第54帧的位置，人物模型的左腿会出现穿透披风模型的情况。这是由先前介绍的碰撞厚度属性决定的。当加载Tshirt预设并将其用作精炼n服装的起点时，该属性已经被重置。

使用以前介绍过的步骤可以选中nClothShape节点，并将Collision Thickness（碰撞厚度）设置为0.6～0.7左右，以便解决这个相互贯通的问题。

如果已经为该动画制作了缓存文件，那么可以使用nCache→Replace（n缓存→替换）命令替换n缓存文件，从而验证修复效果。

范例场景文件引用了从人物动画导出的几何体缓存文件。打开该文件后，为了以Real-Time（实时）（24fps）方式播放，需要重新生成n服装披风模型的缓存文件。执行上面介绍的步骤，可以重新生成n缓存文件。

6.2.12 最终动画

通过使用上一节介绍的步骤，n服装模拟和变形效果的品质已经提高了。在处理n服装动画时，为了更改效果，可以不断地调整和修改属性设置。这些对于设置的更改取决于个人喜好及想要复制和实现的效果类型。

在播放缓存的模拟效果时，n服装上的运动仍然非常沉重并带有刚性外观。下面介绍可以为该效果添加运动和流动性的设置。

1. 碰撞属性

STEP01 在选中n服装网格模型的情况下，切换到属性编辑器的nCloth_CapeShape选项卡。

STEP02 向下滚动到Collisions（碰撞）区域，查看Bounce（弹性）、Friction（摩擦力）和Stickiness（粘性）属性。

STEP03 将Bounce（弹性）增加到0.350，这样可以定义n服装的弹性，即其本身或n刚体（人物网格）对碰撞产生的反作用效果。

增加该属性的数值，可以为运动效果添加更多的自然跟随感觉。例如，当腿部向后踢并与服装产生反作用效果时，它会移动更长的距离。

STEP04 将Friction（摩擦力）设置为0.3，将Stickiness（粘性）设置为05，这些属性都是协同作用的。

增加Stickiness（粘性）属性的数值会使n服装在与其他内核物体（n刚体人物网格）碰撞时，产生更多自然粘连的效果。

Friction（摩擦力）属性是与Stickiness（粘性）属性相关联的属性，使用较低的Friction（摩擦力）属性值时，会使n服装产生类似丝绸的平滑效果。

为模拟效果增加Stickiness属性值，可以在跑步循环过程中创建更加真实的脚部将服装向后拖拉的效果。

2. 动态属性

STEP01 选中n服装网格，切换到属性编辑器的nCloth_CapeShape选项卡。

STEP02 向下滚动到Dynamic Properties区域，将Bend Resistance（弯曲阻力）设置为0.04

（原值为0.1）。

STEP03 减小Bend Resistance（弯曲阻力）属性的数值，可以使n服装在绷紧（被压缩或拉伸）时在边缘区域产生更大的弯曲效果，为模拟效果添加更多运动。将Mass（质量）设置为0.4（在Tshirt预设中该值为0.8）。

使用该属性，可以控制由内核解算器确定的重力对服装质量产生的效果。将其设置为1.0，会得到毡制品效果；而将其设置为0.0，会得到透明丝绸效果。对于披风来说，使用较低的质量属性值即可得到想要的效果。

3. 内核解算器的属性

STEP01 选中n服装网格，切换到属性编辑器中的nucleus1选项卡。

STEP02 向下滚动到Scale Attributes（空间属性），将Space Scale（空间缩放）设置为0.015（即上一个设置值0.030的一半）。

空间缩放比例与场景单位和场景中物体的缩放比例有关。内核使用米估算厘米单位，可能会出现问题。如果物体在场景中非常巨大并由解算器进行估算，那么就应该减小该属性的值。更改该属性的值，可以通过服装设置创建不同的效果。对于这里的服装设置来说，进一步减少该属性的值，可以为内核模拟效果增加更多整体运动。

如前所述，确保为人物跑步动画加载几何体缓存文件，操作如下。

使用nCache→Replace（n缓存→替换）命令为n服装披风模拟效果重新创建缓存文件，并通过 Preferences（首选项）窗口将播放速度设置为Real-time（实时）（24fps）。

为n服装创建完缓存文件后，通过 Preferences（首选项）窗口将第0帧设置为播放的起点帧，这样就只会播放跑步循环动画了（n服装处于静止姿势的动画会被删除）。

6.3 维持跟随动作和重叠动作

拿着支撑物或带有附肢的人物在运动中会有明显的跟随运动。例如，观察人物挥动高尔夫球棒或链条，在人物身体（躯干和手臂）和物体的运动中会发现许多跟随运动。物体拥有重量和体积，因此，它会为运动添加更多跟随运动，而且被身体带动后会继续移动。

本节介绍第2章和第3章介绍过的棒球运动挥棒动画中的姿势阶段。在前面的章节中，专门研究了为运动重新确定节奏以及添加逐步进入和逐步退出运动效果的方法。本节重点介绍如何调整身体各部分一系列姿势，以便在动画中创建自然、流畅的跟随运动。

像以前处理的棒球运动投球系列动作一样，通过分析参考材料和评价身体的姿势，为姿势序列创建节奏。这类运动的视频或照片参考资料有很多，分析该运动的视频或照片，有助于在设定动画的关键姿势前预先规划处理阶段。

通过该运动的缩略图大纲，可以看到该运动的一些主要区域，在处理动画时使用它们可以创建高效的姿势。

6.3.1 完整身体

球棒摆动和球棒弧度上重心的轻移。

（1）观察挥棒时整个身体的运动，在动画的起点，位于人物臀部的重量通常会移动到后面的腿部，在挥动球棒时该重量会前移。在重量向前移动直至落到前面的脚部上时，前面的脚部会偶尔从地面上抬起，然后摆出向前迈步的预备姿势。

（2）最初从臀部传来的主要重量会向前移动到前面的腿部，躯干的上半部分会向左臂挥棒的方向跟随臀部运动。球棒通常会跟随手臂的运动角度，而且会在挥棒动作中产生自然的弧形轨迹。

（3）在该动作序列的中间点上，臀部到达了其最大旋转幅度，这会强制脚部和腿部在臀部旋转时伸展。在中间点上，一旦脊椎旋转到最大角度，手臂和球棒会继续围绕身体移动，并且在该动作序列的终点当手腕动作停止时球棒会继续移动一点。

6.3.2 上半身

躯干扭动旋转及手臂/球棒跟随运动。

通过脊椎缩略图评估该运动，了解下列情况。

（1）脊椎旋转——挥棒动作的主要运动来自脊椎旋转。尽管在该运动中臀部处于领先位置并且会向与挥棒方向相反的方向稍微旋转，但是引导该运动的主要元素是脊椎。肩部会随脊椎运动，带动由左臂引导的手臂作旋转运动。

（2）手臂挥动引导球棒——左臂的挥动动作引导球棒的跟随运动。在跟随挥棒动作运动时，球棒应该向挥棒动作的后面倾斜。在接触点上，领先的左臂与球棒几乎成一条直线，并且都与腿部成90°。

在运动的末尾，当手臂转动到最大幅度时，球棒会超过手腕继续挥动，而且跟随运动也会继续。在该动画的整个过程中，球棒的挥动和支点都是基于手腕的位置。球棒需要通过跟随运动创建动画，以创建真实的重量感和体积感。

挥棒动作中的S形缠绕运动——观察该运动的起点和终点姿势。手臂紧密地向身体环绕，此刻的姿势与蛇缠绕一段木头类似（木头就像是身体）。这个起点姿势需要为挥棒动作创建动力，当身体向外缠绕并挥出球棒后，手臂和球棒上的S形曲线会变得不太明显且更直，因为能量已经释放了。

本教程将介绍挥棒动作的六个主要姿势，从起点姿势到挥棒再到最大幅度和跟随运动。身体模型的各个部分会通过常规的5帧间隔，使用单独的关键帧进行控制。

无需担心姿势之间的节奏，因为之前的练习已经对它们进行了介绍。这些姿势应该从侧面或者3/4前面侧视图创建动画。

6.3.3 起始姿势到挥棒姿势1

在做本练习时请参阅3.2节，以便详细了解该人物模型配置的场景设置和显示层次。

挥棒动画的第一个动作源自起始姿势（将球棒放在右肩部和颈部后面的握棒姿势）至预备挥棒姿势，臀部在该运动中居于领先地位，上半部分躯干和手臂跟随臀部运动。下面研究人物模型配置上的姿势。

起始姿势在时间滑块的第15帧拥有关键帧。对于本例来说，要使用常规的5帧间隔划分这些姿势。3.2节介绍了为这个序列的姿势重新确定节奏的方法。

在处理时考虑拍摄动画的最终摄影机位置非常重要。对于本例来说，最终动画会以侧面或3/4前面侧视图角度拍摄。

STEP01 将时间滑块调整到第20帧。

STEP02 在透视视图中，尝试多种视图角度（使用Alt+L、Alt+M和Alt+B组合键），这样就可以从前面侧视图角度到右侧观察整个人物模型的挥棒动作。

STEP03 通过大纲视图或透视视图，选中主要的臀部控件和左脚控件（BBALL02_RIG_BASE_FSP_COG_CTRL和BBALL02_RIG_BASE_FSP_Foot_L_CTRL）。

STEP04 在选中控制器的情况下，启用移动工具（按W快捷键）并在全局坐标的*x*轴中将所有控件稍微向前拖动。按Shift+W组合键可以将该过渡设置为关键帧。

STEP05 去除左脚模型的选中状态，然后在全局坐标的*x*轴中使用激活的移动工具（按W快捷键）将臀部控件向前拖一点。按Shift+W组合键可以设置关键帧。

脚部处于起点姿势的角度，重量位于右脚上（第15帧），到第20帧时脚部模型就会变平。

STEP06 在选中控件（BBALL02_mG_BASE_FSP_Foot_L_CTRL）的情况下，打开通道盒并进行下列设置，按S快捷键可以为这些属性设置关键帧。

Ball Roll = 0

Toe Roll = 0

将臀部模型在该姿势中的向前移动的帧设置为关键帧（第20帧）。在这个帧中，躯干的上半部分也应该随挥棒动作旋转。躯干应该稍微向后倾斜，因为引导该运动的是臀部模型。

STEP07 仍旧在第20帧中，通过大纲视图或透视视图选中绿色的基础脊椎控件物体（BBALL02_RIG_BASE_FSP_Spine01_CTRL）。

STEP08 在选中该控件的情况下，通过3/4前面俯视图尝试不同的观察角度。

STEP09 启用旋转工具（按E快捷键）并将在局部坐标的*y*轴中将脊椎模型稍微向前旋转。按Shift+E组合键可以为该旋转动作设置关键帧，并对次要脊椎控件作任意附加调整，以便使该姿势从这个角度看上去显得自然。

脊椎控件还应该稍微向后倾斜，以表现臀部模型的领先地位。

STEP10 尝试以前面的多种角度观察人物模型。

STEP11 选中每个脊椎控件，在局部坐标的*z*轴中稍微向后旋转，然后为该姿势设置关键帧。

在该姿势中，左手应该开始随倾斜的球棒向前挥动。上臂和肘部的角度应该保持不变。

STEP12 仍旧在第20帧中，选中左手控件（BBALL02_RIG_BASE_FSP_Hand_L_CTRL）。

STEP13 通过前透视视图将该控件向前拖（在*z*轴中），然后稍微向下拖（在*y*轴中）。

STEP14 在局部坐标的*z*轴中将该控件向前旋转并在局部坐标的*y*轴中稍微旋转。为该过渡设置关键帧并旋转（按Shift+W/Shift+E组合键）。

6.3.4 挥棒姿势1到挥棒姿势2

下一个主要姿势是球棒打到棒球的接触姿势。在该姿势中臀部和下半部分脊椎模型的整体运动很少，主要运动来源于脊椎的上半部分，此时左前臂和手腕会旋转以便挥动球棒。

STEP01 将时间滑块调整到第25帧，以便处理下一个主要姿势。

STEP02 从前面查看人物模型。

STEP03 选中主要的臀部控件（BBALL02_RIG_BASE_FSP_COG_CTRL），然后使用激活的旋转工具（按E快捷键），将臀部模型沿挥棒方向向前旋转和向下稍微旋转。按Shift+E组合键可以为该旋转设置关键帧。

STEP04 在透视视图中，通过3/4前面俯视图尝试使用不同角度观察人物模型。

STEP05 按Shift+E组合键可以为该旋转设置关键帧。

在该姿势中应该将上半部分脊椎控件稍微向后旋转，这样脊椎模型中就形成了一条平滑的曲线，即使在臀部模型向下旋转的情况中也是如此。

当从顶部进行观察时，肩部与臂部形成的角度大约应为45°。

在该姿势中手臂上的主要运动来自左前臂和手腕。左前臂已经到达了伸展的最大幅度。前臂从有角度的向内姿势（第20帧）摆动到完全伸展的幅度（第25帧）。手腕模型也控制了摆动的角度，旋转球棒并向内挥动，这样它就进入了身体模型的线条。

STEP06　仍旧在第25帧中，选中左腕控制器（BBALL02_RIG_BASE_FSP_Hand_L_CTRL）。

STEP07　在透视视图中，在人物模型的侧面尝试使用不同角度进行观察。

STEP08　使用移动工具在*y*轴中将手腕控件向下拉并在*z*轴中将其稍微向外拉。使用旋转工具在局部坐标的*x*轴中旋转手腕模型，并在局部坐标的*y*轴中将其稍微向前旋转。

如果在人物模型的侧面使用不同角度进行观察，会发现球棒与腿部形成的角度约为90°，因此，球棒会与棒球直接接触。在调整左腕控件的姿势时，会自动调整两条手臂的姿势（因为右腕模型与左腕模型链接到了一起，所以它也会随之运动），手腕位置和旋转动作的极端姿势会推动人物模型上的肘部动作。要解决这些问题，可使用肘部模型的极矢量控件调整该姿势，还可以使用肩部控件将肩部模型向内侧旋转，以便减少手腕和肩部之间的长度，并减少手臂模型上的任何过度伸展。选中右肩控件（BBALL02_RIG_BASE_FSP_Calvic_le_R_CTRL），将其向身体方向旋转，然后根据需要通过设置关键帧解决相关问题。对于肘部模型姿势的调整来说，这些身体部分应大致通过某种角度与手臂对齐，这样才能使姿势显得自然。对星形的极矢量控件应用选择、移动和设定关键帧操作，以便解决肘部弯曲的相关问题。

在该姿势中当身体模型旋转时，脚部和膝部的角度也会稍微旋转，以便跟随上半部分躯干弯曲。因为重量向前转移了，所以脚后跟模型也应该离开地面稍微抬起。

仍旧在第25帧中，尝试从前面使用不同的角度观察人物模型的右腿。

STEP09　选中右脚控件（BBALL02_RIG_BASE_FSP_Leg_R_CTRL），然后在通道盒中将Ball Roll设置为-17，将Toe Pivot设置为24。脚后跟模型应该稍微抬起，而且脚尖模型上的枢轴点应该稍微旋转。

STEP10　将这两个通道都选中并右击，然后在弹出的快捷菜单中选择Key Selected选项。

STEP11　选中膝部模型（BBALL02_RIG_BASE_FSP_Leg_R_Pole）的星形极矢量控件物体。

STEP12　使用移动工具，在全局坐标的*x*轴中将该控件稍微向前拖动，从而使膝部模型稍微向前倾斜。按Shift+W组合键可以为该过渡设置关键帧。

还可以将左脚模型控件（BBALL02_RIG_BASE_FSP_Foot_L_CTRL）稍微向前旋转，然后为该姿势设置关键帧，以便跟随动作线条。

通过不同的观察角度检验该姿势。该球棒应该在接触点上大致与腿部线条形成直角，肩部模型的角度应该大致与球棒的角度相同；左臂应该几乎伸直，但是没有完全伸展到挥棒动作的中间点；重量应该完全分布到两腿之间，但是臀部模型向下与向下挥棒的运动线条形成了细微的角度。

6.3.5 挥棒姿势2到挥棒姿势3

序列中的下一组姿势是挥棒的主要跟随姿势。在这些姿势中上半部分脊椎的扭曲运动较少，脊椎已经旋转到了最大幅度，与上一姿势中的腿部形成了大约90° 的夹角（第25帧）。

下一组姿势中的主要运动位于跟随位置和手腕的角度中，球棒继续挥动并在运动中进行跟随；身体模型的区域部分的惯性运动较少，因为在挥棒时球棒的重量和动力带动了手腕的旋转（第30帧）。

STEP01 将时间滑块切换到第30帧，以便处理下一个主要的跟随姿势。

STEP02 选中主臀部控件物体（BBALL02_RIG_BASE_FSP_COG_CTRL）。

STEP03 启用旋转工具并在局部坐标的*y*轴中将该控件稍微旋转，这样手臂模型就会在身体模型的前面显示出更多部分。按Shift+E组合键可以设置关键帧。

如果在人物模型的前面使用不同的角度进行观察，头部模型会旋转到侧面，这是因为颈部和头部会随脊椎旋转。选中颈部和头部控件，然后使用激活的旋转工具将它们稍微向后旋转，并设置关键帧（按Shift+E组合键），这样当躯干稍微旋转时头部模型的姿势就会与身体模型相对并保持一致。

在处理该姿势中的手腕和手臂姿势时，需要使手腕模型弯曲，因此，在第30帧中的球棒角度几乎完全与第25帧中的球棒角度相反。

在上一个姿势中，脊椎和上半部分躯干上的改变不像这里的改变那样极端。该姿势中的主要差异是手腕的位置和角度，这在挥棒动作中创建了自然的跟随运动，因为手腕模型跨越了身体模型并使球棒倾斜。

STEP04 仍旧在第30帧中，选中主要的左腕控件物体（其名称为BBALL02_RIG_BASE_FSP_Hand_L_CTRL）。

STEP05 激活移动工具，在全局坐标的*z*轴中拖动手腕模型跨越过身体模型的前面，这样它就会移动到人物模型的另一侧，然后设置关键帧（按Shift+W组合键）。

STEP06 围绕局部坐标的*y*轴旋转手腕控件，这样球棒会与直的腿部形成约45° 的夹角并跨越身体模型。

这是因为从第25帧开始升起肘部的姿势并不合适，调整手腕的旋转姿势时“打破”了手腕模型并强制肘部模型抬起。

STEP07 选中星形左肘部控件物体，并将该控件向下和向外拖，以便获得正确的肘部姿势。

在该姿势中右臂可能会伸展得超出界限，而且会显得过直。将箭头形右肩控件稍微向前旋转，并根据需要设置关键帧以便使该姿势变得柔和。对于脚部模型，可修改右脚控件上的Ball和Toe Pivot属性，以便延伸该区域并略微旋转左脚控件，以便与旋转姿势相符合。

使用多种不同角度验证姿势的调整，以便确保获得正确的效果。该姿势（第30帧）和上一姿势（第25帧）之间，姿势真正的主要变化是手腕和手臂的角度。与上一个姿势相比，球棒旋转了大约90°，直接跨越了身体模型。应确保该角度与挥棒的弧形轨迹一致。

通过调整时间滑块（Viewport 2.0），会发现挥棒的弧形轨迹在第25帧和第30帧之间不一致。该姿势中需要添加额外的关键帧，以便使该弧形轨迹显得自然。最终的范例场景文件在第27帧附近，包含了额外的调整姿势的关键帧，从而解决了该问题。

在处理动画时，可能需要使用创建动作轨迹或可编辑动作轨迹（Maya 2012）的工作流程，以便精确调整挥棒动作的主要弧形轨迹。

6.3.6　挥棒姿势3到挥棒姿势4

在第35帧上的下一个姿势是手腕和球棒模型上的主要跟随运动。在该姿势中当球棒向后挥时，手腕模型抬高到左肩模型的上方。在挥棒击球的时候，身体模型的其余部分有运动限制或者不运动。

STEP01 将时间滑块调整到第35帧，以便处理下一个主要的跟随姿势。

STEP02 选中左腕控件物体（其名称为BBALL02_RIG_BASE_FSP_Hand_L_CTRL）。

STEP03 在选中该控件的情况下，尝试从前面使用不同的角度观察人物模型，然后使用激活的移动工具，在全局坐标的*y*轴中将该控件向上拖动并在*z*轴中略微旋转，这样手腕模型就会大致与肩部模型对齐。按Shift+W组合键，可以为控件上的该过渡设置关键帧。

STEP04 要处理手腕/球棒模型的旋转动作，应在局部坐标的*x*轴中将手腕控件向后旋转，这样它就会向上倾斜，就像以弧形跨越过肩部一样。

就像前面介绍的上一个姿势的设置一样，当粗略更改手腕模型的姿势和旋转角度时，肘部模型的角度会受到影响。

STEP05 选中星形的右肘部控件（其名称为BBALL02_RIG_BASE_FSP_Arm_R_Pole）。

STEP06 在全局坐标的*y*轴中将该控件稍微向上拖动，这样肘部模型就会抬起，而且与肩部相连的右臂模型会沿一条直线跟随手腕模型运动。

如果左肘模型与身体模型相互贯通，那么左肘部控件可能也需要略微调整。在对于最后的更改进行验证时，可对手腕和肘部姿势进行反复调整。

对于下半部分身体来说，在该姿势中可以将臀部模型稍微向前推，以便在挥棒动画的第二个部分中表现重量和发力效果。

STEP07 仍旧在第35帧中选中主要臀部控件（其名称为BBALL02_RIG_BASE_FSP_COG_CTRL）。

STEP08 在透视视图中，在人物模型的侧面使用不同角度进行观察。

STEP09 使用移动工具在全局坐标的x轴中，将臀部模型稍微向前拖动并设置关键帧。

STEP10 选中右脚控件（其名称为BBALL02_RIG_BASE_FSP_Foot_R_CTRL），然后通过通道盒将Toe Pivot属性设置为49，以便使脚部模型进一步旋转并设置关键帧。

STEP11 切换到腿部模型的3/4前面侧视图，然后进一步调整星形的腿部极矢量控件，以便使腿部模型的角度与脚部和臀部模型的角度相匹配。

STEP12 对于臀部模型的高度进行最终调整并设置关键帧，以便降低右腿背面的过度伸展程度。

像处理前面介绍的关键姿势一样，使用不同角度检查人物模型的姿势和骨骼，看它们是否获得了自然和动态的效果。使用不同的明暗效果和显示模式，以便检查左腿和球棒模型的对角运动线是否获得了坚实的效果。

6.3.7 挥棒姿势4至挥棒姿势5

这个动画中的最后一个姿势序列是挥棒姿势的所有跟随动作。球棒和手腕模型旋转到了最大幅度，位于起点姿势中头部和颈部模型的背后。在该姿势中，由于球棒的重量和重力效果，球棒上有一个大致的倾斜角度。由于重量和挥棒动作，球棒以45° 的倾斜角度落到了颈部模型的后面，从而强制手腕模型转向内侧。由于旋转动作，手臂模型向身体模型方向进一步收紧，而且从右腿背面到手臂存在一条坚固的对角线，为该姿势提供动态和流畅效果的倾斜球棒上也有一条粗斜线。

通过两种姿势观察人物模型上的脊椎，可以查明手腕模型上的主要姿势差异是位置和旋转程度。在已经创建的姿势4（第35帧）中，手腕模型的位置非常低。在将要重点介绍的新建的姿势5（第40帧）中，手腕模型的位置更高，在手腕模型完全处于肩部模型后面的情况下，在颈部上方接近耳朵模型的位置。左腕模型向内侧旋转，从而使球棒以大约45° 的倾斜角度位于头部模型的后方。在现存的姿势后面添加新姿势，会创建主要位于球棒上的跟随动画，这是直接在手腕模型上通过调整姿势实现的绕轴旋转。

下面列出了该姿势的关键帧，通过它们可以快捷地对姿势分段。

STEP01 将时间滑块调整到第40帧，以便为最后一个姿势设置关键帧。

STEP02 在人物模型的前面使用不同的角度进行观察，并选中左手控件（其名称为BBALL02_RIG_BASE_FSP_Hand_L_CTRL）。

STEP03 使用激活的移动工具将该控件向上拖动，以便使其大致与左肩模型对齐，按Shift+W组合键可以为该过渡设置关键帧。

STEP04 在仍旧选中该控件的情况下，激活移动工具，并在局部坐标的*x*轴中将手腕模型向后旋转，然后将其向身体模型的方向稍微旋转。

向身体模型内侧旋转手腕控件会更改手臂模型的角度，这样会使该姿势显得更加自然。可根据需要对极矢量控件作额外的调整，然后通过设置关键帧为该姿势定稿。在侧面检查该姿势并确保当两个肘部模型都提高大约45°时，在该姿势中左肘部的角度显得更自然。

该姿势（第40帧）和上一个姿势（第35帧）之间的主要运动是在挥棒时手腕模型的旋转。在该姿势中，身体模型的其余部分应该作最小限度的移动。可以对臀部模型的高度和脊椎的旋转程度进行非常微小的调整，以便在该姿势中创建一个运动把持力效果。可使用多个角度和明暗模式验证该姿势，以便确保该姿势拥有动态和自然效果。

本章总结

通过对本章的学习，应能够熟练地进行跟随动画的制作（主要修改之前的走路和跑步动画、衣物的跟随动画制作），修改并添加适当的重叠动画（主要是身体各部位的相互重叠），从而完成整体的动画制作。

练习与实践

（1）修改棒球手摆动球棒动画（注意：需要添加跟随和重叠动作）。

（2）添加衣物的跟随运动动画（主要是n动力学的动画制作）。

第7章

直接处理方法和逐个处理方法

✍ **效果欣赏**

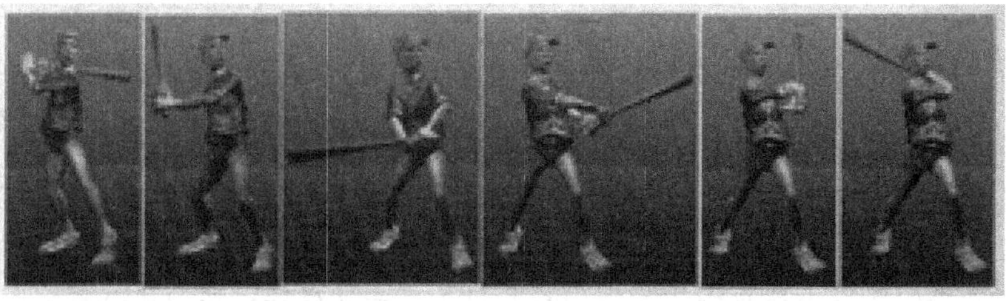

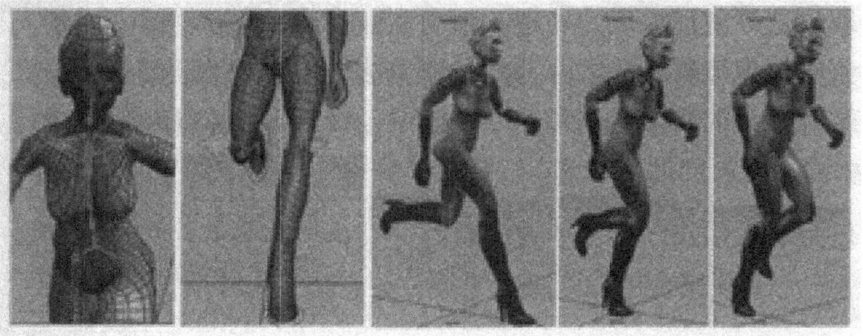

✍ 本章导读

制作动画主要有两种方法。

——《生命的幻象：迪士尼动画造型设计》

直接处理方法和逐个姿势处理方法是不同的动画制作方法。动画师可以在精确调整动画之前使用逐个姿势处理方法，先创建动画的关键姿势。在传统的分格动画中，主动画师通常会处理关键姿势，而中间动画师会处理重要姿势之间的动画。

在计算机动画中，计算机会通过运动曲线或F曲线（在Maya中是图形编辑器窗口）添加中间运动。传统的逐个姿势处理技术最常用于当前的计算机动画工作流程，在制作人物动画的情况中尤其如此。

通常认为传统的基于逐个姿势的动画制作方法更具系统性或设计性。

本书主要介绍基于逐个姿势的人物动画制作练习。例如，棒球击球手和投手动画都是使用逐个姿势工作流程制作的。

✍ 学习目标

- 掌握逐个姿势动画的调整方法
- 能够进行动画修改
- 能够进行控制器细节编辑
- 明确刚体动画的修改与设置
- 进行动力学动画修改

✍ 技能要点

- 进行走路动画修改
- 进行跑步动画修改
- 进行逐个动画控制器的修改
- 进行刚体动力学动画的修改和调整

✍ 实训任务

- 修改走路动画
- 修改跑步动画
- 修改刚体动画

7.1　使用逐个姿势方法处理跑步循环

本节介绍使用逐个姿势处理流程制作人物跑步循环动画的方法。逐个姿势的动画制作方法通常是指首先创建动画中的主要或关键姿势，然后添加中间动画（或进行精修）的处理流程。

前面的章节重点介绍了人物动画，这里使用类似的处理流程为动画创建主要姿势。对于人物的走路或跑步循环来说，逐个姿势的处理流程是非常合适的，因为这类动画中的姿势非常明显并且循环重复。如果观察跑步循环的视频或参考照片，可以看到在跑步循环过程中姿势存在镜像，而且腿部和手臂的运动明显是反向的。

通过缩略图分解主要姿势，可以查明在跑步初始和中点的腿部完全伸展姿势存在完全相同的镜像。如图7.1.1所示，第一个姿势——左腿完全伸展，结束姿势——右腿完全伸展。

当腿部完全伸展时，对面一侧的手臂也会完全伸展以便保持重心和平衡。因为在跑步的起点和中点其主要姿势是高度镜像的，所以可以重用这段动画。从动画中点到结束，这些姿势再次高效地进行了镜像，直到最后一个姿势完全与第一个姿势相同为止。

图7.1.1　缩略图——跑步循环姿势——循环中的起点帧至中点帧

为了进行说明，将处理与6.2节处理的模型相同的女性人物网格模型。在此将使用1.4节介绍的动画设置，1.4节详细介绍了跑步时臀部的弧形运动轨迹。

本节详细介绍人物控制配置的设置方法，重点介绍用于创建跑步循环的局部身体元素的姿势，还将介绍为跑步时的脚部位置调整身体元素姿势。创建躯干弧线运动轨迹及以镜像方法创建其他局部身体元素姿势的方法，如图7.1.2所示。

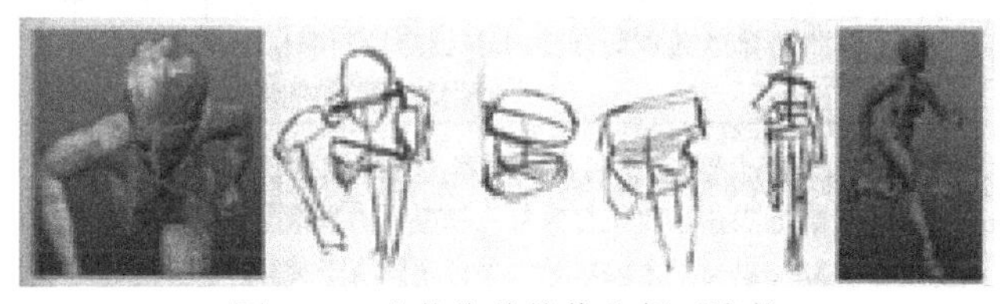

图7.1.2　人物姿势镜像和躯干姿势

7.1.1　腿部和臀部姿势

通过项目场景文件目录打开初始设置场景。

该场景文件使用后面介绍的人物模型设置。该人物模型和控件配置处于默认的绑定姿势面向前方（即*z*轴的正方向），如图7.1.3①所示。当处理跑步循环动画时，跑步循环场景的帧长度被设置为约16帧。对于跑步动画来说，典型的长度约为2/3秒；当帧速度被设置为24fps时，可以获得正确的效果。

对于跑步循环来说，在第1帧和最后一帧（第0帧和第16帧）上人物模型的整体姿势将会是相同的。腿部会在跑步姿势中伸展，通过在动画的中间点对姿势进行镜像，可以创建跑步循环动画。下面详细介绍跑步时的腿部和臀部姿势。

STEP01 将时间滑块调整到第0帧。

STEP02 选择菜单命令Panels→Orthographic→Side（面板→正交→侧面），将当前视图设置为侧面的正交视图（Orthographic View），当处理走路或跑步循环姿势时，通过在侧面的正交视图中分解初始姿势，有助于简化处理流程。

STEP03 在第0帧通过大纲视图或者视口选中主要的臀部控件物体（红色的立方体控件，其名称为FSP_COG_CTRL），如图7.1.3②所示。

STEP04 在选中该控件的情况下，启用移动工具（按W快捷键），并将该控件物体沿全局坐标的*y*轴向下拖动，以便降低臀部模型的位置。

脚部模型应该保持落脚姿势，因为脚部模型已经启用了IK。在此需要降低臀部模型的姿势，这样腿部模型就可以伸展到地面上进行奔跑了。臀部模型应该降低到Y=-0.092附近的位置。

手部模型也启用了IK，也会在空中保持锁定的状态，在初始编辑中不会移动。现阶段不需要担心这些部分，因为手部姿势调整和动画的处理将在本教程后面的内容中进行介绍。

STEP05 在仍旧选中该控件的情况下，按Shift+W组合键在第0帧为该平移设置关键帧。

对于腿部和脚部姿势来说，要设置左脚模型的姿势，以便使右腿模型在后面抬起的情况下仍旧落脚于地面上。这是跑步动画中的一个中间点，重心移动到前面的左腿模型上。

STEP06 通过大纲视图或视口选中左脚控件（左脚模型脚底的蓝色圆形控件，其名称为FSP_Foot_L_CTRL）。

STEP07 在选中该控件的情况下，启用移动工具（按W快捷键）并在*z*轴中沿正方向将脚部模型向前拖大约0.471场景单位的距离，然后在*y*轴中将其略微抬起约0.008场景单位。使用旋转工具（按E快捷键）将脚部模型稍微向上旋转，以表现脚跟与地面刚刚接触的姿势，如图7.1.3③所示。可以使用Shift+W组合键为该平移设置关键帧，然后使用Shift+E组合键为该旋转设置关键帧。

STEP08 右脚模型应该向后调整姿势，以便跟随前面的左脚模型。选中右脚控件（FSP_Foot_R_ CTRL），使用移动工具使其向后移动（在*z*轴中向负方向），然后使其向上移动（在*y* 轴中向正方向）。下面列出了最终范例场景中使用的值。

Translate Y（变换Y）= 0.381

Translate Z（变换Z）= -0.502

STEP09 需要使脚部模型旋转，以便跟随腿部模型的线条，在选中该控件的情况下，启用旋转工具（按E快捷键），并在局部坐标的*x*轴中向后旋转至X=94.063附近的位置。

STEP10 一旦获得了满意的姿势，就可以使用Shift+W组合键为该平移设置关键帧了，然后使用Shift+E组合键为该旋转设置关键帧，如图7.1.3④所示。

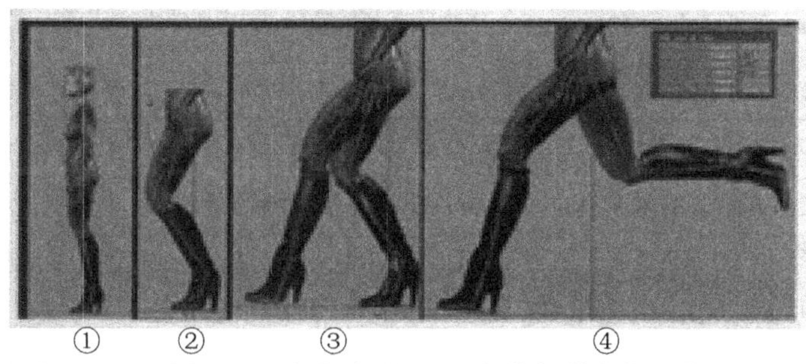

图7.1.3　跑步时臂部和腿部的初始姿势

7.1.2　跨越人物模型对姿势由左至右应用镜像

对于跑步循环来说，循环中间点的姿势会产生镜像。对于人类跑步时的臂部和腿部来说，这意味着在第0帧伸展的左腿会成为在第8帧（跑步动画的中间点）伸展的右腿的镜像，而在第0帧跟随左腿抬起的右腿会成为在第8帧跟随右腿抬起的左腿的镜像。

可以使用一种简单的处理流程，以镜像方式创建这些帧之间的姿势。该处理流程可以用作在制作动画前被冻结的人物模型的控制对象上的平移，这意味着初始平移的数值是X=0/Y=0/Z=0，使用后续的平移操作可以调整该平移。因为脚部控件的平移功能被冻结了，所以当模型上左侧和右侧的控件可以容易地相互复制时，就已经使用了这些数值。

STEP01 在第0帧中，选中右脚控件（FSP_Foot_R_CTRL），然后打开通道盒，以便查看平移和旋转数值（按Ctrl+A组合键）。

STEP02 在通道盒中，依次双击Translate Y/Translate Z/Rotate X（变换Y/变换Z/旋转X）的数值输入框，然后使用Ctrl+C组合键将这些数值复制到Windows剪贴板中。

双击数值输入框可以突出显示当前的数值。它们会显示在通道名称的右侧。

可以使用Windows的记事本或其他字处理应用程序记录这些数值（按Ctrl+V组合键进行粘贴）。

STEP03 将时间滑块调整到第8帧。

该帧是要对腿部姿势应用镜像操作的位置。

STEP04 选中另一个脚部控件（FSP_Foot_L_CTRL），然后在通道盒（按Ctrl+A组合键）中双击数值输入框，按Ctrl+V组合键粘贴从右脚控件复制的TranslateY/Translate Z/Rotate X（变换Y/变换Z/旋转X）的数值。

复制/粘贴这些数值的操作必须依次对每个通道值（X/Y/Z）进行。

STEP05 左脚模型应该像右脚控件一样被拖动到相同的位置，如图7.1.4①所示。在仍旧选中左脚控件（FSP_Foot_L_CTRL）的情况下，按Shift+W组合键可以为该平移设置关键帧，按Shift+E组合键可以为该旋转设置关键帧。

使用相同的处理过程，可以通过左脚模型的姿势以镜像方式创建右脚模型的姿势。

STEP06 将时间滑块调整回第0帧，然后选中左脚控件（FSP_Foot_L_CTRL)。

STEP07 在通道盒中，双击数值输入框，使用Ctrl+C组合键将Translate Y/Translate Z/Rotate X（变换Y/变换Z/旋转X）的数值复制到Windows的剪贴板中。

STEP08 将时间滑块调整到第8帧，然后选中右脚控件（FSP_Foot_R_CTRL)。

STEP09 在通道盒中，使用Ctrl+V组合键将这些数值粘贴到Translate Y/TranslateZ/RotateX (变换Y/变换Z/ 旋转X)的数值输入框中。在第8帧中，按Shift+W组合键可以为该平移设置关键帧，按Shift+E组合键可以为该旋转设置关键帧。

STEP10 在第8帧中，右脚模型应该完全伸展并在地面上落脚，如图7.1.4②所示，与第0帧中左脚模型的姿势完全相同，如图7.1.4③所示。

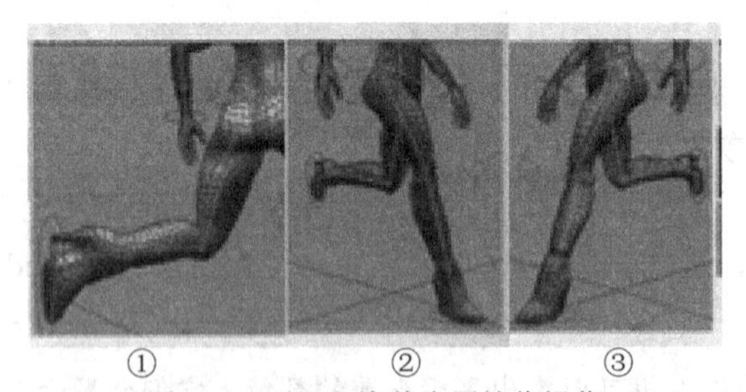

①　　②　　③

图7.1.4　对腿部姿势应用镜像操作

7.1.3 逐帧复制姿势

要使这段动画循环，需要使第16帧中的姿势与第1帧中的初始姿势（左腿模型伸展）

完全相同。通过执行下列步骤可以轻松做到这一点。

STEP01 将时间滑块调整回第0帧。

STEP02 将鼠标指针悬停在第16帧的上方，然后使用鼠标中键在第16帧上单击。

这样做可以将当前帧的内容更新为第16帧的内容，但是会保持视口中的动画元素与第0帧为相同的状态，动画不会更新，从而可以使用在第0帧应用的数值在第16帧设置控件的关键帧。

STEP03 单击第16帧，选中下列控件，然后使用Shift+W组合键为平移设置关键帧，使用Shift+E组合键为旋转设置关键帧。

FSP_COG_CTRL

FSP_Foot_L_CTRL

FSP_Foot_R_CTRL

如果播放（按Alt+V组合键）这段动画，腿部姿势会精确地在第0～16帧循环。观察这段动画，它仍旧显得非常粗糙而且需要进一步精修，腿部运动是漂浮的，臀部模型没有像现实生活中跑步那样升起和落下。

7.1.4　落脚

将时间滑块调整到第3帧，可以在此处看到左脚模型从地面抬起的情况，这种情况在此时是不应该出现的，如图7.1.5①所示。在动画的这个部分中，左脚模型应该仍旧在地面上落脚，可以通过添加中间关键帧保持脚部模型的落脚状态。

STEP01 在第3帧中，选中左脚控件（FSP_Foot_L_CTRL）。

STEP02 通过侧面的正交视图启用移动工具（按W快捷键），然后在全局坐标的*y*轴中将左脚模型向下移动，在全局坐标的*z*轴中将该模型向后移动一定距离。

STEP03 使用旋转工具（按E快捷键）旋转左脚控件，以便将其调整为正确的姿势，从而落脚于地面。

还可以使用Ball Roll属性，将左脚模型向脚尖挤压，以便表现落脚时的负重效果。在通道盒中单击Ball Roll属性的名称，以便使其以蓝色突出显示。在选中该属性的情况下，将鼠标指针移动到视口上方并按住Ctrl键和鼠标中键不放，然后略微进行拖动即可将该属性的值降低至24.9左右，从而实现向脚尖压缩的效果。在通道盒中仍旧选中该属性的情况下，右击该属性的名称并在弹出的快捷菜单中选择Key Selected（设置关键帧）命令，将该属性设置为关键帧。

还需要在第0帧为使用0值的该属性设置关键帧，因为这一帧中的脚尖也没有压缩。

STEP04 下面列出了在第3帧中为平移和旋转设置的其他数值。

Translate Y（变换Y）＝0.003

Translate Z（变换Z）＝-0.188

Rotate X（旋转X）＝0.436

STEP05 在第3帧中可以使用Shift+W组合键为左脚控件的平移设置关键帧，可以使用Shift+E组合键为左脚控件的旋转设置关键帧。

这个中间的落脚姿势应该与动画中对应部分中的落脚姿势完全相同。这个在第3帧中的落脚姿势比第0帧中的初始落脚姿势落后3帧。在处理右脚模型时，初始的落脚姿势位于第8帧中，因此，该模型的镜像落脚姿势应该位于第11帧。使用前面介绍的处理过程，将左脚控件（FSP_Foot_L_CTRL）在第3帧中的通道盒平移和旋转数值复制到第11帧中的右脚控件（FSP_Foot_R_CTRL）中，还应该复制这一帧中的Toe Roll属性的数值，如图7.1.5②、③所示。

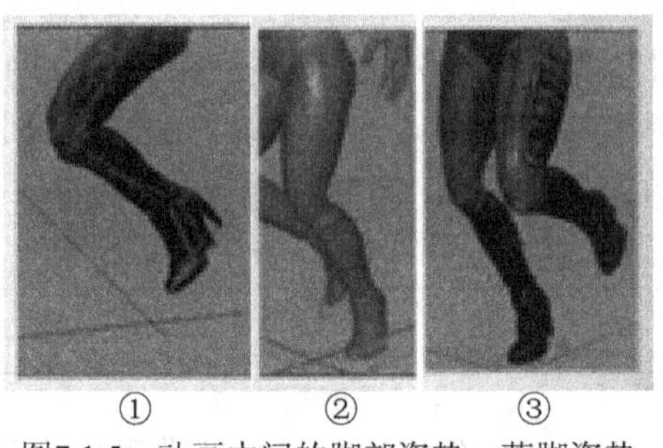

① ② ③

图7.1.5　动画中间的脚部姿势、落脚姿势

7.1.5　质量中心——重量的升起和落下

播放这段动画，现在脚部落脚姿势显得更加自然，但是当落脚点在两个脚部模型之间转换时，臀部模型上没有对应的重量转移。可以为臀部模型设置关键帧，并使用图形编辑器编辑运动曲线，以便使其显得更加流畅和自然。

STEP01 选中人物模型臀部的主要质量中心控件（FSP_COG_CTRL）。

STEP02 在第0帧中将y轴平移关键帧所用的数值设置为-0.092。该值在整段动画中都不会改变，因为其他关键帧没有使用该数值。

如果播放了这段动画，就会发现已经创建了关键姿势之间或附近的主要重量转换。

STEP03 在第0帧、第8帧和第16帧中，左脚和右脚模型以脚跟先着地的方式处于落脚姿势。臀部模型上的完全重量的落脚和转换姿势将在几帧之后出现（在第2帧和第10帧中）。

主要姿势前3帧中的臂部模型应该有另一个中间姿势，以便表现在跑步时身体完全离开地面的情况下，臂部模型的主要升起运动。该姿势应该在第5帧（第8帧前面的第3个帧）和第13帧（第16帧前面的第3个帧）上设置关键帧。

STEP04 在第5帧中，选中FSP_COG_CTRL控件，启用移动工具，在全局坐标的*y*轴中将臂部模型向上拖动到Translate Y（变换Y）=-0.032的位置，然后按Shift+W组合键为该平移设置关键帧。

STEP05 仍旧在第5帧中，将鼠标指针移动到时间滑块中第13帧的上方，然后使用鼠标中键单击，以便切换到第13帧并且在视口中保持第5帧的姿势。同样，按Shift+W组合键可以为该平移设置关键帧。

臂部模型上的平移应该在第0帧、第8帧和第16帧中的姿势后面稍微延伸。

STEP06 将时间滑块调整到第2帧，然后在仍旧选中臂部控件的情况下，启用移动工具（按W快捷键），然后在*y*轴中将臂部模型稍微向下拖至轴的-0.105位置。按Shift+W组合键可以为该平移设置关键帧。

可以使用前面介绍的处理过程复制/粘贴该姿势。

STEP07 仍旧在第2帧中，使用鼠标中键单击第10帧，以便更新帧编号并在视口中保持第2帧的姿势。按Shift+W组合键可以为该臂部模型平移设置关键帧。

7.1.6 通过图形编辑器编辑运动曲线

可以使用图形编辑器精修臂部模型*y*轴平移的运动曲线并进行定稿。

（1）在仍旧选中臂部质量中心控件的情况下，切换到用户界面左侧的Maya工具箱，然后通过图标按钮选中Perp/Graph（透视视图→透视视图）布局，以便将面板分隔为透视视图（顶部）和图形编辑器两个窗格组成的布局。

（2）在图形编辑器窗口的左侧窗格中，选中Translate Y（变换Y）通道可以查看运动曲线。

如果平移通道没有显示出来，可在图形编辑器窗口的顶部选择Show→Attributes→Translate（显示→属性→变换）命令。

（3）选中关键帧可以在图形编辑器中显示正切手柄。应该调整关键帧的正切手柄，以便为臂部模型在*y*轴中的向上和向下平移生成平滑的运动曲线。

7.1.7 循环运动曲线

Maya中有一种在运动曲线的起点帧和终点帧之外设置运动曲线循环的工具。当处理跑步之类的动画循环时，该工具尤其有用。

在图形编辑器中选中Translate Y（变换Y）通道，以便显示运动曲线。

STEP01 切换到界面顶部的Curves（曲线）菜单并选择下列命令，这样可以使运动曲线在现存动作之前或之后无限循环。

Curves→Pre Infinity→Cycle（曲线→预无限→循环）

Curves→Post Infinity→Cycle（曲线→后无限→循环）

STEP02 切换到界面顶部的View（视图）菜单并启用Infinity（无限）选项。

这样可以在第0帧至第16帧之前和之后，将无限向前循环和无限向后循环的运动曲线显示为虚线。尽管当编辑曲线引用关键帧时虚线曲线会更新，但是虚线曲线是无法修改的。使用这种显示方式编辑第1帧（第0帧）和最后一帧（第16帧）上的关键帧正切手柄，以便使曲线循环变得更加平滑。

7.1.8 臀部旋转

如果预览了这段动画（按Alt+V组合键），就会发现臀部模型上的重量在与落脚姿势组合时会显得更加真实。在走路或跑步时，臀部也会在落脚时有明显的旋转。因为重量是向前面的腿部传递的，所以被拖动的腿部一侧的臀部模型会自然而然地下垂。臀部模型还会向前和向后旋转较大的幅度，当前面的腿部处于落脚姿势时，臀部模型会向该腿部的侧前方旋转。人物设置通过独立的控件控制臀部模型的旋转。该控件对象为环绕臀部模型的黄色圆形，其名称为FSP_HiP_CTRL。下面使用该控件调整臀部模型的旋转姿势，以便为跑步循环中的臀部运动定稿。

STEP01 通过视口或大纲视图选中臀部控件物体（黄色的圆形控件，其名称为FSP_Hip_CTRL）。

STEP02 在选中该控件的情况下，选择菜单命令Panels→Perspective→persp（面板→透视视图→透视视图），将视口更改为透视视图。

在透视视图中，使用Camera（摄像机）工具通过稍微高于人物模型的视图从多种角度观察人物模型的前面，这样就可以围绕局部坐标的轴调整臀部模型的姿势了。

STEP03 在选中臀部控件的情况下，将时间滑块调整到第0帧，启用旋转工具（按E快捷键），围绕局部坐标的y轴将左臀部模型向前旋转，以便跟随前面腿部的运动。应该将左臀部模型旋转到Rotate Y（旋转Y）=-20（在通道盒中显示）的位置。

在第0帧中按Shift+E组合键可以为该旋转设置关键帧。

STEP04 将在第0帧中设置关键帧的通道盒中显示的Rotate Y（旋转Y）值记录下来，以便在下一个步骤中使用该数值。

STEP05 将时间滑块调整到第8帧。在这一帧中，*y*轴中的臀部模型旋转会与前面介绍的臀部模型旋转完全相同。右腿是前面的腿部并在这一帧中处于落脚姿势，而在第0帧中左腿处于完全相同的姿势。

STEP06 双击通道盒中的Rotate Y（旋转Y）通道，以便输入轴的旋转值，即上一步中记录下的数值的负值。在最终的范例场景中，第0帧上的*y*轴旋转值为-20，而第8帧上的*y*轴旋转值为+20。在第8帧中按Shift+E组合键，可以为臀部模型旋转设置关键帧。

使用前面介绍的处理过程可以旋转臀部模型的*y*轴，从第0帧复制到第16帧并设置关键帧。

臀部模型还会根据落脚腿部的变换升起或落下，从而表现重心转移的效果。

STEP07 在选中臀部控件的情况下，启用旋转工具（按E快捷键）并将时间滑块调整到第0帧。

STEP08 围绕局部坐标的*z*轴将臀部模型向上旋转，可以升起左侧的臀部模型。该旋转应为Rotate Z（旋转Z）＝ +10（在通道盒中显示）。在第0帧中按Shift+E组合键，为该旋转设置关键帧，还应在第16帧使用相同的旋转值设置关键帧。

STEP09 通过复制/粘贴*z*轴旋转值并将其更改为负值，以镜像方式在第8帧创建旋转。在最终的范例场景中，第0帧和第16帧中的*z*轴旋转值为+10，而第8帧中的z轴旋转值为-10。在第8帧为该旋转设置另一个关键帧。

7.1.9 上半躯干——主要姿势

完成落脚姿势和臀部姿势调整后，就可以处理上半部分躯干的姿势了。在默认姿势中，上半部分躯干是竖直的，这在跑步循环动画中会显得不自然，如图7.1.6①所示。通常，上半部分身体会随跑步运动稍微前倾，并在跑步过程中平衡身体的重心。

STEP01 将时间滑块调整到第0帧，然后使用视口导航控件以多种角度观察人物模型的侧视图。

STEP02 通过视口或大纲视图选中主要的质量中心控件（臀部模型底部的红色立方体形控件，其名称为FSP_COG_CTRL）。

STEP03 激活旋转工具（按E快捷键），将臀部模型围绕局部坐标的*x*轴的正方向向前旋转，从而使躯干模型向前弯曲，在通道盒中显示的*x*轴旋转值应为+15单位，如图7.1.6②所示。

STEP04 在第0帧按Shift+E组合键可以为该旋转设置关键帧。

还可以将其他躯干控件（FSP_Spine02_CTRL）稍微向前旋转并设置关键帧，以便使该姿势显得更加自然（*x*轴的旋转值约为+10），如图7.1.6③所示。

在处理颈部和头部控件（FSP_Neck01_CTRL和FSP_Head_CTRL）时，可以将它们稍微向后旋转，以便使该姿势保持平衡，如图7.1.6④所示。

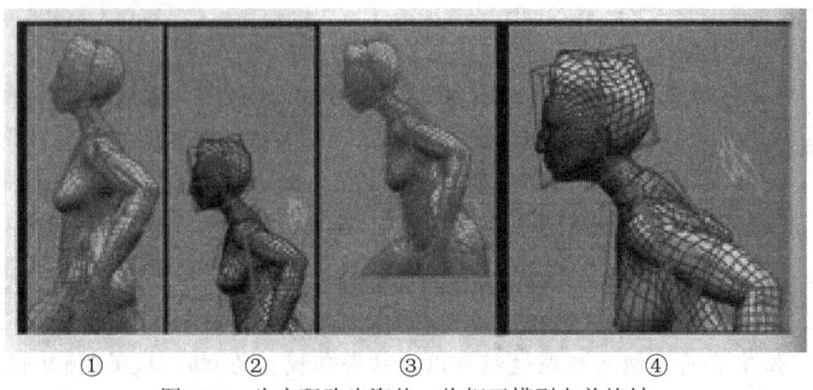

图7.1.6　为实现跑步姿势，将躯干模型向前旋转

7.1.10　躯干和头部的跟随动作

为躯干和头部模型设置了关键帧的主要姿势后，整体显得更加自然了。可以通过为躯干和头部旋转添加一些跟随动作，突出落脚姿势中的重心，从而精修这段动画。要做到这一点，可以为从脊椎根部到头部的控件设置关键帧，并在落脚姿势之后将它们稍微向前旋转。该运动沿脊椎模型移动到头部模型，每个脊椎关节的运动都应该相差1～2帧，以便创建跟随运动。

STEP01　选中主要的质量中心控件（FSP_COG_CTRL），将时间滑块调整到第3帧，并在局部坐标的x轴中将该控件稍微向前旋转，设置关键帧（x轴的旋转值约为18单位），然后将这个关键帧复制到第11帧，该帧中含有与相对一侧腿部的完全相同的落脚姿势。

在处理肩部脊椎控件时，可以在臂部模型运动后的1～2帧将该控件向前旋转。

STEP02　选中主要的上半部分躯干控件（FSP_Spine03_CTRL），首先在第0帧上设置关键帧，然后将时间滑块调整到第4帧，并在局部坐标的x轴中将该控件略微向前旋转，设置关键帧（x轴的旋转值约为6单位），再将该关键帧复制到第12帧，该帧中含有与相对一侧腿部完全相同的落脚姿势。

在处理头部控件时，可以在上半部分躯干运动后的1～2帧将该控件向前旋转，以便在头部模型上创建漂亮的摆动运动。

STEP03　选中头部控件（FSP_Head_CTRL），将时间滑块调整到第5帧，并在局部坐标的x轴中将该控件稍微向前旋转，设置关键帧（x轴的旋转值约为5单位），然后将这个关键帧复制到第13帧，该帧中含有与相对一侧腿部完全相同的落脚姿势。

确保将第0帧上的初始帧设置复制到第16帧，以便创建完美的循环。

通过播放动画（按Alt+V组合键），可以验证这个跟随工作。在这个例子中，躯干模型的旋转和头部模型的摆动是非常明显的，用于增强运动效果的跟随动作，如图7.1.7所示。通过Maya的图形编辑器可以进一步精修躯干元素的运动曲线。

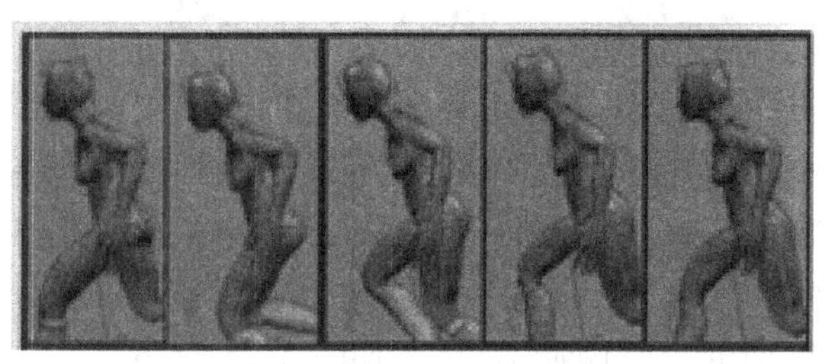

图7.1.7　在跑步时躯干和头部的跟随和摆动动作

当处理走路或跑步循环动画时，通过使用图形编辑器调整运动曲线的缩放比例，可以对运动进行柔化或夸张处理。要做到这一点，可选中曲线上的关键帧并启用缩放工具（按R快捷键），使用鼠标中键单击并上下拖动可以调整该曲线的缩放比例。

7.1.11　躯干平衡旋转（一）

躯干模型的旋转方向应该与前面使用关键帧处理的臀部模型的旋转方向相反。在透视视图中使用多种角度观察人物模型，以便处理该姿势。在第0帧和第16帧中，左侧的臀部模型已经稍微抬起，以便显示重量向处于落脚姿势的左腿模型转移的情况，如图7.1.8①所示；躯干模型应该形成S形姿势，以便为这个落脚姿势添加自然流畅的效果，当左侧臀部模型升起时左肩模型应向重量转移的相反方向自然而然地下垂，如图7.1.8②所示。

STEP01　在第0帧中，选中第一节脊椎控件（FSP_Spine01_CTRL），然后使用旋转工具围绕局部坐标的*z*轴将该控件向下旋转至*z*轴旋转值为4.5的位置，设置关键帧，还可以在第16帧上为相同的姿势设置关键帧。

STEP02　在第0帧中，选中第二节脊椎控件（FSP_Spine02_CTRL），然后使用旋转工具围绕局部坐标的*z*轴将该控件向与臀部模型旋转方向相反的方向旋转，将其旋转至*z*轴旋转值为-5的位置，设置关键帧，还可以在第16帧上为相同的姿势设置关键帧。

STEP03　在第0帧中，选中第三节脊椎控件（FSP_Spine03_CTRL），然后使用旋转工具围绕局部坐标的*z*轴将该控件向与臀部模型旋转方向相反的方向旋转，将其旋转至*z*轴旋转值为-6的位置，设置关键帧，如图7.1.8③所示，还可以在第16帧上为相同的姿势设置关键帧。

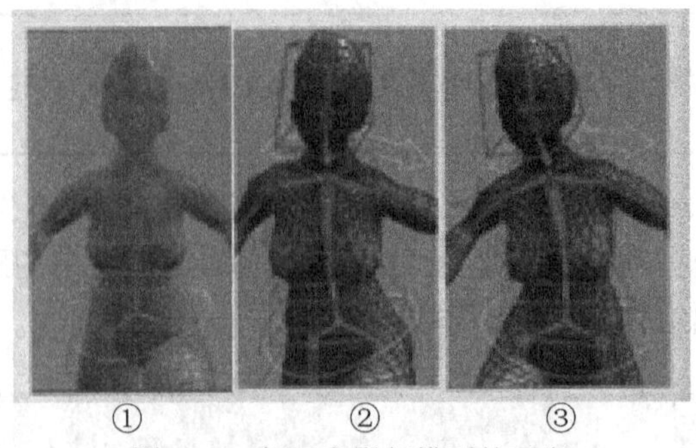

图7.1.8　躯干和臀部模型的平衡

STEP04 使用前面介绍的处理过程，以镜像方式在第8帧中创建这些旋转姿势。如前所述，旋转值应该是相反数，而且应设置为关键帧。下面列出了应该设置关键帧的每节脊椎控件。

FSP_Spine01_CTRL_@ Frame 8 = Rotate Z = -4.5

FSP_Spine02_CTRL_@ Frame 8 = Rotate Z = +5

FSP_Spine03_CTRL_@ Frame 8 = Rotate Z = +6

通过调整时间滑块并播放这段动画（按Alt+V组合键）验证反向的旋转。当从人物模型的前面或后面进行观察时，这段动画会显得更加平衡，而且头部模型拥有漂亮的摆动运动，该运动可以稍微向下调整一定距离。下一节将详细介绍这些内容，还会介绍抑制该运动和添加更多平衡性的方法。

7.1.12　躯干平衡旋转（二）

上半部分躯干的旋转方向还应该与臀部模型的旋转方向相对，以螺旋前进运动的方式旋转。如果观察已经创建的姿势，会发现臀部模型围绕局部坐标y轴旋转，以便跟随前面的腿部运动。在走路或跑步循环动画中， 前面腿部相对一侧的肩部模型应向与前面腿部相反的方向旋转，以便创建平衡和重量效果。这些旋转应沿自然的S形曲线进行，而且应从臀部最下面的关节向颈部模型逐渐分布。在处理这类反向旋转时，最好通过3/4的俯视透视视图观察动画，如图7.1.9①、②所示。

STEP01 在第0帧中，选中第一节脊椎控件（FSP_Spine01_CTRL），然后使用旋转工具围绕局部坐标的y轴将该控件向下旋转至y轴旋转值为-3的位置，设置关键帧，还可以在第16帧上为相同的姿势设置关键帧。

STEP02 在第0帧中，选中第二节脊椎控件（FSP_Spine02_CTRL），然后使用旋转工具围绕局部坐标的y轴将该控件向与臀部模型旋转方向相反的方向旋转，将其旋转至y轴旋转值为+8的位置，设置关键帧，如图7.1.9③所示，还可以在第16帧上为相同的姿势设置关键帧。

STEP03 在第0帧中，选中第三节脊椎控件（FSP_Spine03_CTRL），然后使用旋转工具围绕局部坐标的y轴，将该控件向与臀部模型旋转方向相反的方向旋转，将其旋转至y轴旋转值为+13的位置，设置关键帧，还可以在第16帧上为相同的姿势设置关键帧。

STEP04 使用前面介绍的处理过程，以镜像方式在第8帧中创建这些旋转姿势。如前所述，旋转值应该是相反数，而且应将其设置为关键帧，如图7.1.9④所示。下面列出了应该以通道盒中的下列数值设置关键帧的每节脊椎控件。

FSP_Spine01_CTRL_@Frame8=Rotate Y= +3

FSP_Spine02_CTRL_@Frame8=Rotate Z= -8

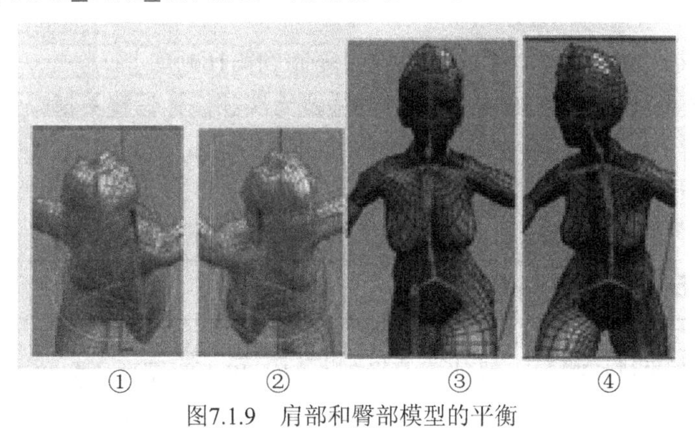

①　②　③　④

图7.1.9　肩部和臂部模型的平衡

7.1.13　头部模型平衡

如果播放已经创建完成的动画，就会注意到头部模型的运动显得有些怪异。当上半部分的躯干模型已经向与臀部旋转方向相反的方向旋转时，头部模型跟随该运动旋转，这样就形成了人物一边跑步一边向两侧看的情况。通过调整旋转方向可以解决该问题，还可以在脊椎模型上创建较为自然的S形曲线，如图7.1.10①、②所示。

STEP01 在第0帧中，选中基础颈部控件（FSP_Neck01_CTRL），然后在局部坐标的y轴中将其稍微向后旋转（到达y轴旋转值为-6附近的位置）。

STEP02 为该旋转设置关键帧，并将该关键帧复制到第16帧。

STEP03 将在y轴旋转值为+6附近为控件设置的关键帧复制到第8帧中。

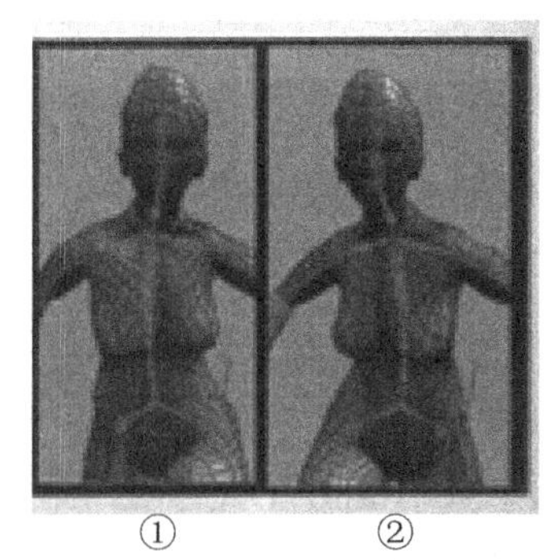

①　②

图7.1.10　与躯干模型螺旋前进运动方向相反的头部模型旋转运动

STEP04 在第0帧中，选中头部控件（FSP_Head_CTRL），然后在局部坐标的y轴中将其稍微向后旋转（y轴旋转值约为-13左右）。

STEP05 为该旋转设置关键帧，并将该关键帧复制到第16帧中。

在局部坐标的z轴旋转中，头部模型稍微向与脊椎模型相反的方向倾斜，并创建漂亮的S形曲线。

STEP06 选中头部控件（FSP_Head_CTRL），然后在局部坐标的z轴中将其稍微向后旋转（z轴旋转值约为+5左右）。

STEP07 为该旋转设置关键帧，并将该关键帧复制到第16帧中。

STEP08 将该关键帧复制到第8帧中，在下列位置为头部控件设置关键帧。

Rotate Y（旋转Y）=+13

Rotate Z（旋转 Z）=-5

7.1.14 跑步时的手臂摆动

已经创建的姿势包括腿部、臀部、上半部分躯干和头部模型的姿势。由于启用了IK，手臂和头部模型仍旧处于锁定状态中，这样它们就无法跟随跑步运动。在跑步时手臂会随上半部分躯干运动，而且手臂通常会跟随上半部分躯干螺旋前进。因此，手臂模型的姿势应该与腿部模型的姿势相对，这样当左腿模型向前移动时，左臂模型应向后（重心移动的相反方向）摆动，右腿和右臂的情况也是类似的。下面列出了左臂在跑步时的姿势。

STEP01 在透视视图中，使用多种角度观察人物模型的前视图，如图7.1.11①、②所示，将时间滑块调整到第0帧。

STEP02 选中左手控件（在前视图中其名称为FSP_Hand_L_CTRL，在视口中显示为蓝色的圆形控件）。

STEP03 启用移动工具（按W快捷键），在全局坐标的x轴中将该控件向负方向（即身体的方向）略微拖动。

STEP04 在透视视图中，使用多种角度观察人物模型的侧视图，如图7.1.11③所示。

STEP05 在全局坐标的z轴中将该控件向负方向略微拖动，然后在全局坐标的y轴中将该控件略微向下拖动，从而使该手部模型变得非常直和伸展。

STEP06 围绕局部坐标的x轴，将该手部控件向后旋转（大约24场景单位）。在第0帧中按Shift+W或Shift+E组合键可以设置关键帧。

在跑步时，手指会形成握紧拳头的姿势，因此，该姿势更适于跑步动画。

STEP07 在仍旧选中左手控件（FSP_Hand_L_CTRL）的情况下，切换到通道盒中（按Ctrl+A组合键），然后双击Fist属性，输入一个约4.3的值，这样会使手指握紧，如图7.1.11④所示。

STEP08 在通道盒中，右击Fist属性并在弹出的快捷菜单中选择Key Selected（设置关键帧）命令，从而将该属性设置为关键帧。

如图7.1.11⑤所示为通道盒中的Translation（变换）/Rotation（旋转）/Fist属性值。

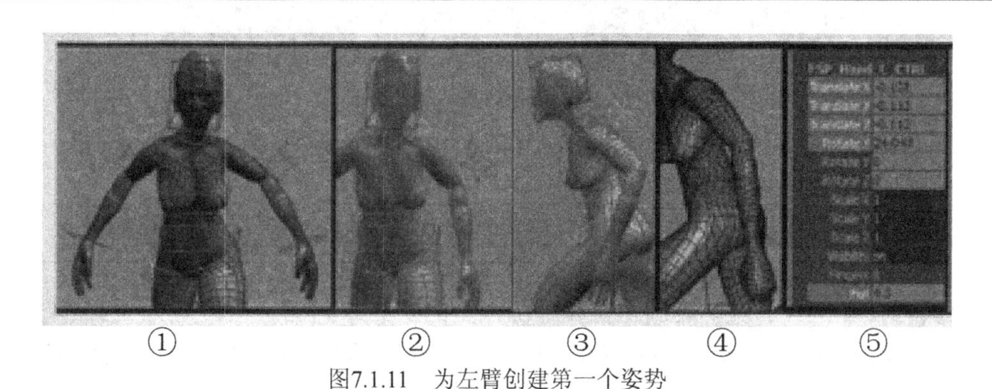

①　②　③　④　⑤

图7.1.11　为左臂创建第一个姿势

STEP09 第8帧中左手模型的姿势应该与该姿势相反，将时间滑块调整到第8帧。

在该帧中，左腿模型正在向后摆动，因此，左臂模型应该向前摆动。

STEP10 将时间滑块调整到第8帧，然后使用多种角度从侧面观察透视视图，如图7.1.12①所示。

STEP11 选中左手控件（FSP_Hand_L_CTRL），启用移动工具（按W快捷键），在全局坐标的*z*轴中将该控件向前移动，然后在全局坐标的*y*轴中将该控件向上移动，以便围绕躯干模型上的中间点旋转，如图7.1.12②、③所示。

STEP12 在第8帧中按Shift+W或Shift+E组合键，为该控件设置关键帧。

STEP13 如果使用多种角度在人物模型的前视图中进行观察，会发现肘部模型的姿势有些不自然，可以通过使用极矢量控件调整肘部模型的姿势解决这个问题。

STEP14 选中左侧肘部的紫色星形极矢量控件（其名称为FSP_Arm_L_Pole，在视口中位于人物模型的后方）。

STEP15 在第8帧中选中该控件，在全局坐标的*x*轴中将其略微向外拖动，这样可以使肘部模型向身体模型的外侧移动，从而使它的姿势显得更加自然（*x*轴的旋转值为0.18），如图7.1.12④所示。

STEP16 在第8帧中按Shift+W或Shift+E组合键为该极矢量控件设置关键帧。

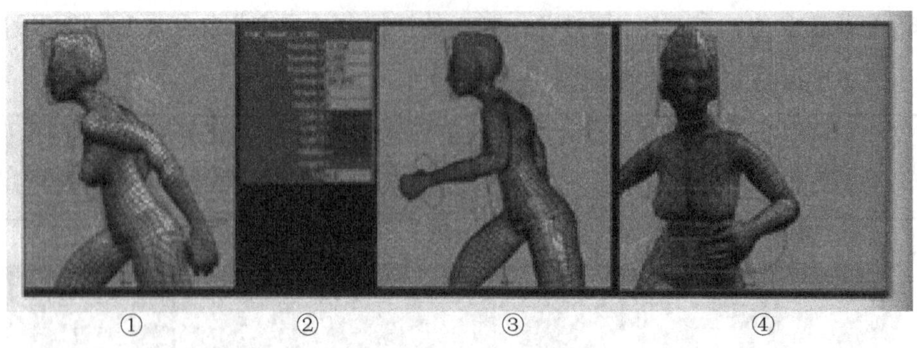

①　　②　　③　　④

图7.1.12　为左臂和肘部创建第二个姿势

7.1.15　镜像手臂姿势

应该为右臂和右手模型复制手臂和手部模型的姿势。因此，在第0帧中，右臂模型应该向前摆动，该姿势与左臂模型在第8帧中使用的姿势相同，而且在第8帧中右臂模型会向后摆动，而该姿势与左臂模型在第0帧中使用的姿势相同。

STEP01 使用前面介绍的以镜像方式处理腿部模型的过程，可以通过复制通道盒中的属性值创建姿势。

STEP02 将时间滑块调整到第0帧，然后选中左手控件（FSP_Hand_L_CTRL），如图7.1.13①所示。

STEP03 在通道盒中，双击每个*x*、*y*、*z*轴平移的通道，然后双击Rotate X（旋转X）和Fist属性，通过使用Ctrl+C和Ctrl+V组合键将这些属性的每个通道值复制并粘贴到Windows记事本或其他字处理应用程序中。

STEP04 将时间滑块调整到第8帧，然后选中右手控件（FSP_Hand_R_CTRL）。

STEP05 切换到通道盒中（按Ctrl+A组合键），双击每个*x*、*y*、*z*轴平移的通道，然后双击Rotate X（旋转X）和Fist属性，并粘贴在上一步骤中获取的数值。通过单击并拖动的方法选中所有*x*、*y*、*z*轴平移通道和Rotate X（旋转X）通道，然后按住Ctrl键不放并通过单击选中Fist通道，右击并在弹出的快捷菜单中选择Key Selected（设置关键帧）命令。

STEP06 第8帧中右臂和右手模型的姿势应该为朝向下方并向后摆动，如图7.1.13②所示，该姿势就是第0帧中被设置为关键帧的左手模型姿势的镜像。

STEP07 重复执行上述步骤，可以通过第8帧中的左手控件，以镜像方式在第0帧和第16帧中为右手控件创建手臂升起和摆动的姿势，如图7.1.13③、④所示。

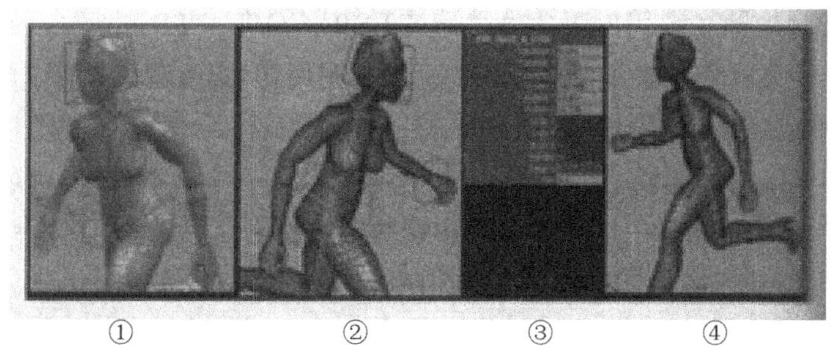

图7.1.13　以镜像方式创建右臂和右手模型的姿势

通过在手臂到达向前和向后摆动的最大伸展幅度后，在几个帧中为手部控件在局部坐标x轴中的旋转设置关键帧，可以为手臂模型的摆动动作添加另外的跟随动作。要做到这一点，可使用前面介绍的为躯干模型创建跟随动作和创建头部摆动动作的处理方法。

如果预览了当前完成的动画，就会发现上半部分躯干和手臂模型的运动显得十分坚实。为开始创建臀部和下半部分躯干模型的姿势，可以对该姿势作进一步的精修并添加更多中间帧，从而完成跑步动画的定稿。

7.1.16　臀部重心转移

观察臀部的运动，会发现创建质量中心的向上和向下运动（在全局坐标的y轴中），是为了增强落脚时的重量转移效果。当人物模型的跑步循环已经固定时，无须在全局坐标的z轴中创建平移动画。如果通过前视图观察人物模型的腿部和臀部（如图7.1.14①所示），会发现臀部模型上从一侧到另一侧的重量转移，而且该运动仍旧会显得有一些不自然。

在跑步或走路循环动画中，质量中心通常会从一侧转移或摆动到另一侧（通过前视图或后视图观察），这种重量转移会将重量完全转移到当前落脚的腿部的一侧。下面将该运动添加到跑步循环动画中。

STEP01　可以处理已经存在的场景文件。

STEP02　将时间滑块调整到第0帧，并选中人物模型上的主要质量中心控件（其名称为FSP_COG_CTRL，臀部模型上的红色方形控件）。

STEP03　在前视图中，启用移动工具（按W快捷键）并将该控件拖到全局坐标x轴一侧，这样质量中心就被调整到了侧面的位置，从而使臀部模型更清晰地表现出左侧落脚腿部模型上的重量效果，如图 7.1.14②所示，应在通道盒中将x轴的平移值设置为0.05左右。

STEP04　在第0帧中使用Shift+W组合键可以为该平移设置关键帧。将时间滑块调整到第16帧，并为相同的平移值设置关键帧。

在第8帧中，重量转移姿势应该是以x轴翻转的镜像。

STEP05 将时间滑块调整到第8帧，然后选中FSP_COG_CTRL控件，在通道盒中双击Translate X（变换X）数值输入框，输入与第0帧和第16帧中的值正负符号相反的数值。

在最终范例中，在第0帧中Translate X（变换 X）应为0.05单位，因此，在第8帧中Translate X（变换X）使用的值应为-0.05（该值为负值）。

STEP06 在第8帧中使用Shift+W组合键为该平移设置关键帧。

当从前面进行观察时，会发现臀部模型在身体模型范围中的移动应该是第8帧中重量转移的镜像，重量直接转移到落脚的右脚模型上，如图7.1.14③所示。

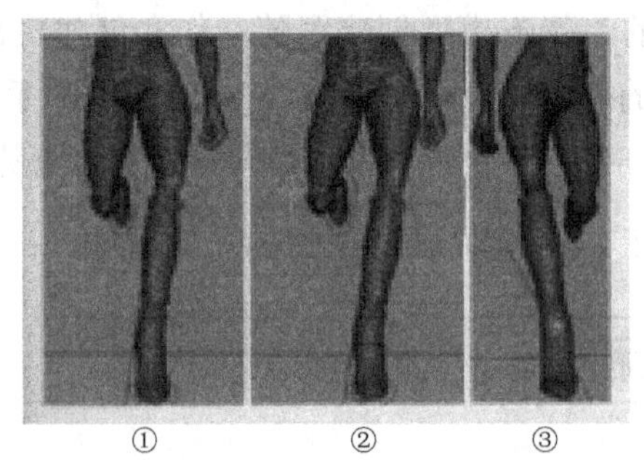

①　②　③

图7.1.14　在右臂和右手模型上，以镜像方式创建姿势

7.2　动力学火箭摧毁效果

Maya中未编辑形式的刚体动态模拟效果是一个直接处理动画制作流程的好例子。像6.2节介绍的nCloth披风设置一样，这种动画主要是通过软件创建的，软件会根据现实世界中的物理定律，计算物体在场景中的碰撞和物理运动。

尽管动画师可以调整和精修这些效果，获得效果的品质还是主要取决于软件对场景中碰撞和物理运动的评估方式。动画师无法对这些效果实施完全的控制，而且作为动画中应用直接处理流程的最佳情况，这些效果可能与先前所作的规划有很大差异，这会在处理时产生不同的创作决策和方向。

7.2.1　刚体主体动力学——场景设置和属性

场景设置和属性如图7.2.1所示。

（1）创建被动（静态）和主动刚体（会对力和碰撞作出反应）模拟效果的方法。

（2）为可以切换为主动刚体（火箭）的被动刚体制作动画。

（3）属性——编辑刚体的质量/摩擦力/反弹属性可以更改模拟效果。

（4）在场景中添加对刚体起作用的力场（重力）。

（5）将动态模拟效果缓存到内存中，以便进行播放和验证。

图7.2.1　场景设置、刚体碰撞

7.2.2　刚体动力学——精修和调整效果

精修和调整效果如图7.2.2所示。

（1）建模——为碰撞和破坏效果（砖块和混凝土碎片）创建高效元素。

（2）切换碰撞和破坏效果中的几何体/可见性，以便创建更真实的效果。

（3）最优化模拟效果——代理模型和碰撞层次。

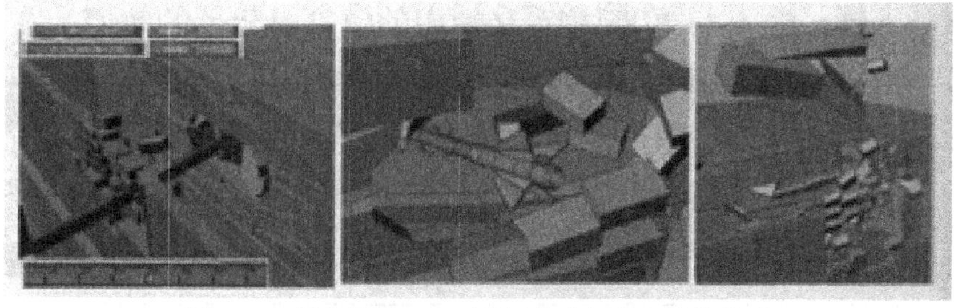

图7.2.2　精修场景——可破坏的几何体和渲染代理

动力学——场景设置和元素。该场景文件中含有简化的几何体，将使用Maya的动态系统将它们设置为刚体，如图7.2.3所示。

图7.2.3　场景设置——基本几何体和可破杯元素

该场景中的主要元素是几个较大的建筑，一座较大高楼位于扁平的方形军事基地建筑的前面。圆柱形物体代表以一定角度射向这些建筑物的火箭。火箭飞行路线的角度使火箭穿过高楼射向军事基地，从高楼和军事基地掉落的独立元素已经通过动态设置创建。

STEP01　通过视口或大纲视图选中下列元素，如图7.2.4①、②所示。

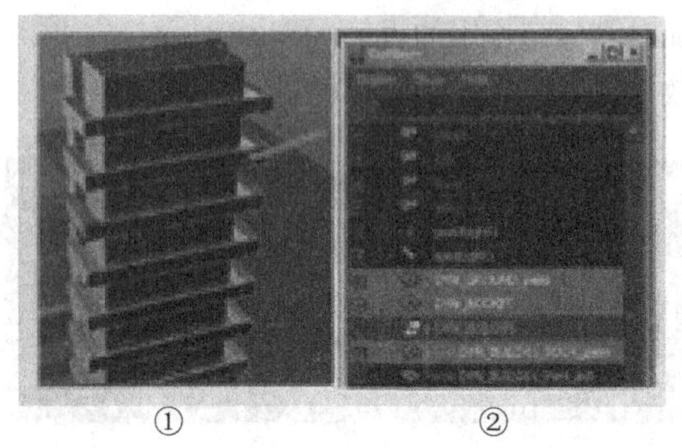

图7.2.4　选择通过模拟效果创建刚体的元素

STEP02 在选中这些元素的情况下，使用状态栏顶部的菜单或者按F5快捷键，切换到Maya的动态菜单组。

可以在Maya用户界面的顶部切换到动态菜单组，显示适用于处理动态效果的菜单。

STEP03 在仍旧选中这些元素的情况下，切换到用户界面顶部的Soft/Rigid Bodies（柔体/刚体）菜单，然后选择Soft/Rigid Bodies→Create Passive Rigid Body（柔体/刚体→创建被动刚体）命令。

在Maya中，可以创建两种刚体物体：主动刚体物体和被动刚体物体。被动刚体可以帮助形成模拟效果，但是它们在场景中是静止的，也就是说，它们在场景中受力（如碰撞或处于重力之类的力场之中）时无法作出反应或移动；相反，当与其他场景中的物体碰撞时或者受到力场的作用时，主动刚体就会移动。

在场景设置中，被动刚体通常用于创建地面物体或静态物体（如地面或建筑物的主要部分），而场景中的主动刚体会在动画播放过程中对这些被动刚体作出反应。

尽管可以在创建动画前设置创建刚体的选项，但是这些设置不是关键设置，可以通过属性编辑器修改刚体的默认设置（如质量、摩擦力、阻尼系数等）。

STEP04 在大纲视图中，选择菜单命令Display→Shapes（显示→形状）。

STEP05 打开形状显示功能，可以在大纲视图中显示刚体元素，该元素被显示为与几何体链接的小型保龄球瓶/保龄球图标。

如果需要从场景中的物体上去除刚体，可在大纲视图中显示刚体形状元素，选中它们然后执行删除操作。

STEP06 在选中物体的情况下，会在通道盒的SHAPES区域中显示基本刚体属性，如图7.2.5所示，也可以在选中刚体节点的情况下在大纲视图中显示。

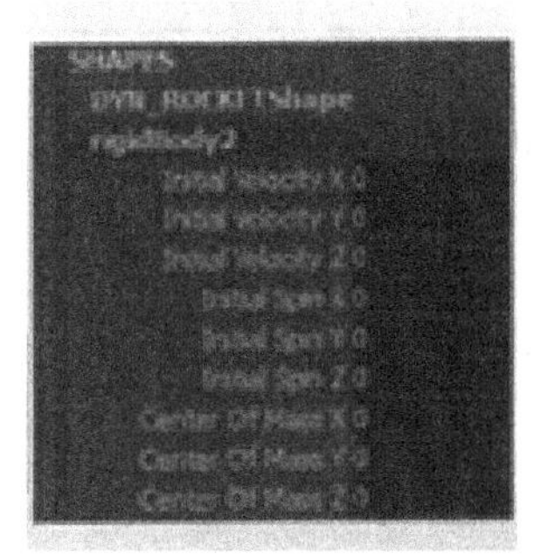

图7.2.5　在大纲视图中显示刚体并在通道盒中检查属性

- Center of Mass（质心）——表示物体上质量中心所在的位置。该属性的默认值由物体的中心决定，而且可以在很大程度上影响模拟效果。质量中心在场景中的位置与刚体节点的位置相同，它在视口中显示为较小的绿色“+”字。

本例使用的是质量中心的默认设置，在某些情况下可能需要修改Center Mass（质量中心）属性。例如，如果要为主要质量位于底部的物体（如物体底部较大的箱子）创建模拟效果，就需要将质量中心向下转移。

STEP07 通过视口或大纲视图选中较小的立方体阳台对象（在大纲视图中其名称为DYN_BUILD01_Part_act，是DYN_BUILD01的子对象）。

STEP08 选择菜单命令Soft/Rigid Bodies→Create Active Rigid Body（柔体/刚体→创建主动刚体）。

这个部分被设置为主动刚体，因为它要对来自火箭的碰撞作出反应。

STEP09 在仍旧选中该对象的情况下，切换到用户界面顶部，选择菜单命令Field→Gravity（域→重力）。

当向场景添加力场时，当前选中的所有物体都会被添加到这个力场中。

可以通过大纲视图查看重力域，它显示为带向下箭头的较小的圆形图标，该元素也会在透视视图中显示，在默认情况下会在原点创建。

重力域的位置并不重要，因为它通过场景应用重力（对添加到力场中的物体）。

当元素被选中时，可以通过通道盒查看属性。下面列出了用于创建重力效果的主要属性。

- Magnitude（量级）——这是力场（用单位表示），其默认值为9.8，与地球的重力系数相同。除非需要减少或增加自然重力效果，否则不应该修改该值。
- Direction（方向）——该属性用于设定应用力的方向，其默认方向为Direction Y（方向Y）=-1。该力是向下应用的，这与现实世界中的重力方向相同。

STEP10 通过视口或大纲视图选中圆柱体对象（其名称为DYN_ROCKET），如图7.2.6①所示。

这是代表火箭的代理物体，在下面的步骤中将设置该火箭，以便其飞向阳台并进行撞击。

STEP11 在工具箱中双击移动工具图标，可以打开Move settings（移动设置）对话框，并进行设置。

Move Axis=Object（移动轴=物体）

STEP12 在选中物体的情况下，将时间滑块调整到第1帧，然后通过按S快捷键设置关键帧。

STEP13 将时间滑块调整到第10帧。

STEP14 在仍旧选中物体的情况下，激活移动工具，沿*y*轴的正方向将物体向阳台移动，如图 7.2.6②所示，可以手动设置下列平移属性值。

Translate X（变换X）= 318.388

Translate Y（变换Y）= 527.855

Translate Z（变换Z）=-351.413

STEP15 可以按S快捷键，在第10帧中为该圆柱体设置关键帧，该物体应该在第1～10帧之间向阳台移动。

STEP16 在选中物体的情况下，打开通道盒，然后在SHAPES_rigid body（刚体）区域中进行以下设置。

Mass（质量）=50.00

Bounciness（弹性）=0

这样可以增加物体上的重量并阻止它在撞击时反弹。

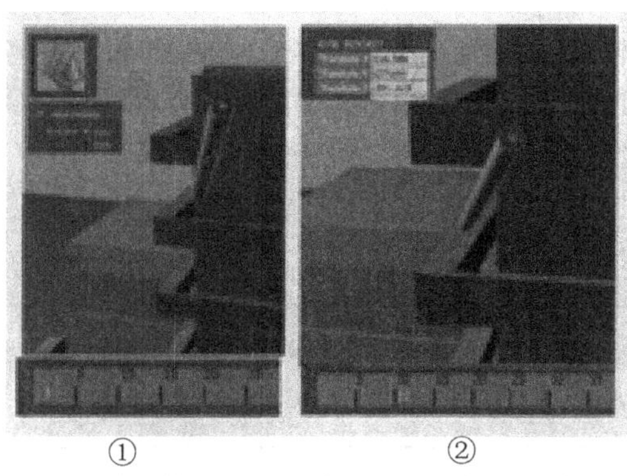

①　　　　　　②

图7.2.6　为刚体制作动画并在主动刚体和被动刚体之间切换

STEP17　在通道盒的SHAPES_ rigid body（刚体）区域中向下滚动到Active（主动）标题。

STEP18　右击第10帧的属性，在弹出的快捷菜单中选择Key Selected（设置关键帧）命令。

STEP19　将时间滑块调整到第11帧，双击属性的输入框〔其显示的值为off（关）〕并输入“1”，按Enter键后右击该属性，在弹出的快捷菜单中选择Key Selected（设置关键帧）命令。

这样可以在第10帧和第11帧之间将这个被动刚体切换为主动刚体。将被动刚体切换为主动刚体后，就可以为它在场景中制作动画了，因为它会对场景中的力作出反应。

第11帧的速度与第1～10帧动画中的速度相同。在第11帧中，物体的加速度是利用刚体解算器使用场景中的物理定律计算的。因为该物体现在是一个主动刚体，所以它会对其他物体的碰撞和施力作出反应。

1. 回放模拟效果

STEP01　选择菜单命令Window→Settings/Preferences→Preferences→Settings→Time Slider（窗口→设置/首选项→首选项→设置→时间滑块），打开Preferences（首选项）窗口。

STEP02　在Playback（回放）区域中，将Play back speed（回放速度）设置为Play every frame（播放每一帧）。

当以动态方式校正模拟效果的计算时，需要将Play back speed（播放速度）设置为 Play every frame（播放每一帧）。当使用该设置播放模拟效果时，会正确地评估模拟效果，但是播放速度是不正确的。为了以正确方式验证模拟效果，需要渲染播放预览或者缓存模拟效果。

STEP03　在Maya用户界面的顶部选择菜单命令Solvers→Rigid Body Solver Attributes（解算器→刚体解算器属性）。

STEP04　在属性编辑器中，展开Rigid Solver States（刚体解算器状态）区域并启用Cache

Data（缓存数据）选项。

STEP05 切换到起点帧（按Shift+Alt+V组合键），然后播放动画（按Alt+V组合键），在播放过程中（播放速度为逐帧播放），该模拟效果会被缓存到内存中。

STEP06 在Preferences（首选项）窗口中，将Playback speed（回放速度）设置为Real- time（实时）（24fps）。

缓存的动画会以正确的帧速度播放，还可以将时间滑块向前调整，以便验证该模拟效果，如图7.2.7所示。

图7.2.7　播放缓存的动画

预览该模拟效果，火箭对象与阳台的一部分撞击并将其从建筑上打落。因为它们都是主动刚体，所以它们会彼此产生反作用，而且会对场景中的被动刚体作出反应。阳台的掉落部分会与高楼和地面撞击，而且它还会真实地落到地面上，因为重力域物体会对其施力。

2. 刚体碰撞第一部分——修改模拟效果（质量、弹性和摩擦力）

如果播放了这个模拟效果，会注意到阳台掉落部分开始下落的动作起始于第1帧，这是因为它是一个会对重力作出反应的主动刚体。执行下列步骤可以解决该问题。

STEP01 将时间滑块调整到第10帧，然后选中阳台的掉落部分（DYN_BUILD01_Part_act），如图7.2.8所示。

STEP02 选择菜单命令Channel Box→Shapes→Rigidbody（通道盒→形状→刚体），将Active（主动）选项设置为off（关），然后在右键菜单中选择Key selected命令。

STEP03 将时间滑块调整到第11帧。

STEP04 选择菜单命令Channel Box→Shapes→Rigidbody（通道盒→形状→刚体），将Active（主动）选项设置为on（开），然后在右键菜单中选择Key selected（设置关键帧）命令。

现在，在第1～10帧中该物体为被动刚体，而且不会对场景中的力作出反应，从第11帧（火箭撞击前）开始，该物体变为主动刚体并且会根据需要作出反应。

在播放未处理的场景时，会注意到当被火箭击中后阳台的掉落部分显得有一些缺乏重量感，在它作出反应和落向地面时好像是从场景中飘过，这是由于Mass属性的设置导致的。

当该对象与建筑连接以及在地面上撞击时，该对象的弹性显得不真实。这是由于Bounciness（弹性）属性的设置导致的。

STEP05 将时间滑块调整到第12帧，然后将Mass（质量）属性和Bounciness（弹性）属性都设置为关键帧。

STEP06 将时间滑块调整到第15帧，然后将Mass（质量）属性和Bounciness（弹性）属性都设置为关键帧，并将Mass（质量）设置为500，将Bounciness（弹性）设置为0.05。

STEP07 将时间滑块调整到第19帧，然后将Mass（质量）属性和Bounciness（弹性）属性都设置为关键帧，并将Mass（质量）设置为5000，将Bounciness（弹性）设置为0。

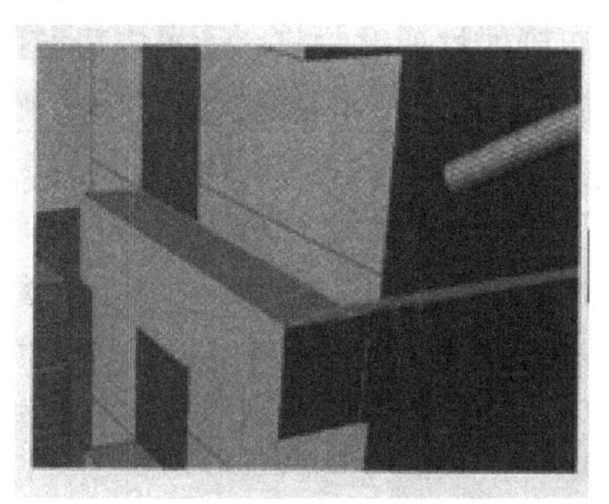

图7.2.8　选中阳台的掉落部分

要验证这些对于刚体的编辑操作，需要删除缓存文件并重新创建缓存文件。

STEP08 选择菜单命令Solvers→Rigid Body Solver Attributes→Rigid Solver States（解算器→刚体解算器属性→刚体解算器状态）。

STEP09 删除缓存文件。

STEP10 在Preferences（首选项）窗口中，将Playback speed（回放速度）设置为Play every frame（播放每一帧）。

STEP11 切换到起点帧（按Shift+Alt+V组合键），然后播放动画（按Alt+V组合键），可以重新为动画创建模拟效果并记录新的缓存文件。

STEP12 在Preferences（首选项）窗口中，将Playback speed（回放速度）设置为Real-time（实时）（24 fps），这样就可以通过播放验证所作的更改了。

在播放时，阳台掉落部分模型对建筑和地面的撞击显得更真实。在落下时该物体拥有了更多重力感和质量感，而且不会像橡皮那样从地面上反弹起来。这是由于对关键帧的属性进行设置而产生的，如图7.2.9所示。

可能还会注意到该模拟效果的一个小问题，现在火箭模型由于撞击而向上偏转，这是因为对阳台掉落部分质量的更改使其改变了方向。

图7.2.9 验证设置的Mass（质量）属性 和Bounciness（弹性）属性的效果

火箭物体偏转的问题是由于两个物体的Friction（摩擦力）属性的设置导致的，通过关闭火箭对象的Friction（摩擦力）属性，并将阳台模型的Friction（摩擦力）属性设置为关键帧，可以解决该问题。

STEP13 选中阳台掉落部分模型，然后在通道盒中打开SHAPES栏中的Rigidbody区域，以便查看这些属性。

STEP14 在选中该模型的情况下，将时间滑块调整到第15帧，并将下列属性设置为关键帧。

Static Friction（静态摩擦力）=0

Dynamic Friction（动态摩擦力）=0

STEP15 在选中该模型的情况下，将时间滑块调整到第19帧，并将下列属性设置为关键帧。

Static Friction（静态摩擦力）=0.5

Dynamic Friction（动态摩擦力）=0.5

在第15帧（在被火箭撞击前）中，阳台模型不会对来自其他物体的摩擦力或重力作出反应。然而，如果在模拟效果中始终使用该设置，就会使该物体产生不自然的漂浮效果，在第19帧中将该摩擦力重新设置为0.5，可以生成使物体自然落下的效果。

STEP16 选中火箭模型，然后在通道盒中打开SHAPES区域中的Rigidbody区域，以便查看这些属性。

STEP17 在选中该模型的情况下，设置下列属性。

Static Friction（静态摩擦力）=0

Dynamic Friction（动态摩擦力）=0

因为没有将这些属性设置为关键帧，所以这些设置始终会在模拟效果中起作用。

重新创建了缓存文件并播放了模拟效果，可以看到在受到阳台模型的影响后火箭模型不会再偏转了，这是因为对这两个物体的Friction（摩擦力）属性都进行了更改。火箭的弹道在很大程度上没有改变，在与阳台模型撞击后它飞向了下一个撞击目标。

尽管动态设置是一种直接处理动画的制作方法，在这种设置方法中模拟效果指示了制作动画的方向（在受到多方面影响的情况下，这个方向可能是随机的）。如前所述，它可以修改效果并将物体引导向目标，为火箭制作的动画为该模拟效果提供了初始的推动力。在处理场景中可破坏物体的位置时，可以调整效果的方向或主要姿势。

3. 刚体碰撞第二部分——可破坏的墙壁

模拟效果的下一个碰撞区域是军事基地前面的墙壁区域。由于火箭的撞击，墙壁区域破碎。使用Maya中的标准建模工具可以细分这些模型，以便创建用作刚体的碎片。

可能会注意到，对于较小的墙壁区域（其名称为DYN_WALL1_act）来说，在建模时它的边缘与较大的墙壁部分（DYN_WALL1_pass）的边缘之间已经创建了微小的裂缝。这样做是必要的，因为在动态模拟效果（模拟过程）中使用这些模型时，这些模型不能拥有交迭的边缘，否则播放就会停止，因为无法正确地评估这些撞击，还会在Maya脚本编辑器中显示与碰撞计算有关的错误。

STEP01 选中较大的墙壁部分（DYN_WALL1_pass），然后选择菜单命令 Soft/Rigid Bodies→Create Passive Rigid Body（柔体/刚体→创建被动刚体）。

STEP02 选中较小的墙壁部分（DYN_WALL1_act），然后选择菜单命令Soft/Rigid Bodies→Create Active Rigid Body（柔体/刚体→创建主动刚体）。

STEP03 在选中较小墙壁部分（DYN_WALL1_act）的情况下，选择菜单命令Window→Relationship Editors→Dynamic Relationships（窗口→关系编辑器→动态关系），打开动态关系编辑器（Dynamic Relationships Editor）窗口。

在动态关系编辑器窗口中，可以根据选中的场景元素检查哪些力场在起作用和进行变化。

STEP04 通过动态关系编辑器窗口，确保在左侧面板中仍旧选中DYN_WALL1_act物体，然后在右侧面板中选中gravityField1并使其突出显示。

动态关系编辑器与Maya连接编辑器类似，使用它可以设置场景中模型和现存重力域之间的连接，这样物体在模拟过程中就会对重力作出反应。

STEP05 使用前面介绍的处理过程，删除缓存文件并为场景重新创建刚体解算器缓存文件（以逐帧播放的速度），然后将播放模式切换为Real-Time（实时），以便验证该模拟效果。

该模拟效果仅拥有非常基本的外观。这种动画类似于自动创建或扩展的动画。要精修该效果并创建更有意思的动画，可以使墙壁破碎为更多的碎片，以便创建出更真实的效果。

STEP06 选中主动的墙壁部分（DYN_WALL1_act），然后按Delete键。

STEP07 选择菜单命令File→Import（文件→导入），从项目目录中导入Maya ASCII文件格式的文件，该导入文件含有更多独立的墙壁碎片。

导入该文件后，会注意到大纲视图中出现了新的编组（其名称为_05_DYN_WALL1_ BRICKS_act）。该编组含有所有独立的墙壁和砖块碎片模型，以便保持场景良好的组织性。

STEP08 在大纲视图中，使用鼠标中键单击新的编组，然后将该编组拖到DYN_WALL1编组的上方，这样做可以为主要的DYN_WALL1编组创建一个主动的子墙壁编组，从而保持组织性。

STEP09 确保在大纲视图中展开了 DYN_WALL1编组，这样新的05_DYN_WALL1_BRICKS_act就能显示出来了。

STEP10 在大纲视图中单击该编组名称（05_DYN_WALL1_BRICKS_act）旁边较小的“+”图标，这样可以展开该编组，从而显示所有元素。

STEP11 选中在该编组中列出的第一个pCube元素，然后按住Shift键不放，滚动到大纲视图的底部，选中在该编组中列出的最后一个pCube元素，这样可以同时选中该编组中的所有pCube元素。

选中独立的元素还是选中主编组取决于应用刚体的方式，因为刚体是为每个选中元素创建的，所以需要为在模拟效果中使用的每个pCube元素创建单独的刚体。

STEP12 在选中pCube元素的情况下，切换到用户界面顶部，然后选择菜单命令Soft/Rigid Bodies→Create Active Rigid Body（柔体/刚体→创建主动刚体），这样可以为每个元素创建新的主动刚体。

如前所述，新建的刚体元素需要与重力域连接。

STEP13 在仍旧选中pCube元素的情况下，通过选择菜单命令Window→Relationship Editors→Dynamic Relationships（窗口→关系编辑器→动态关系），打开动态关系编辑器窗口。

STEP14 在动态关系编辑器窗口中，确保将Selection Modes（选择模式）设置为Fields（域），然后在右侧面板中选中gravityField1，并将其与第一个元素相连，滚动到该窗口的底部，按住Shift键不放选中最后一个元素，以便与gravity Field 1相连。

STEP15 使用前面介绍的处理过程删除缓存文件，并为该场景（以逐帧播放速度）重新创建刚体解算器缓存文件，然后切换到Real-Time（实时）播放速度验证该模拟效果。

现在该模拟效果更有意思了，当火箭物体第一次贯穿墙壁时这些元素会逐渐变形。因为砖块物体都是主动刚体，所以它们会自然而然地对场景中的重力和其他力作出真实的反应。它们还会正确地与主墙壁部分和地面碰撞，因为这些部分是被动刚体元素。碰撞中会有自然的崩裂效果，当砖块与火箭和其他砖块相互作用时，它们会逐渐分散开。在碰撞时力会将砖块向前推，然后它们会由于在模拟效果末尾应用的重力而自然下落。

4. 刚体碰撞第三部分——可破坏的墙壁

在播放缓冲的模拟效果时，会发现火箭刚体物体击中了阳台物体，然后穿过了砖墙，在撞击时砖墙分散成了单独的砖块部分。在下一个模拟阶段中，火箭会穿透第二面墙壁进入军事基地的建筑中。要获得该模拟效果，可以在建模和模拟可破坏元素的过程中使用不同的方法。

STEP01 打开大纲视图并选中下列两个编组，主建筑和屋顶都应该被选中。

DYN_WALL2_BODY_pass

DYN_ROOF

STEP02 在同时选中这两个编组的情况下，按Ctrl+G组合键或者选择Edit→Group（编辑→组）命令，将这两个编组合并为一个新的编组。

STEP03 将新建的编组重命名为UNDYN_WALL2_ROOF。

STEP04 选择菜单命令Display→Hide→Hide Selection（显示→隐藏→隐藏选择），现在这些物体都会在场景中隐藏起来。

将这些元素都编组的原因是使选择能够更容易地进行，并在稍后的处理部分中为可见元素设置关键帧。

STEP05 在将新建的编组隐藏的情况下，选择菜单命令File→Import（文件→导入）。

新建的几何体被导入到场景中，该几何体是破碎的墙壁部分和屋顶。

在为墙壁和屋顶破碎的独立部分建模时，要对后面的动画进行规划。在墙壁部分中较大的圆形区域（火箭首先撞击的区域）已经创建好了模型，外侧的较小的碎片部分最后碎裂开。这样建模可以在模拟效果中实现完美的重建，而且会模拟出在撞击时墙壁碎裂的自然效果。

要为这些物体建模，可以使用Maya中的标准多边形建模工具，使用Edge Loops（边缘循环）工具可以添加基本的多边形平面，使用Split Polygon（分离多边形）工具可以将模型细分为多个区域，然后可以将这些区域拉伸为实体。

当为刚体动态模拟效果创建可破坏的物体时，在为这些物体建模时需要使用缝隙，这样在模拟过程中就不会出现交迭的情况了，可以使用边缘选择和修改工具在几何体之间创建缝隙。

在Maya的动态菜单组中还有一个工具，使用该工具可以将一个模型粉碎为可在动态模拟效果中使用的多个组成部分。选择Dynamics→Effects→Shatter（动态→效果→粉碎）命令，可以启用该工具。

如前所述，尽管使用这类工具可以自动将模型分裂为多个组成部分，但是在模拟过程中这些组成部分需要正确地以独立方式起到刚体的作用。Shatter工具的确非常有用，不过使用它无法对模型的细分方式作出太多控制，而且要获得想要的效果，还需要使用Maya的标准多边形建模工具进行另外的处理。

5. 向模拟效果中添加新元素

使用前面介绍的处理流程可以为新元素创建刚体，然后将它们添加到模拟效果中。

STEP01 通过视口或大纲视图选中主建筑模型（其名称为_07_DYN_WALL2_BODY_pass），它属于大纲视图的_07_DYN _WALL2_ROOF编组。

STEP02 选择菜单命令Soft/Rigid Bodies→Create Passive Rigid Body（柔体/刚体→创建被动刚体）。

将该部分设置为被动刚体，尽管它不会被破坏，但是其他物体会与它相撞。

STEP03 在大纲视图中，选中并扩展编组_07_DYN_WALL2_CONCRETE_act。

STEP04 在将该编组展开的情况下，选中第一个多边形曲面对象，滚动到大纲视图的底部，然后按住Shift键不放，单击该编组中的最后一个多边形曲面对象，从而同时选中所有可破坏的混凝土墙壁多边形物体。

STEP05 选择菜单命令Soft/Rigid Bodies→Create Active Rigid Body（柔体/刚体→创建主动刚体）。

使用前面介绍的处理过程可以为静态和可破坏的屋顶区域创建新的主动/被动刚体。

STEP06 选中_07_polySurface58元素，然后选择Create Passive Rigid Body（创建被动刚体）命令。

STEP07 选中_07_DYN_ROOF_PARTS_act元素。

如前所述，独立的多边形元素（即分裂的多边形部分）需要通过编组选中。

STEP08 选择Create Active Rigid Body（创建主动刚体）命令。

在处理可破坏的墙壁和屋顶区域时，需要使用动态关系编辑器，参考该处理流程前面所作的处理，将重力域与选中的多边形部分相连。

STEP09 使用前面介绍的工作流程，删除缓存文件并为该场景（以逐帧播放速度）重新创建刚体解算器缓存文件，然后将播放速度切换为Real-Time（实时）以便验证该模拟效果。

在模拟过程的初始阶段，火箭刚体会撞破砖墙部分，然后继续沿弹道飞向建筑的主墙体部分。由于这些部分是以可破坏方式建模的，其中的元素能够以真实的方式破碎。第一次撞击产生的中间破口的环形区域会与其他部分一起破碎，而且刚体会相互作用。模拟效果中的这个部分与前面破碎的砖块的尺寸和形状一致，形成了一种漂亮的对比效果。

在观看该模拟效果时，可破坏形状的变化为其增添了趣味。因为碎片沿碰撞方向向外飞溅，所以当反应在不同的点及时出现时，模拟效果中还有一个漂亮的跟随和交迭动作。当拍摄模拟效果时，可以看到在模拟效果的第二个阶段中，可破坏的部分有一种漂亮的向上飞溅的效果，在碰撞时会强制向上移动砖块和屋顶区域，因为刚体要对碰撞和重力作出反应，较大的可破坏的屋顶区域中的对比效果增强了模拟效果。在模拟过程中，由于破碎的部分对重力域作出反应，其会以真实的方式落向地面并与地面产生撞击。

如果模拟效果在播放时显得有些慢，也不需要担心。这类问题有时候是由场景缩放比例的调整导致的，也可能是由播放评估导致的。这类问题通常可以通过将 Solver Current Time（解算器当前时间）属性设置为关键帧并修改重力效果来解决，也可以通过在将模拟效果烘培到几何体缓存文件中后调整场景的帧速率来解决。

6. 刚体碰撞第三部分——可破坏的墙壁2（精修效果）

在播放模拟效果时，会注意到第二面墙壁的所有组成部分都会破碎，这是因为这些可破坏部分是根据从主墙体掉落的立方体区域建模的。当整个墙体没有破碎时，这显得有些不真实。对于这种碰撞来说，通常会有一些区域仍旧与墙壁相连，而且在墙壁破口的边缘也会有一些碎片或变化。

为了使模拟效果更加真实，可以在被动墙壁部分和主动墙壁部分的边缘添加碎片或变化。作为一种快速的修复方案，可以将某些可破坏的墙壁部分从主动刚体切换为被动刚体，这样它们就不会对力作出反应了，但是在与其他物体交互作用时仍然可以提供碰撞效果。

STEP01 在仍旧打开该场景的情况下，切换到起点帧（按Shift+Alt+V组合键），并近距离拍摄可破坏的墙壁部分。

STEP02 选中底部区域中的一些可破坏部分，这些部分接近墙壁的底部。

STEP03 将时间滑块调整到第23帧，在通道盒中右击Active（主动）通道，然后在弹出的快捷菜单中选择Key Selected （设置关键帧）命令，这样可以为所有选中部分的主动状态设置关键帧。

STEP04 将时间滑块调整到第25帧，在通道盒中双击Active（主动）属性输入框并输入“0”，然后按Enter键，这样会将Active（主动）属性设置为关闭，然后右击Active（主动）通道，在弹出的快捷菜单中选择Key Selected（设置关键帧）命令，这样可以为所有选中部分非主动的状态设置关键帧。

在火箭与墙壁相撞后的这一帧中，将Active（主动）属性设置为“关闭”的元素设置为关键帧。

这样会使这些部分在破碎开始后停止对其他部分的撞击作出反应，因为Active（主动）属性被关闭了。在该动作前已经在几个帧中运行了模拟效果，因此，这些部分仍旧具有轻微的破碎动作，而在模拟效果后面的阶段中使它们保持静态。该效果非常巧妙，从而可以为墙壁的破碎动作增加一些真实感。

项目场景文件夹提供了使用关键帧关闭一些选中墙壁部分的Active（主动）属性的项目场景文件。

7. 刚体碰撞第三部分——可破坏的墙壁2（切换破坏前模型/破坏后模型）

如果在当前的场景中播放该模拟效果，那么这个模拟效果会显得有一些不真实，因为墙壁和屋顶部分在撞击前已经开始破碎。在导入可破坏的墙壁和屋顶独立部分前隐藏了原始的主建筑区域，在场景中仍会保留这些部分，因为它们是火箭撞击和这些部分破碎之前的原始部分。

可以将这些原始部分用作切换模型，从而在撞击时将原始实体建筑和屋顶模型与破碎的部分进行切换。可以在火箭撞击时将该切换设置为关键帧，从而使其作为一种视觉技巧增加模拟效果的真实感。

STEP01 将时间滑块调整到第23帧，然后在大纲视图中选中_07_DYN_WALL2_ROOF编组。

STEP02 在选中该编组的情况下，打开通道盒并在Visibility Channel（可见性通道）中输入“0”（代表关闭）。右击该通道，在弹出的快捷菜单中选择Key Selected（设置关键帧）命令，以便设置关键帧。

STEP03 仍旧在第23帧中，在大纲视图中选中UNDYN_WALL2_Roof编组。

STEP04 在选中该编组的情况下，选择菜单命令Display→Show→Show Selected （显示→展示→展示选择）。

STEP05 在仍旧选中该编组的情况下，打开通道盒，右击可见性通道，并在弹出的快捷菜单中选择Key Selected（设置关键帧）命令，以便为开启可见性属性设置关键帧。

STEP06 将时间滑块向前调整1帧，到达第24帧，在通道盒中通过设置关键帧，将两个编组的可见性属性进行下列设置。

UNDYN_WALL2 _Roof编组的可见性属性=关闭

_07_DYN_WALL2_ROOF编组的可见性属性=关闭

将可见性属性设置为关键帧，可以实现下列效果。

（1）在第1～23帧之间显示未破碎的建筑和屋顶（UNDYN_WALL2_Roof）。

（2）在第1～23帧之间模拟效果中的独立部分（_07_DYN_WALL2_ROOF）被隐藏起来了。

（3）在第24帧中的撞击出现时切换了模型的可见性，这样未破碎的建筑和屋顶（UNDYN_WALL2_Roof）被隐藏了，而破碎的部分（_07_DYN_WALL2_ROOF）在场景中被显示了出来。

STEP07 使用前面介绍的处理过程，删除缓存文件并为该场景（以逐帧播放速度）重新创建刚体解算器缓存文件，然后将播放速度切换为Real-Time（实时），以便验证该模拟效果。

在播放该场景时会发现该模拟效果更加真实了。在碰撞帧上通过将可见性属性设置为关键帧，从而在模型之间进行切换的技巧，是一种简捷的视觉技巧，有助于增加动画的真实感。

8. 代理碰撞模型和动态性能

在前面设置的模拟效果中，对刚体使用了边数非常少的多边形几何体。在设置刚体动态效果时，要认识到场景几何体的复杂性会对效果的评估和缓存性能产生非常大的影响。

对于刚体来说，元素可以被放置在独立的碰撞层次中，对刚体碰撞的评估模式也是可以切换的，这有助于提高性能。

在通过选择菜单命令Shapes→rigidBody node（形状→刚体节点）选中物体后，下列属性都可以通过通道盒进行设置。

- Collision Layer（碰撞层次）：物体是由动态解算器根据它们所属的碰撞层次评估的。在独立的碰撞层次上设置刚体可以提高性能，同一碰撞层次中的元素会根据需要相互作用，而不同层次中的元素不会相互作用。在处理含有许多不需要相互作用的元素部分的较大场景时，该属性非常有用。

将碰撞层次设置为-1，会导致-1层次上的物体与所有层次上的元素相互作用。该设置可用于地面之类的被动刚体物体。

- Apply Force At（力作用点）：使用该属性可以控制评估刚体碰撞的方式，其默认选项可以适用于大多数情况。可能偶尔需要将该属性的值切换为verticesOrCVs，以便提高碰撞和模拟效果的品质。

切换到verticesOrCVs模式会影响性能，因为模拟效果是根据每个顶点计算的。在处理多边形数量较少的模型时，该选项可能有用，但是如果源模型的多边形数量非常多，那么该选项就没有用。

在使用较复杂的几何体时，将替身代理模型用作碰撞物体是一种非常好的方法。使用Maya中的标准多边形建模工具可以为这类几何体建模，而且应该将这些几何体创建为尺寸和形体非常相似而且数量非常多的多边形模型。将多边形数量较少的多边形模型用作碰撞物体，可以在处理动态效果时提高性能，还可以根据碰撞物体的需要控制细节。

STEP01 打开上一节完成的场景文件。

STEP02 在打开该场景文件的情况下，选择菜单命令File→Import（文件→导入）。

STEP03 将该文件导入到场景中后，打开大纲视图并选中新的元素09_Rocket_FIN。

STEP04 按F快捷键，可以将这个新物体放置到透视视图中，这个新物体是火箭模型的多边形数量较多的版本。

STEP05 在大纲视图中，选中火箭碰撞模型（DYN_ROCKET），然后按住Shift键不放，选中新的多边形数量较多的火箭模型（09_Rocket_FIN）。

多边形数量较多的火箭模型会以绿色突出显示，以便表示它的最新选中状态。

STEP06 通过状态栏下拉菜单（或者按F2快捷键）激活动画菜单组。

STEP07 在Maya用户界面顶部选择菜单命令Constrain→Parent（约束→父级）。

STEP08 在Parent Constraint Options（父级约束选项）窗口中，打开Maintain offset（保持偏移）选项，然后单击Add（添加）按钮。

由于父约束的存在，多边形数量较多的火箭模型会继承原始的多边形数量较少的碰撞火箭模型的动画。可以在场景中隐藏原始碰撞模型。

STEP09 通过视口或大纲视图选中原始的多边形数量较少的碰撞火箭模型（DYN_ROCKET）。

该模型会以绿色突出显示，以表示其选中状态；多边形数量较多的火箭模型会以紫色线框突出显示，因为它是受约束的模型。

STEP10 在选中该模型的情况下，打开属性编辑器并向下滚动，展开Object Display → Drawing Overrides（对象显示→绘制覆盖）区域，然后进行下列设置。

打开Enable Overrides（启用覆盖）选项

关闭Visible（可见）选项

播放该模拟效果，可以看到多边形数量较多的火箭模型会通过约束像原始的碰撞代理火箭模型一样运动。在隐藏了代理模型的情况下，由于使用了高分辨率的模型，该动画会更吸引人。

尽管多边形数量较少的代理碰撞模型的尺寸和形状并不完全与多边形数量较多的模型的尺寸和形状相同（代理模型上明显没有尾翼），但是效果仍旧显得真实，仍旧正确地执行了主要的碰撞和刚体反应，而且该动画增加了在碰撞后火箭尾翼旋转的要求。

本章总结

通过对本章的学习，应能够熟练地控制Maya的角色控制器并进行动画的修改（主要针对走路和跑步动画），能够学会直接处理动画姿势的方法与逐个姿势处理的方法，能够对刚体动力学进行场景设置、属性调整与数值精修。

练习与实践

（1）对走路动画进行修改（注意：主要从姿势修改与单个控制器入手）。

（2）对跑步动画进行修改（注意：逐个姿势的修改与走路动画的修改类似）。

（3）对之前制作的火箭动力学动画进行精修。

✍ **效果欣赏**

第8章

实体绘制和设计技能

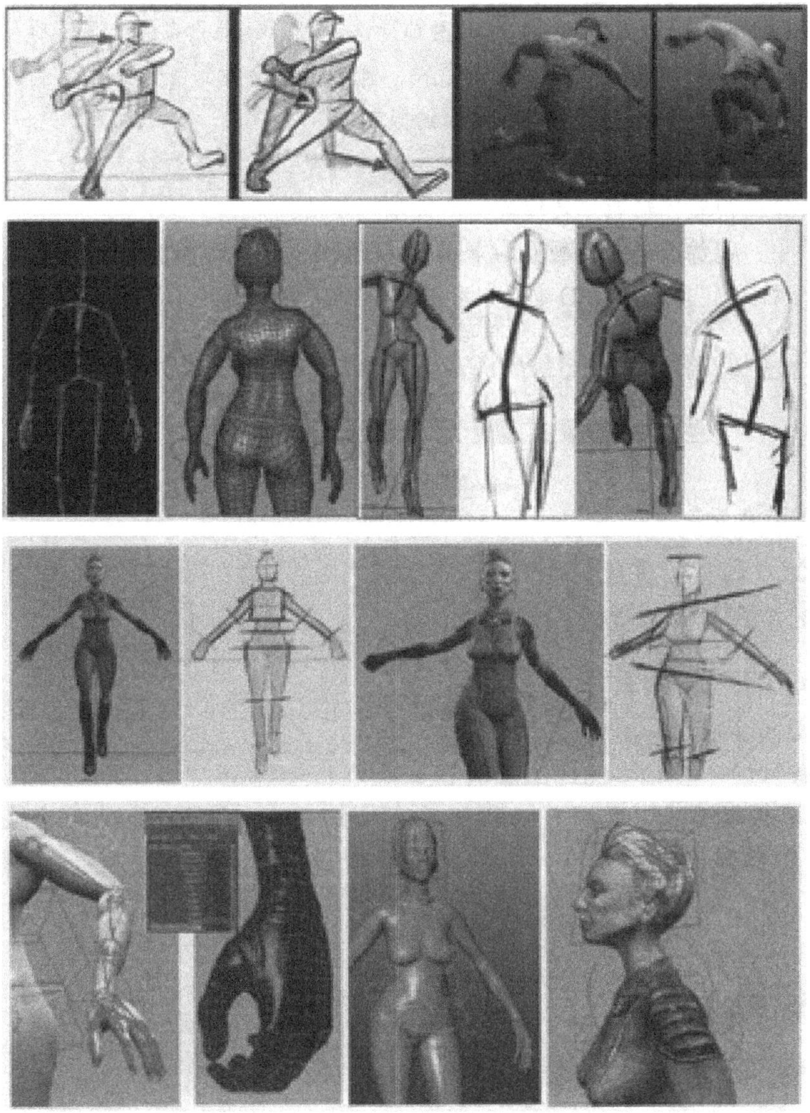

✍ 本章导读

大部分生物的运动都是自由而灵活的，而不是机械化的。

吉姆·那特维克（Grim Natwick）：在开始制作动画前应该尽可能掌握更多的绘画技巧。

马克·戴维斯（Marc Davis）：绘画是一种表演形式，画家是不会受到身体条件限制的演员，而他的表演只会受到他的能力、创造力和经验的限制。

——《生命的幻象：迪士尼动画造型设计》

强大的素描技巧和绘画内容传输能力是传统动画实践的基础。

在传统的分格动画中，能够绘制流畅画面的本领可以帮助表现生命力。这个原则也可以被应用于计算机动画中，如果没有在3D建模和动画中创建实体和漂亮形状的能力，那么动画就会显得死气沉沉，并且缺乏最佳动画所拥有的生动性。在3D动画中，与创建人物模型姿势或在场景中为物体和元素取景相比，绘制实体最为容易。

✍ 学习目标

- 掌握简单动画的动态姿势
- 明确成对的意义
- 明确缩略图的动态设计

✍ 技能要点

- 进行基本Maya动力学姿势设计
- 设计动力学姿势
- 对成对姿势进行修改

✍ 实训任务

- 设计缩略图动作
- 修改角色动画

8.1 动力学姿势

STEP01 打开本教程的起始场景文件，在该场景中人物模型通过控件配置设置为处于绑定姿势。

首先处理臀部模型的姿势。人物模型的质量中心位于臀部，而且脚部模型的位置是在姿势中创建重力和质量效果的关键。在臀部模型在两腿之间变换且两个腿部模型处于成对姿势的情况下，这个绑定姿势显得没有重量。通常重量不会均匀地分布在两腿之间，因为这样会使该姿势显得僵硬。通过调整臀部模型的位置，使重量转向其中一个腿部模型，可以修复该问题。

STEP02 在大纲视图中，选中控件FSP_COG_CTRL的质量中心，然后按住Ctrl键不放，单击手部控件FSP_ Hand_L_CTRL和FSP_Hand_R_CTRL，如图 8.1.1①所示。

STEP03 启用移动工具（按W快捷键），将质量中心和手部模型向一侧（全局坐标的x轴方向）移动，这样臀部模型的重量就会转向人物模型的左腿，如图8.1.1②所示。

STEP04 在透视视图中围绕人物模型旋转，检查转向左腿模型的重量，可能需要将臀部模型稍微向前拖（向z轴的正方向），以便使重量的稳定效果显得更加真实，如图8.1.1③所示。

在处理腿部模型的姿势时，可以稍微调整右腿模型的位置，从而使该姿势显得不那么僵硬。

STEP05 选中右脚控件FSP_Foot_R_CTRL。

STEP06 启用移动工具（按W快捷键），将该控件稍微向后移动（在全局坐标的z轴中）。

STEP07 在仍旧选中该控件的情况下，切换到通道盒，并通过修改脚步控件属性更改脚部模型的姿势。

STEP08 选中Toe Roll或Ball Roll属性（它们会以蓝色突出显示），然后通过按住鼠标中键左右拖动更改该属性的值，直到脚后跟和膝部模型稍微向前移动为止，以便表现重量向前移动的效果，如图8.1.1④所示。

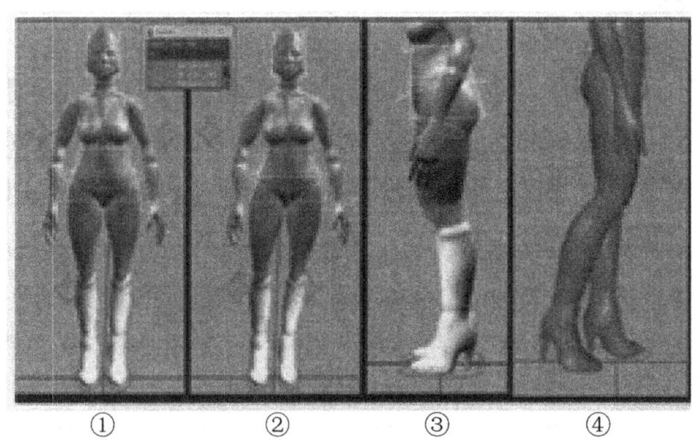

①　②　③　④

图8.1.1　调整质量中心的位置和右腿模型的姿势

8.1.1 腿部/脚部的角度和姿势

如果从前面观察腿部和脚部模型，会发现该姿势仍旧非常僵硬，两个脚部模型都以相同的角度指向前方，两个膝部也完全相同，如图8.1.2①所示。

通过使用极矢量控件修改脚部和膝部模型的角度，可以修复该问题。

STEP01 选中左脚控件（FSP_Foot_L_CTRL），然后围绕局部坐标的y轴将其稍微向外旋转，这样脚尖就会略微指向外侧，还应将其向x轴的正方向移动一些距离，如图8.1.2②所示。

STEP02 选中左膝的极矢量控件（FSP_Leg_L_Pole），然后在x轴中将其稍微向外拖动，这样膝部模型就符合脚部模型的角度了。

STEP03 重复上一步骤，将右脚模型稍微向外侧倾斜，通过更改右脚控件（FSP_Foot_R_CTRL）的旋转角度，然后调整右腿极矢量控件的位置可以做到这一点，如图8.1.2③、④所示。

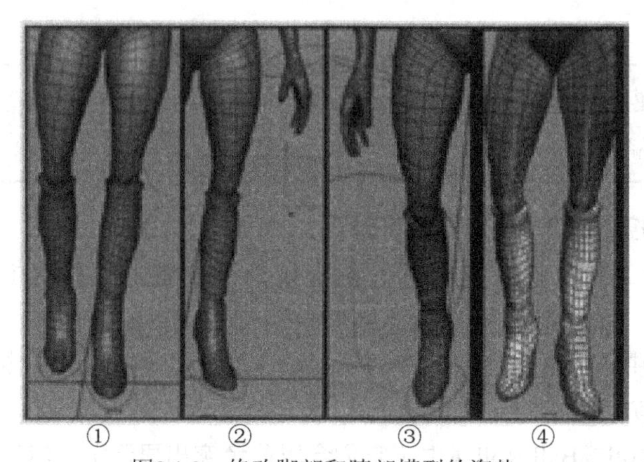

① ② ③ ④

图8.1.2 修改脚部和膝部模型的姿势

8.1.2 臀部倾斜

如果观察臀部模型的姿势，会发现已经通过将质量中心移动到左腿模型上，为臀部模型创建了较好的外观，但是该姿势仍旧显得有些僵硬和不自然。这是因为臀部模型以完美的方式与地面对齐，当重量向另一个腿部模型上转移时，臀部通常会向侧面倾斜，承重的一侧应该比放松的一侧高。

STEP01 在大纲视图或视口中，选中黄色的圆形臀部旋转控件，其名称为FSP_Hip_CTRL。

STEP02 在前视图或后视图中，使用激活的旋转工具（按E快捷键），围绕局部坐标的z轴将该控件略微向上旋转，从而将左侧臀部模型升起，如图8.1.3①、②所示。

现在重量落在左腿模型上，在该姿势中左腿模型比右腿模型略微靠前，所以臀部模型也应该稍微旋转或扭曲，以便与该角度相符合。

STEP03 在仍旧选中该控件的情况下，启用旋转工具（按E快捷键）旋转到人物模型的侧面，然后在局部坐标的y轴中进行旋转，这样就可以将左侧臀部模型向前调整了，如图8.1.3③、④所示。

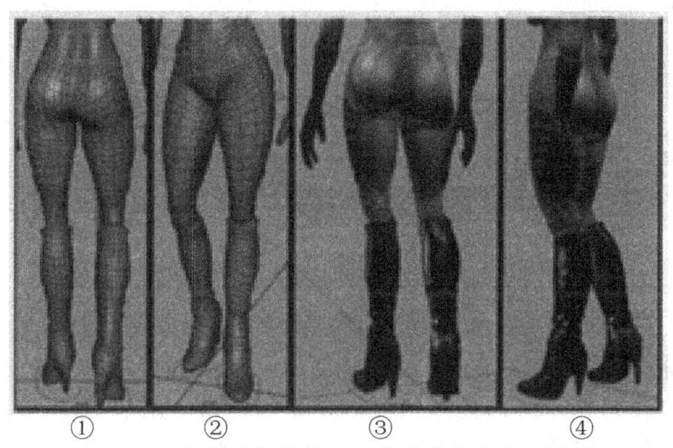

图8.1.3　倾斜臀部模型——使重量落向左腿模型

8.1.3　使脊椎模型成为S形曲线

在调整人物配置时，要点是使用哪种方式能够让所有元素协同起来，以实现平衡和重量效果。刚才创建的臀部和腿部模型姿势拥有更加自然的外观，偏移的臀部模型表现了重量落在左腿模型上的情况。

如果对重量感进行了调整，身体的其他部分通常会存在反向的重量感，从而可以实现平衡。这种情况在脊椎和肩部表现出来，肩部会向臀部倾斜的方向倾斜，脊椎也会形成简单的曲线，以表现重量转移的情况，而且脊椎会从头部至腰部形成S形曲线，如图8.1.4①所示。

如果脊椎模型是直的，而且不会形成曲线来表现重量的转移，那么就会使姿势显得僵硬和不自然，如图8.1.4②、③所示。执行下列步骤可以解决该问题。

STEP01 选中基础脊椎控件（FSP_Spine01_CTRL），然后将其向臀部控件倾斜的方向旋转，应在局部坐标的z轴中进行轻微的旋转。

STEP02 选中中间的脊椎控件（FSP_Spine02_CTRL）并进行旋转，以便在局部坐标的z轴中使其与基础脊椎控件的角度略微不同。

STEP03 在处理上半部分躯干控件（FSP_Spine03_CTRL）时，将其向相反方向旋转（围绕局部坐标的z轴），肩部模型的旋转方向应该与臀部模型的旋转方向相反，右肩模型会稍微升起，以便对应于左侧臀部模型的升起，如图8.1.4④所示。

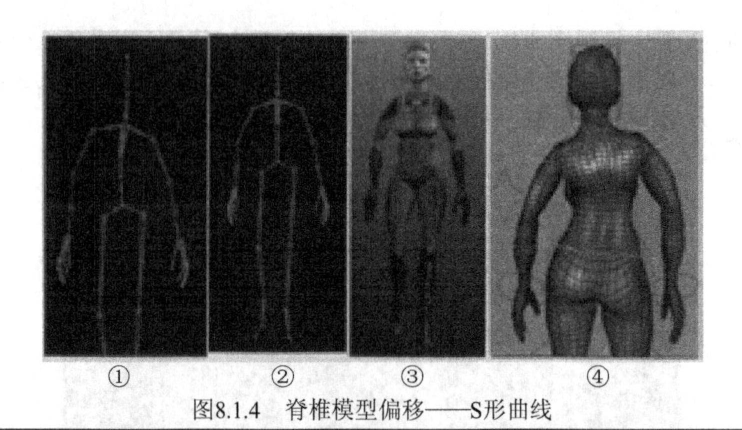

图8.1.4　脊椎模型偏移——S形曲线

在处理姿势时，通过切换骨骼模型的显示/隐藏模式来检查脊椎模型的线条，是非常好的方法。从前面进行观察，脊椎模型会从头部到腰部形成翻转的S形曲线。可使用显示层切换人物网格和控件物体的显示顺序，以便评估脊椎模型上的姿势。切换网格的明暗（按5快捷键）/纹理化（按6快捷键）显示模式，有助于在视口中更改背景颜色（按Alt+B组合键），以便在更清晰的情况下对姿势进行评估。

8.1.4　脊椎扭曲模型

在处理人物模型的主要姿势时，在视口中使用多种角度对这些姿势进行评估是非常好的方法。如果观察了项目场景文件中的脊椎模型姿势，会发现从前视图观察该姿势时它已经拥有了自然的外观，在前视图中局部坐标z轴中旋转偏移的程度已经明显构成了S形曲线，还可以调整脊椎模型向其他角度旋转的程度，从而创建更加自然的姿势。

已经创建的臀部模型姿势是将左侧臀部模型稍微旋转，以便表现重量的转移；也可以旋转上半部分躯干和脊椎模型，将左肩模型的重量向与左侧臀部模型向前姿势相反的方向略微移动，从而创建反向的重量效果。

STEP01 要处理肩部/臀部模型的反向扭曲姿势，可在透视视图中将人物模型向前/向后旋转，如图8.1.5①所示，并通过旋转脊椎控件创建偏移效果。

STEP02 应该将FSP_Spine01_CTRL控件稍微向后旋转，以便符合臀部模型在局部坐标y轴中的扭曲方向。

STEP03 将FSP_Spine02_CTRL控件向与臀部模型在局部坐标y轴中的旋转方向相反的方向旋转，而将顶部脊椎控件FSP_Spine03_CTRL向y轴的正方向作更大程度的旋转，这样右肩模型就会向与左侧臀部模型的向前运动相反的方向稍微旋转，如图8.1.5②所示。

应确保使用多种角度评估脊椎和臀部模型的姿势。在3/4侧视图中，在脊椎模型形成自然弯曲的情况下，该姿势会显得自然和平衡，如图8.1.5③、④所示。在直接的侧视图中，脊椎控件还应该略微旋转，以便沿局部坐标的x轴为控件物体创建自然的曲线。

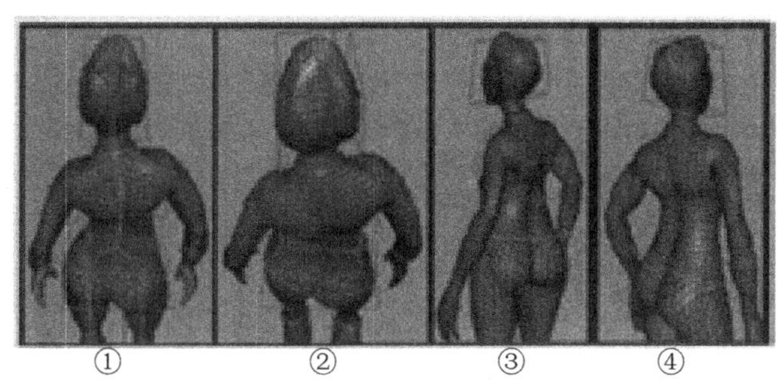

①　②　③　④

图8.1.5　扭曲脊椎模型——S 形曲线

8.1.5　手部姿势和定型

如果观察了刚刚创建的姿势，会发现已经精修了腿部、臀部、脊椎模型的姿势，而且它们协同作用创建了带有重量效果的、自然的、平衡的姿势。在处理该姿势时，要处理主要区域，然后在处理时应用必要的精修。手臂模型的姿势仍旧显得有些僵硬，因为它们在该姿势中以笔直的方式向外伸出，这使得人物模型显得焦虑不安，似乎急于行动或讲话，如图8.1.6①所示。

要解决该问题，应使手部模型的姿势更加放松并朝向身体模型方向，使手部模型以放松状态将其重量落在臀部模型的侧面。

STEP01　选中左手控件FSP_Hand_L_CTRL。

STEP02　在选中该控件的情况下，切换到通道盒，并将Fist属性设置为5.0，这样手指模型就会以更为放松的姿势向内并拢，如图8.1.6②所示。

手臂模型的姿势可能仍旧显得有些不自然，由于肘部模型的倾斜角度，使人物模型显出处于要出拳的状态，如图8.1.6③所示。

STEP03　在仍旧选中左手控件FSP_Hand_L_CTRL的情况下，启用移动工具（按W快捷键），然后沿全局坐标的y轴将其稍微向下拖动并旋转，这样手腕模型就会倾斜，以便表现手臂模型上的重量效果，如图8.1.6④、⑤所示。

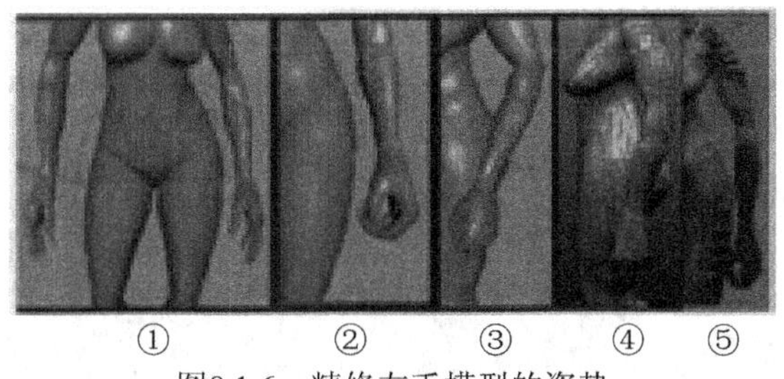

①　②　③　④　⑤

图8.1.6　精修左手模型的姿势

使用相同的处理过程精修右手模型的姿势。

STEP04 选中右手控件FSP_Hand_R_CTRL。

STEP05 在通道盒中将Fist属性设置为1，这样手指模型就会处于较为放松的姿势，如图8.1.7①所示。

STEP06 在仍旧选中该控件的情况下，启用移动工具（按W快捷键），然后将其向身体模型方向略微拖动，这样它会显得更加放松。

STEP07 通过侧视图检查该姿势并稍微旋转手腕模型，以便获得正确的重量效果，如图8.1.7②、③所示。

对于该手部模型姿势来说，还应该稍微调整肩部模型，以便它们显得更加自然，并符合脊椎和手臂模型的曲线。

STEP08 将左侧的锁骨控件（FSP_Calvicle_L_CTRL）稍微向下和向后旋转，以得到符合肩部和手部模型的曲线。

STEP09 将右侧的锁骨控件（FSP_Calvicle_R_CTRL）稍微向上和向前旋转，以得到符合肩部和手臂模型的曲线，如图8.1.7④、⑤所示。

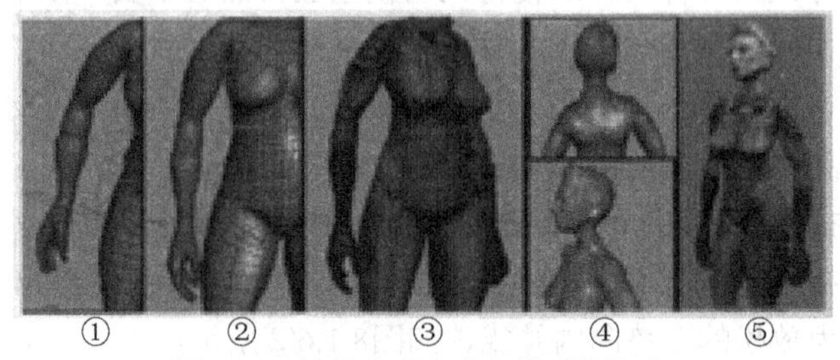

① ② ③ ④ ⑤

图8.1.7 精修右手和肩部模型的姿势

8.1.6 姿势定型

在为人物模型的姿势定稿时，其要点是使用多种角度检验该姿势，以确保该姿势的重量、动态和线条都与形体相符合并且呈现自然，如图8.1.8所示。在创建了主要姿势后，围绕人物模型旋转，以便检查线条并进行必要的调整。该过程可反复执行，对姿势的某一部分所进行的调整会对身体模型的其他部分产生影响，从而需要进行另外的调整。

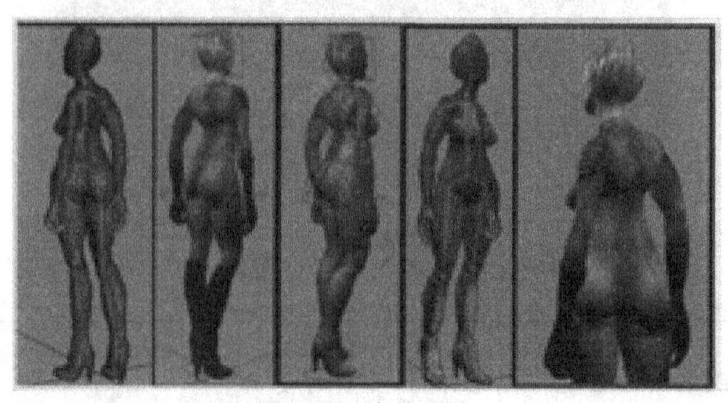

图8.1.8 姿势定稿

8.1.7　动作姿势——01开枪——创建姿势

在处理人物模型的姿势时，要点是使人物模型的动作线条符合身体的重量、平衡和曲线。

对于刚创建的放松姿势来说，将臀部模型偏向一侧，为站立姿态创建了更加自然的平衡效果，脊椎模型的S形曲线也有助于为人物模型增加自然、组织和真实的感觉。尽管该姿势中没有使用强力的动作线条，但是将肩部模型相对于臀部模型进行轻微的旋转，表现了身体的动作线条。

对于动态效果要求更高的动作姿势来说，符合平滑的S形曲线的重量和平衡原则会被放大为在身体模型上创建更强力的动作线条，以便为动画增加更多效果。

打开本节的起始场景文件。该场景文件使用了与上一节相同的人物模型，人物模型的姿势被设置为瞄准射击，如图8.1.9所示。

可以通过切换控件物体和骨骼模型的显示层次，检验用于创建姿势的骨骼模型上的动作线条和控件物体上的姿势。

观察人物模型的侧面，可以看到该姿势主要使用直线线条表现动作。从头部模型到弯曲的左腿模型，形成的略微倾斜的斜线表现了向前的运动。从侧面观察，可以看到握枪的右臂模型和右腿模型都使用直线线条表现力量或全神贯注，在动画中直线线条通常被用于表现力量和动作，可以通过将直线运动与曲线运动进行对比获得效果。从前面观察，可以看到从头部模型到弯曲的左膝模型底部形成了稍微倾斜的斜线。同样，该斜线与姿势中的直线可以形成对比效果。

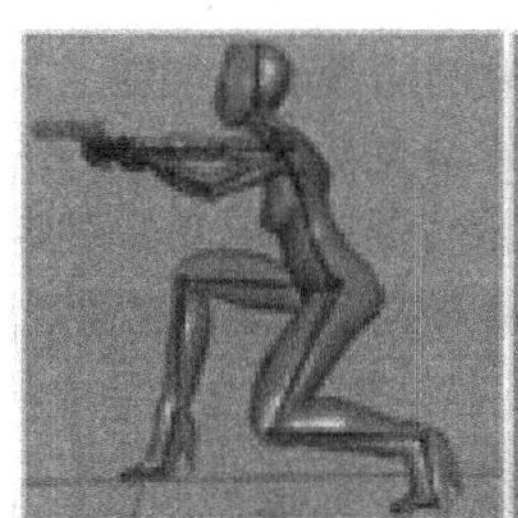

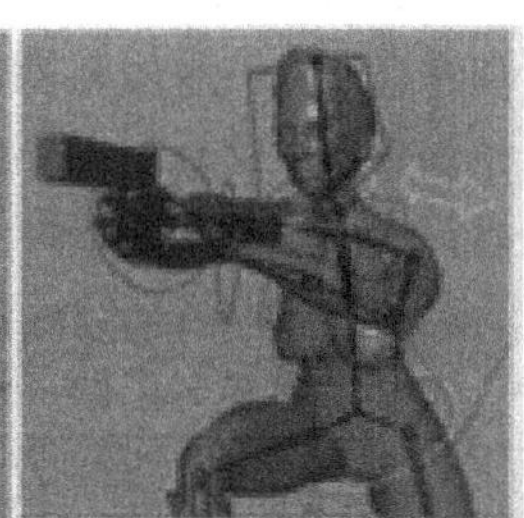

图8.1.9　动作姿势01——创建姿势

尽管该姿势具有实体外观，但是它无法明确地表现动态动作。该姿势平衡并具有控制性，这使人物模型显得镇静甚至有些紧张。如果近距离观察该姿势中的脊椎模型，可以看到脊椎模型的姿势显得非常僵硬、竖直，脊椎模型上没有在放松姿势中创建的曲线。使用控件物体进行旋转，仅能够从人物模型的顶部看到肩部模型和臀部模型旋转动作之间的偏移量（即左肩模型略微向前旋转），臀部模型直接位于两个立足的脚部模型之间，用于表现腿部模型担负主要重量的臀部几乎没有偏移动作，如图8.1.10所示。尽管从技术方面来看该姿势是正确的，但是它缺乏真正的动态或动作效果。

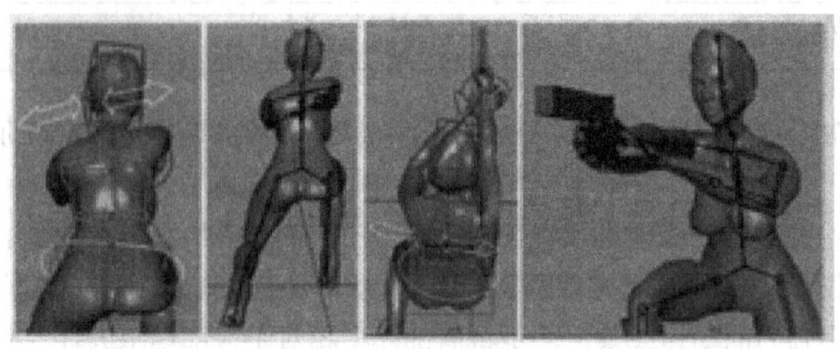

图8.1.10　动作姿势01——创建姿势——创建臀部姿势

8.1.8　动作姿势——01开枪——精修姿势

该场景文件中包含刚刚观看的姿势的修改版本。该姿势已经被修改了，而且对一些区域作了夸张处理，以便创建更具动态效果的动作姿势，该姿势非常适于这类人物模型，如图8.1.11所示。

图8.1.11　动作姿势01——精修的姿势——动态动作

执行下列步骤可以精修该姿势，从而增强该姿势的效果，如图8.1.12所示。

（1）增加脚部模型的间距，以便为人物模型赋予更大的步幅。

（2）通过增加倾斜度来增加腿部模型到背部模型的角度。

（3）稍微向侧面偏臀部调整模型，从而使躯干的重量偏向侧面。

（4）旋转脊椎控件，以便在肩部和臀部模型之间创建漂亮的倾斜效果。当从后面观察时，可以看到较低的脊椎控件已经在一侧向上旋转，而肩部控件已经向下旋转，以便形成挤压效果。

（5）在脊椎模型中，已经从头部模型到脊椎模型的底部形成了漂亮的S形曲线，这个姿势显得自然、流畅多了，而且更加像身体组织了。

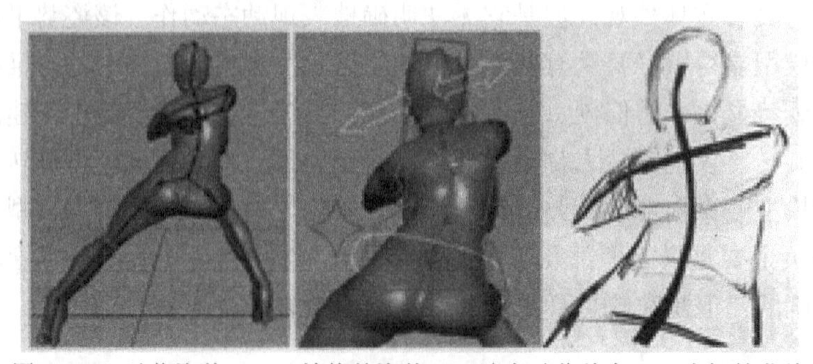

图8.1.12　动作姿势01——精修的姿势——动态动作线条——流畅的曲线

由于脊椎模型和腿部模型形成的强大斜线和S形曲线，使得该姿势更具动态效果，如图8.1.13所示。增大该姿势中的脚部模型间距，可以在侧视图中增加脚部模型与躯干模型之间的距离，使身体模型的倾斜角度更加尖锐。脊椎模型上的曲线比原始的未编辑姿势中以整体方式旋转脊椎模型形成的线条更加自然，而且更加像人体组织。在该姿势中，脊椎模型和左腿模型形成的曲线与右腿模型和持枪的手臂模型形成的坚实直线还生成了更强烈的对比效果。

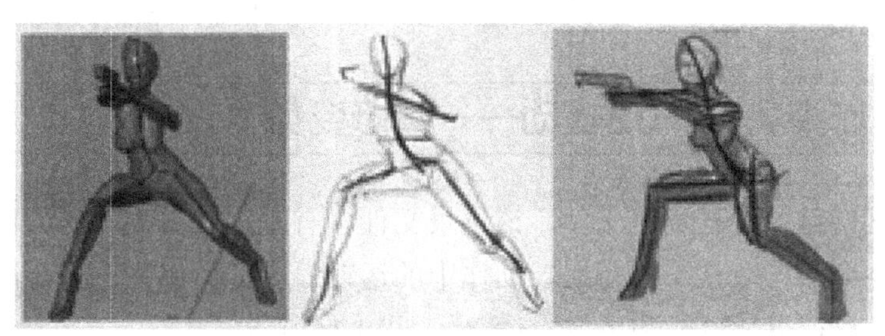

图8.1.13 动作姿势01——精修的姿势——动态动作线条和对比效果

8.1.9 动作姿势——02摆动——创建姿势

在打开的场景文件中含有相同的人物配置，其姿势为将要进行轻微摆动的直立姿势。如果观察了该姿势，会发现有一些明显的问题使该姿势显得僵硬和死气沉沉，如图8.1.14所示。

（1）臀部模型将重量均匀地分布在两个脚部模型之间，因此，无法为该姿势提供任何质量或重力效果。臀部模型没有任何偏离轴心的旋转动作，即两侧的臀部模型具有相同的高度。

（2）两个腿部模型的姿势大致相同，膝部和脚部模型的旋转角度具有成对外观。

（3）脊椎模型显得僵硬，这使人物模型的背部好像有毛病。当从前面观察人物模型时，会发现肩部模型和臀部模型的角度没有任何差异。

（4）通过俯视图观察，肩部模型由于后面手臂的摆动进行了略微的旋转，然而该旋转没有动态外观，而且手臂模型的姿势也显得死板。

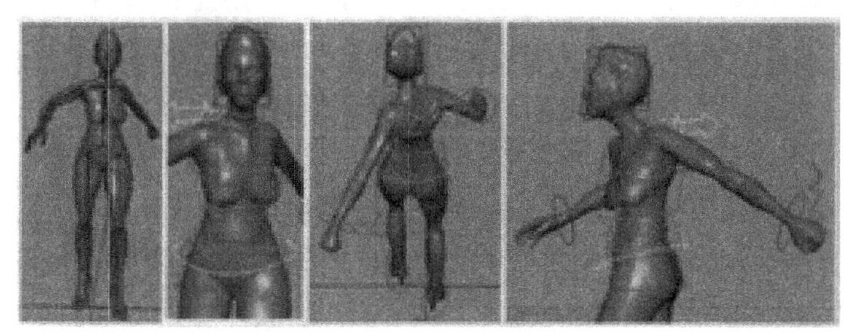

图8.1.14 摆动姿势——调整锁骨姿势、脚部枢轴点和旋转

通过屏幕截图的缩略图，可以清晰地看到这些问题和原始的开枪姿势。直线线条通过了身体模型上的所有主要区域；脊椎模型是直的，这使人物模型像机器人并且毫无生气；在斜线为动作线条创造效果的位置，它们的倾斜角度不足以为该姿势创造对比效果；这些

姿势都有重量和形体方面的限制，以至于无法获得漂亮的外观，如图8.1.15所示。

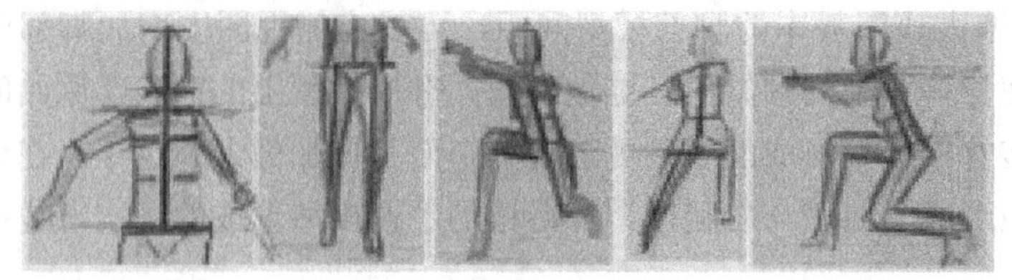

图8.1.15　创建姿势——姿势不太漂亮而且了无生气

8.1.10　动作姿势——02摆动——精修姿势

通过项目文件目录打开场景文件，该场景文件含有刚刚观看的姿势的修改版本。该姿势不像已精修姿势那样夸张。因为摆动动作中的运动很少，所以为该姿势添加了一些微妙的修改，以使其显得更加流畅和更像人体，如图8.1.16所示。

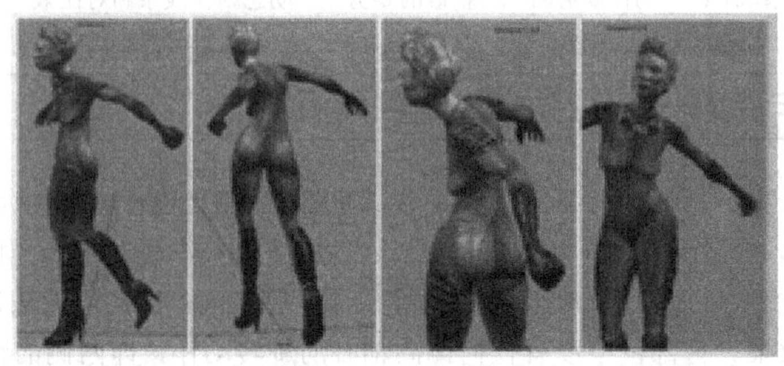

图8.1.16　动作姿势02——精修的姿势——动态动作

像处理前面的放松姿势一样，已经编辑该姿势，以确保脊椎模型拥有平滑自然的S形曲线外观；肩部模型和臀部模型的角度形成了漂亮的对比效果，在很大程度上为该姿势增加了运动感，如图8.1.17所示。

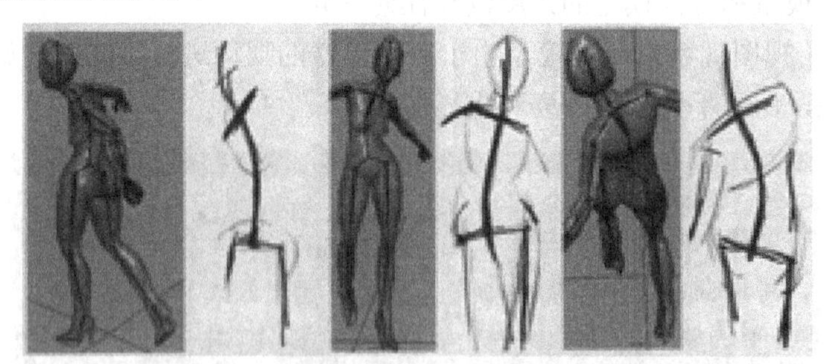

图8.1.17　动作姿势02——精修的姿势——脊椎模型的S形曲线和旋转

如果通过前视图和俯视图观察该姿势，会看到该姿势中的曲线之间形成了漂亮的对比效果，而且直线线条表现了重量和平衡效果，如图8.1.18所示。处于立足姿势的左腿模型承担了上方臀部模型的重量，形成了与脊椎模型曲线产生对比效果的直线线条。尽管没有像开枪姿势那样夸张，但是在该姿势中左臂模型粗的倾斜线条表现了动作，并与另一侧手臂模型的角度形成了对比效果，这为人物模型赋予了平衡效果。腿部模型的姿势中存在对比效果，前面处于立足姿势的伸直的左腿模型与后面的右腿模型形成了漂亮的曲线，因为该模型是略微弯曲的。通过俯视图观察，可以看到手臂模型形成了漂亮的倾斜角度，这使手臂模型的姿势显得非常轻快。尽管从俯视图中观察两个手臂模型的姿势显得很相似，但是在前视图中两个手臂模型的角度形成了对比效果，这防止了手臂模型形成成对外观。

图8.1.18　动作姿势02——精修的姿势——动作线条/曲线的对比效果和漂亮外观

8.2　成对

在人物动画中，成对被视为实体绘画的对立面。成对的姿势或节奏缺乏活力，而且显得不自然。在制作粗糙的动画和缺乏经验的动画师的作品中经常出现成对。通常，成对会使人物模型显得呆板、僵硬、乏味，还会使人物模型行动起来像机器人。“成对姿势”是指以对称方式彼此完全相同的姿势。例如，手臂或手部形成完全相同的姿势，或者腿部、脚部和膝部的角度完全相同。该原则还可以被应用于脸部动画，例如，在成对的脸部姿势中两侧眉毛和嘴角的姿势完全相同，如图8.2.1所示。

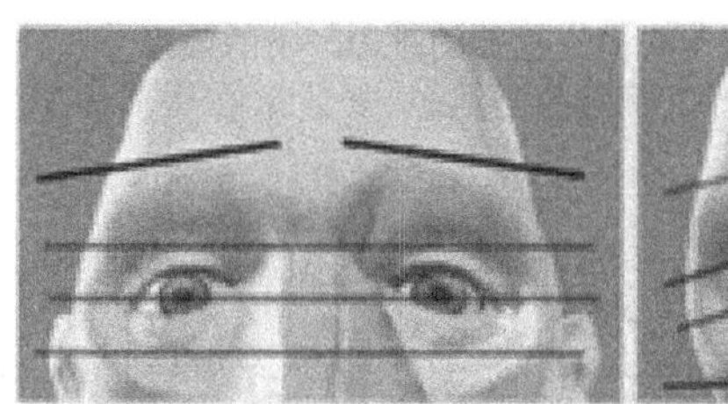

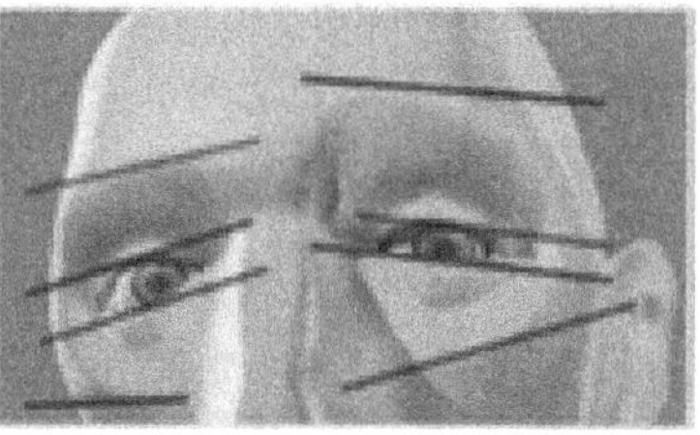

图8.2.1　眼睛姿势——成对和镜像的姿势（左图）以及不对称的自然的姿势（右图）

上一节介绍了如何为人物模型创建动态姿势，从而制作流畅和真实的动画的循环。如前所述，研究人物模型上的曲线、姿势和平衡性，可以在动画中添加生命力、活力、重量效果和流畅效果。可以将动态姿势应用于微妙的动画姿势中，如人物模型的放松姿势，也可以将其应用于较夸张的姿势，如上一节处理的手臂挥动和开枪姿势。

本节介绍一段扩展的动画，在这段动画中人物模型会做一个手臂稍微向上抬起的动作。尽管在这段动画中人物模型的手臂几乎同时抬起，但仍将通过微妙的编辑调整人物模型姿势中的偏移量和节奏，以使这段动画更加真实和自然，如图8.2.2所示。

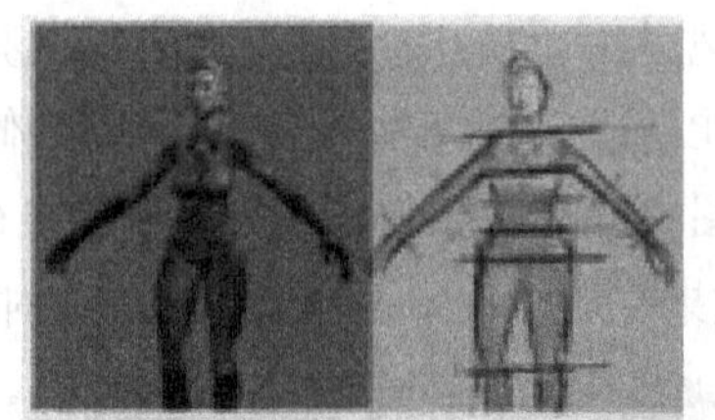 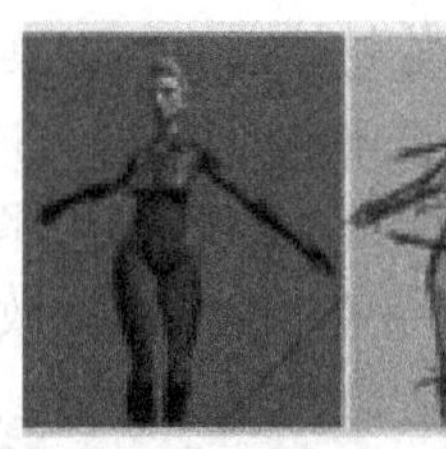

图8.2.2　手臂模型抬起——成对和对称姿势（左图）与平衡的姿势（右图）

8.2.1　成对动作——迈进姿势

通过项目文件目录打开场景文件，该场景文件中含有的人物模型与上一节处理的人物模型相同。

播放这段动画（按Alt+V组合键）。在第6帧中人物模型从闭合的放松姿势向前迈步形成开放姿势，在第18帧中人物模型的手臂向外伸出，如图8.2.3所示。这个迈步动作占用了13帧（第6～18帧），该节奏对于迈步动作来说非常均匀，可以成为走路循环中的常规步伐。如果观看了这段动画，会看到该动作非常呆板和不自然。人物模型在迈步时没有重量转移和平衡效果，而且显得非常竖直。在没有经过精修处理的动画中，这种情况十分常见。

下面处理第6帧中的第一个姿势。

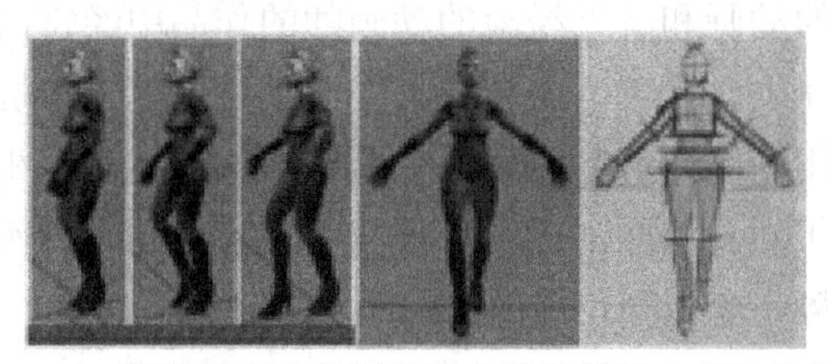

图8.2.3　n服装根据内核解算器上设置的重力产生的效果

1. 姿势1——放松姿势（第6帧）

在这一帧的姿势中，身体模型完全竖直，重量均匀地分布在两个腿部模型之间。除了躯干模型上完全没有旋转外，该姿势是可用的。此外，手臂模型形成的均匀姿势显得很不自然，从整体看，人物模型显得毫无生气和死板，如图8.2.4所示。

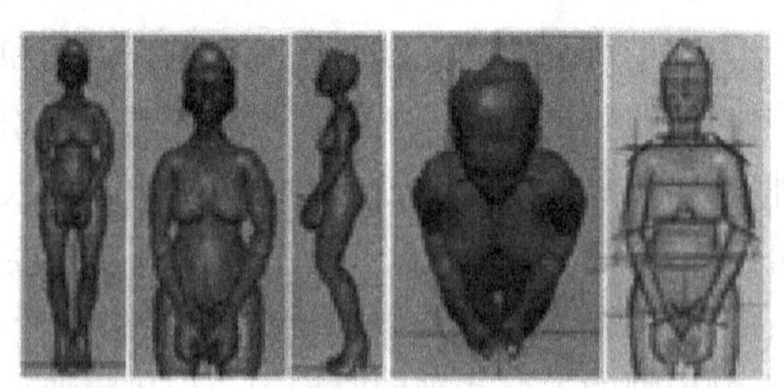

图8.2.4　成对动画——姿势1（放松姿势）

2. 姿势2——迈步动作的中间姿势（第12帧）

在这段动画的迈步动作的中间姿势中，可以看到类似的问题。身体模型仍然完全竖直，臀部模型的重量均匀地分布在两个腿部模型之间，如图8.2.5①所示。

通过前视图观察，会发现该姿势显得很不自然，这是因为其中没有向立足姿势的左腿模型转移或分布重量的效果，如图8.2.5②所示。

通过侧视图观察，可以看到该姿势的外观变得稍微好一些，这是因为腿部模型之间存在变化，如图8.2.5③所示。

手臂模型的姿势仍旧显得僵硬和过于均匀。当通过前视图或侧视图进行观察时，可以看到手臂模型的角度是完全成对和镜像化的，如图8.2.5④、⑤所示。

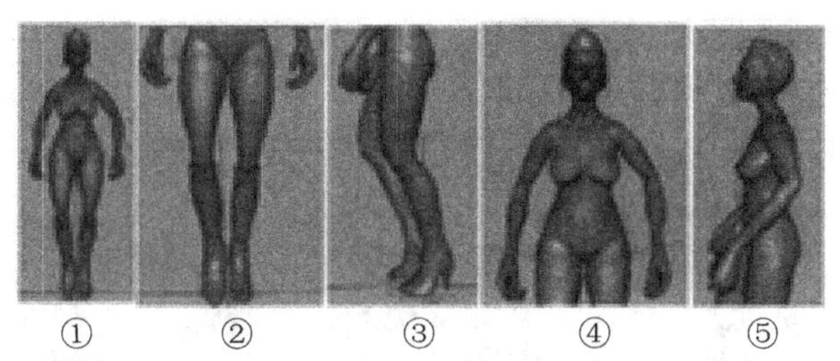

图8.2.5　成对动画——姿势2（迈步动作的中间姿势）

3. 姿势3——迈步动作的最终姿势（第18帧）——手臂模型完全伸出

在这段动画的最后一个姿势中，手臂模型完全伸出，就像要做手势一样，这造成了与前两个姿势相同的问题。臀部模型上完全没有重量转移，躯干模型完全竖直，手臂模型的姿势完全相同，如图8.2.6所示。

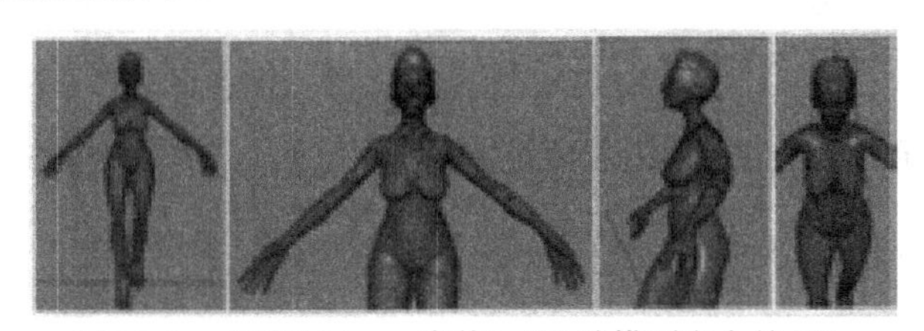

图8.2.6　成对动画——姿势3（手臂模型完全伸展）

在这段动画中除了有成对姿势的问题外，还有节奏的问题。人物模型上的所有元素都在同一个帧上设置关键帧，这使得该运动像机器人，没有生气。

8.2.2　精修运动和姿势——手势步骤

1. 姿势1——放松姿势（第6帧）

在处理这段动画开头的放松姿势时，已经通过微妙的调整去除了该姿势中的成对问题，从而使得该姿势更加自然、平衡，并具有更真实的重量效果。将时间滑块调整到第6帧，以便验证已经完成的编辑操作。

2. 姿势1——放松姿势（第6帧）——手臂姿势

手臂模型之间已经有了微小的差异，手臂模型的姿势不是完全相同的，而且成对问题也已经解决。

右臂模型以自由的姿势位于人物模型的侧面。手腕模型稍微倾斜，以表现手部模型的重量拉动手臂模型的效果，如图8.2.7①所示。

左臂模型已经被设置为稍微向前的姿势，位于身体的前方，该姿势已经应用了极矢量约束，从而使肘部模型稍微向外移动，这样手臂模型就会更加接近身体。前臂姿势显得比较自然，就像人物正将手臂、手腕和手放在臀部和大腿上休息一样，如图8.2.7②所示。

手臂模型的角度构成了身体模型整体姿势的角度，如图8.2.7③、④所示。手臂模型的姿势实现了腿部模型的角度。

前面的右腿模型使右臂模型跟随运动。

后面的左腿模型使右腿模型跟随运动。

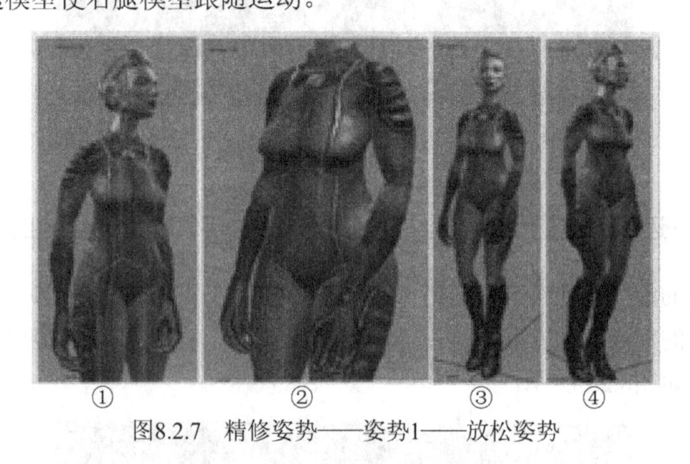

图8.2.7　精修姿势——姿势1——放松姿势

3. 姿势1（第6帧）——臀部和躯干模型的反向平衡

观察躯干模型可以看到，该模型已经应用了微妙的调整，与上一节对放松姿势所作的调整类似。

重量转移——主臀部控件已经移动到左腿上，以创建平衡的重量效果。

臀部模型已经在左侧向上旋转，以便能够使左腿模型伸直，如图8.2.8①、②所示。

躯干控件已经向相反方向旋转，这样右肩模型就会位于前面的右臀模型的后面，如图8.2.8③、④、⑤所示。

从后面观察可以看到，脊椎模型向身体下方形成了一条漂亮的曲线。

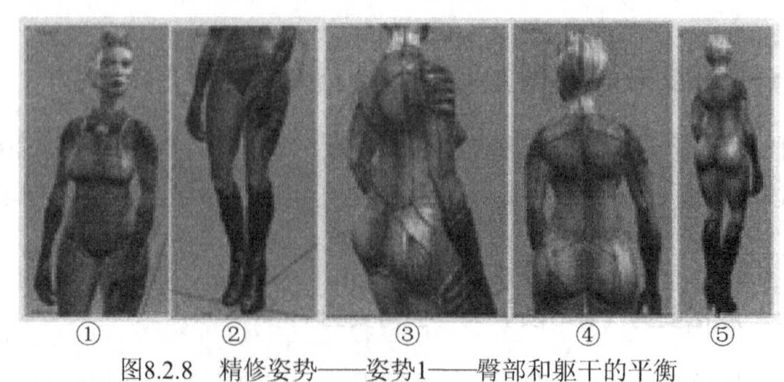

图8.2.8　精修姿势——姿势1——臀部和躯干的平衡

4. 姿势2——第12帧——迈步动作的中间姿势

在这段动画的第12帧中，还对迈步动作的中间姿势进行了类似的调整。

在迈步动作的中间姿势中，手臂模型的角度已经分解，右臂模型进一步跟随前面的右腿模型，如图8.2.9①所示。

右臂模型比左臂模型更直，前面的左手模型略微张开，如图8.2.9②、③所示。

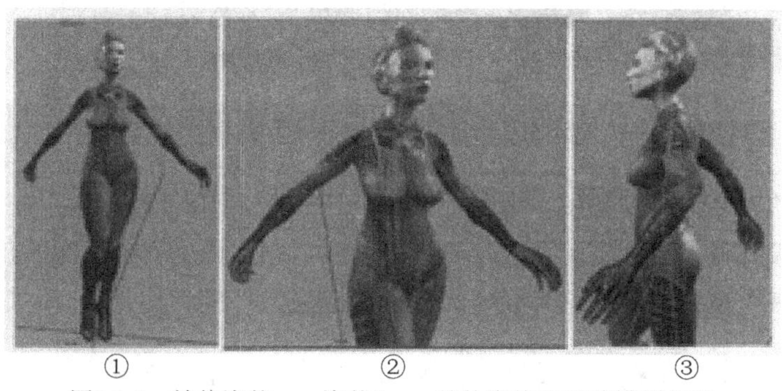

图8.2.9 精修姿势——姿势2——整体姿势和手臂模型偏移

5. 姿势2（第12帧）——迈步动作的中间姿势——臀部和躯干的反向平衡和均衡

在该姿势中，人物模型的移动路线更加向人物模型的左侧倾斜。人物模型的整体反向使这段动画更加流畅并增强了其动态效果。当人物模型到达迈步动作的中间姿势时，臀部和躯干模型的旋转也被夸张了。

臀部模型在*y*轴旋转，以与前面的右腿模型相匹配，如图8.2.10①所示。

臀部模型在*z*轴略旋转多一些，以使落脚的左腿模型伸直并分布重量，如图8.2.10②所示。

腿部模型到背部模型形成了漂亮的曲线，如图8.2.10③所示。

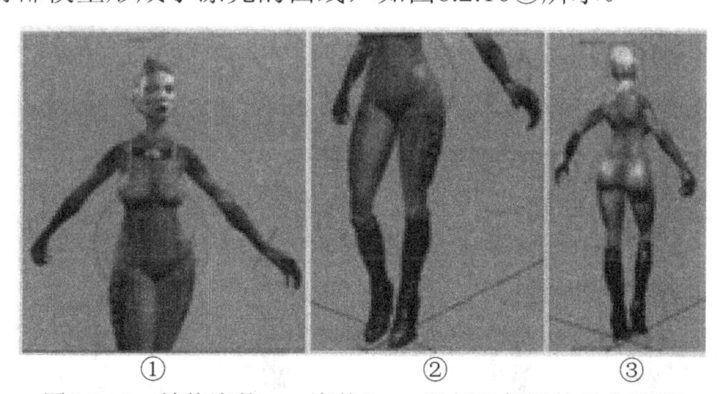

图8.2.10 精修姿势——姿势2——臀部和躯干的反向平衡

躯干模型稍微向后弯曲，这样胸部模型就可以进一步向前推；肩部控件被稍微向后旋转，以使人物模型拥有均衡的效果，如图8.2.11所示。

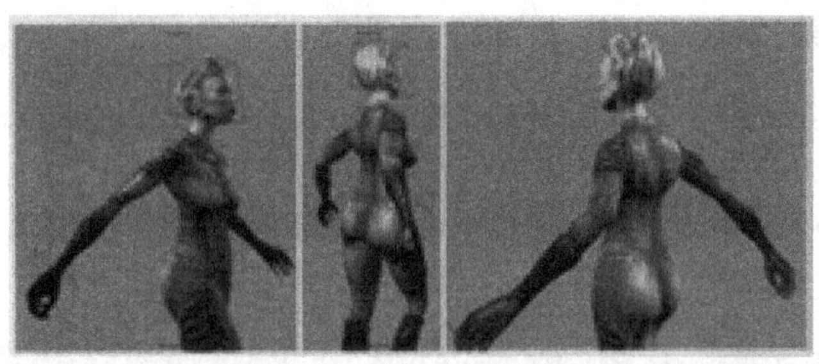

图8.2.11　精修姿势——姿势2——胸部和肩部模型的旋转

6. 姿势3（第18帧）——最终迈步动作姿势——手臂模型完全伸开

在第18帧的完全伸展姿势中，手臂模型完全伸开，如图8.2.12所示。

从左手指尖到身体模型有一条非常清晰的斜线，它实现了臀部模型的角度。

左手的手指模型伸展开，这为该姿势创建了漂亮的手势。

图8.2.12　精修姿势——姿势3——最终的手臂伸展姿势

已经向与上一姿势相反的方向旋转臀部模型。右侧臀部模型已经升起，从而使左腿模型伸直。该姿势与上一姿势形成的对比效果使这段动画充满活力，如图8.2.13①、②所示。

躯干模型的胸部区域进一步向后旋转，比上一个姿势更加夸张了向内侧的倾斜效果，如图8.2.13③所示。

右肩控件向后旋转了许多，使该姿势拥有了更多动态效果，如图8.2.13④所示。

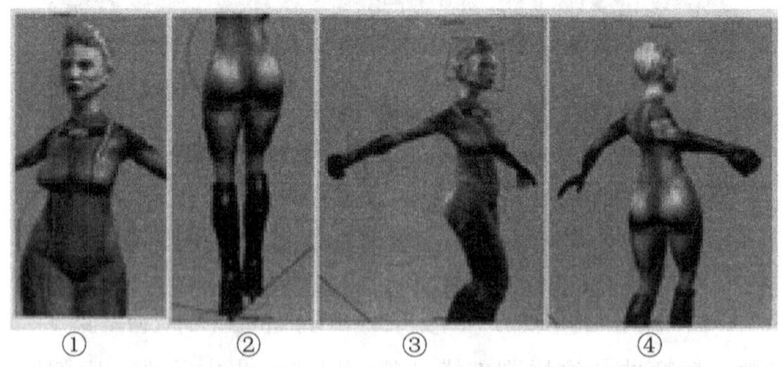

①　②　③　④

图8.2.13　精修姿势——姿势3——臀部、躯干和肩部平衡

播放这段动画（按Alt+V组合键），以验证编辑姿势的组合效果，这些姿势之间的对比效果创建了更加流畅和自然的动画。

臀部和脊椎模型旋转中的变化为姿势产生了重量和平衡效果，还为手臂模型上的偏移姿势创建了更加自然和具有更多动态效果的动作线条，如图8.2.14所示。

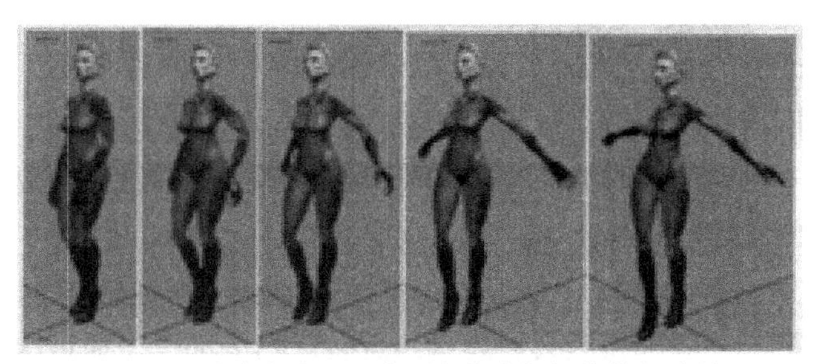

图8.2.14　精修姿势——验证姿势编辑操作的组合效果

尽管所有身体控件都在相同的帧上设置了关键帧（第0帧、第6帧、第12帧、第18帧），但是这些动画姿势不是成对的，这有助于分解该运动并避免造成所有元素同时移动的现象。要进一步增强这段动画的效果并定稿，可增加跟随动作、重叠动作并更改节奏，以减少节奏和步幅中的均匀或成对现象。

7. 姿势4、5、6（第18～33帧）——跟随动作和重叠动作

该场景文件包含另外15帧内容（第18～33帧），在这段动画中人物模型返回了放松姿势，如图8.2.15所示。播放这段动画（按Alt+V组合键），以观察后面的操作为这段动画提供的增强效果。

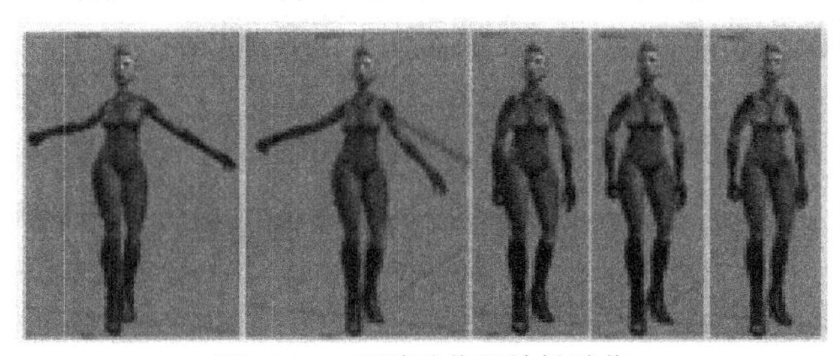

图8.2.15　跟随动作和放松动作

8. 姿势4、5、6（第18～24帧）——手臂模型的跟随动作和重叠动作

落脚之后手臂模型返回放松的初始姿势。

节奏中存在对比效果。从放松姿势开始、到达手臂模型完全升起姿势的运动的长度为12帧，返回放松姿势的动画的长度为该长度的一半（6帧）。该运动显得更具活力。

左臂模型首先开始下落，下落动作的间距变得更加均匀。因为右臂模型的下落动作被延迟了，所以右臂模型的下落速度更快，下落动作间距也更大，如图8.2.16所示。

图8.2.16　放松动作（第18～24 帧）——手臂跟随动作至放松姿势

9. 姿势4、5、6（第18～33帧）——放松动作和脚部模型跟随/重叠动作

当身体模型返回放松姿势时，放松动作存在延迟。

臀部模型移动之后略微重叠（第18～24帧），然后在第33帧返回更加竖直、僵硬的放松姿势。当该姿势的动作间距缩小时，该运动会减弱。

脚部模型落地后左脚的枢轴点会旋转，在将第18～24帧的控件物体的Heel Pivot通道设置为关键帧的情况下，脚部模型会通过脚跟旋转。当脚部模型通过跟随动作达到更加自然的放松姿势时，该运动会与其余运动重叠，如图8.2.17所示。

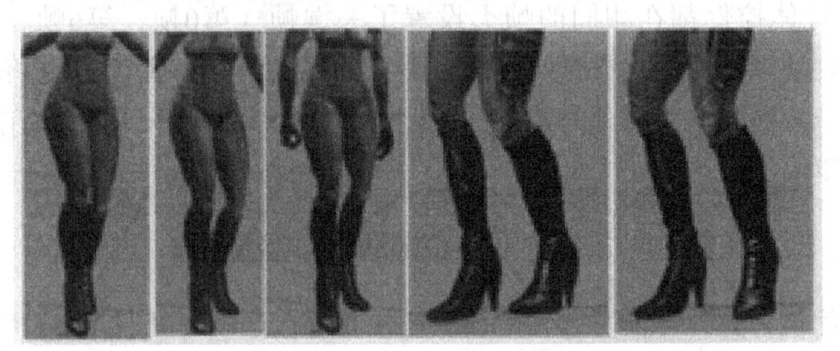

图8.2.17　放松动作（第18～11帧）/脚部模型跟随动作

8.2.3　附加编辑操作——手臂摆动的节奏调整

通过进一步编辑节奏和姿势，可以更改动画中的情绪、重量和平衡效果。观察这段动画，手臂摆动动作的节奏仍然有一些成对的感觉，通过手臂下落动作间距的差异可以创建漂亮的偏移效果。但是从整体来看，两个手臂模型升起的节奏非常一致。

STEP01　打开项目场景文件，打开大纲视图并选中控件物体FSP_Hand_L_CTRL。

STEP02　在选中该控件的情况下，在时间滑块中单击第5帧，然后按住Shift键和鼠标左键不放，拖动到第27帧，从而选中第6～27帧之间的关键帧，并将它们突出显示。

STEP03　选中并突出显示这个范围中的帧，然后单击中间的<>图标，将这个关键帧范围向后拖1帧。

该编辑操作会修改节奏，以使左手模型略微先于右手模型移动，还可以再对左手模型进行其他编辑操作。

（1）在手臂模型升起时可以将左腕模型的完全伸展姿势稍微向前移动，可以在第17～16帧或者第15帧应用这个编辑操作。

（2）通过将中间关键帧从第20帧移动到第18帧，可以延迟左腕模型的下落动作。

（3）可以修改手部模型下落动作中的中间姿势，这样可以使下落动作在末尾更加平和。

编辑手部模型的节奏和间距，可以增强动画的效果。此外，应认识到还需要对左肩控

件（FSP_ Calvicle_L_CTRL）和其他元素应用这些编辑操作，以保持该运动的平衡性。例如，左肩模型应该自然地领先该运动，这样它的关键帧就应该向前移动，并调整它们的姿势。

对于右腕控件来说，也可以应用这种节奏调整方法，以在这段动画的开头使右臂模型的初始移动稍微落后于左臂模型。

STEP01 在仍旧打开该项目场景文件的情况下，打开大纲视图并选中控件物体FSP_Hand_R_CTRL。

STEP02 在选中该控件的情况下，单击时间滑块中的第4帧，然后按住鼠标左键和Shift键拖到第27帧，以选中第4～27帧的关键帧并将它们突出显示。

STEP03 在选中该关键帧范围的情况下，单击中间的<>图标并将这些关键帧向后拖动几帧。

STEP04 将这些关键帧向前移动几帧，可以延迟右臂模型的挥动动作。节奏中的成对情况也不明显了，如图8.2.18所示。

在对左腕控件应用编辑操作时，可能需要对配置元素的节奏和间距进行其他的调整，以保持动画的平衡和重量效果。

图8.2.18　节奏编辑——延迟右臂升起动作

可以进一步进行编辑操作，包括延迟上半部分躯干和手臂模型的动作，该编辑操作会成为所有上半部分躯干和手部控件的全局编辑操作，该动作应该延迟1～2帧。可以进一步延迟上半部分躯干控件（FSP_Spine03_CTRL）和手部控件的动作，以创建其他的跟随动作。

可能需要对这段动画中的整体姿势进行其他的处理。对节奏应用的编辑操作可以在很大程度上更改动画的整体情绪，而且在某些情况中可以使运动变柔和。

本章总结

通过对本章的学习，应能够掌握动态姿势的概念（包括之前学习的预备、缓出和缓入、节奏与间距等）；使用Maya进行完整的角色动画制作并能通过动画运动规律的指导进行修改，以真正实现思维与技术的结合。

练习与实践

（1）自己按照课程内容选择一套完成动画进行动态姿势绘制，并用Maya角色完成相应的动画（注意：动态姿势设计需清晰，整套动作不宜过长）。

（2）按照本章所学内容进行之前角色动画的修改及调整（注意：从动态姿势及成对两方面进行修改）。